思想的声音

The Sound of THOUGHT

"青春杯"海事青年辩论赛实录

交通运输部海事局青年工作委员会 编著

人民交通出版社
China Communications Press

内容提要

《优秀的力量》图文并茂地展示了海事系统青年职工英姿勃发，充满活力，敢于梦想和实践，善于创造和延续的风采。《思想的声音》全程回顾了“青春杯”海事青年辩论赛的激烈赛况；在实录的辩词中，可以感受到他们在不断的自我发现和成长中告别青涩的思考。《从这里出发》收录汇编了有关海事青年工作的文件，反映了全系统对青年的关怀和期望。这套合辑，是对部分海事青年青春的解读，并期望以此传递思想的声音，让更多的年轻人从字里行间体味别样的人生、感受优秀的力量。

图书在版编目（CIP）数据

思想的声音 ：“青春杯”海事青年辩论赛实录 / 交通运输部海事局青年工作委员会编著. -- 北京 ：人民交通出版社，2012.12

（我们）

ISBN 978-7-114-10184-7

Ⅰ. ①思… Ⅱ. ①交… Ⅲ. ①辩论－中国－文集②人生哲学－通俗读物 Ⅳ. ①H019-53②B821-49

中国版本图书馆CIP数据核字(2012)第260942号

书　　名：思想的声音——“青春杯”海事青年辩论赛实录
著 作 者：交通运输部海事局青年工作委员会
责任编辑：张一梅
出版发行：人民交通出版社
地　　址：(100011)北京市朝阳区安定门外外馆斜街3号
网　　址：http://www.ccpress.com.cn
销售电话：(010)59757969，59757973
总 经 销：人民交通出版社发行部
印　　刷：深圳市德信美印刷有限公司
开　　本：787×1092　1/16
印　　张：14.75
字　　数：377千
版　　次：2012年11月第1版
印　　次：2012年11月第1次印刷
书　　号：ISBN 978-7-114-10184-7
印　　数：0001-2000册
定　　价：98.00
（有印刷、装订质量问题的图书由本社负责调换）

我们 WE

The Power of MODELS

The Sound of THOUGHT

start from HERE

前言 / PREFACE

青年时代，是人一生中最美好的岁月。它生机盎然、朝气蓬勃，饱含热情和力量，充满求知与进取，蕴含着巨大的信心和希望。

在全国直属海事系统，青年职工的比例高达40%。他们拥有无价的青春，他们英姿勃发，充满活力。他们敢于梦想和实践，善于创造和延续奇迹；他们坚守信仰，忠于使命，勇于行动，在不断的自我发现和成长中告别青涩，完美蜕变。他们，是我国由海员大国向海员强国转化的推进者、是我国由海运大国向海运强国挺进的实践者、是我国由海事大国向海事强国转变的承担者。他们，将青春挥洒在祖国的江河湖海，用或深或浅的足迹丈量人生。那一串串青春的脚印，满盛着信仰、使命和行动，闪耀着勇气、责任和光芒。

青春不是挥霍的资本，而是成长的历练、未来的基石。“十二五”时期全面推进“四型”海事建设，需要包括广大青年在内的全体海事人共同努力；实现海事事业的科学发展，需要海事青年奋勇承担。“我的青春我做主！”越来越多的海事青年听从内心的呼唤，忘我奉献，激情燃烧。他们对人生充满信心，毫不畏惧前行道路上的荆棘障碍，把美丽的青春牢牢握在手中，追逐理想，刻苦学习，攻坚克难，锤炼作风，超越自我。他们的生命因青春的绽放而绚丽夺目，他们的生活因青春的奉献而多姿多彩。

一个时代的精神，是青年代表的精神；一个时代的性格，是青春代表的性格。未来在青年手里，信任青年就是信任未来，爱护青年就是热爱未来。给青年创造支点，让青年创造未来。做好新时期的青年工作，是全体海事人的共同责任。

这套丛书，是对部分海事青年的青春解读。期望通过文字传递思想的声音，让更多的年轻人从字里行间体味别样的人生、感受优秀的力量。期待更多的海事青年共同学习、互相激励、磨砺自我，期待他们担当重任并发出响亮的青春宣言——我们就在这里，就在这个时候！希望、阳光属于我们！这个世界属于我们！

“青春之所以幸福，就是因为它有前途。”让我们高扬青春的风帆，从这里出发！

目录

北方片区

南方片区

总决赛

CHINA MSA

北方片区

第一轮

正　方：山东省地方海事局

辩　题：评价青年职工应优先考量业务能力

反　方：河北海事局

辩　题：评价青年职工应优先考量职业道德

主　席：尊敬的各位领导、各位来宾、观众朋友们，大家上午好！（掌声）欢迎大家来参加本次由交通运输部海事局主办、由山东海事局承办的“青春杯”海事青年辩论赛北方片区的第一轮比赛。那么，在这里呢，也再一次对各位领导、各位来宾和观众朋友们的到来以及对本次比赛的大力支持表示衷心的感谢和热烈的欢迎！

下面介绍一下我两边的正反双方。在我右手边的就是今天的正方——山东省地方海事局代表队，他们的观点是“评价青年职工应优先考量业务能力”。让我们认识一下这四位辩友。

孙　文：温文尔雅，娓娓道来。大家好，我是正方一辩选手孙文，我们来自于山东省地方海事局。（鞠躬，掌声）

贾小平：晓之以理，平心静气。正方二辩贾小平向您问好！（鞠躬，掌声）

张若素：安之若素，荣辱不惊。正方三辩张若素向您问好！（鞠躬，掌声）

高　峰：执着坚韧，勇攀高峰。我是正方四辩高峰，向大家问好！（鞠躬，掌声）

主　席：在我左手边的是反方河北海事局代表队，他们的观点是“评价青年职工应优先考量职业道德”。让我们认识一下这四位辩手。

梁　萌：反方一辩梁萌，（掌声）

李恒蔚：反方二辩李恒蔚，（掌声）

夏遥非：反方三辩夏遥非，（掌声）

王　阳：反方四辩王阳。（掌声）

主　席：比赛正式开始。首先有请正方一辩进行立论陈词，时间是三分钟。有请！

孙　文：感谢主席，谢谢大家。我方的观点是：“评价青年职工应优先考量业务能力而非职业道德。”所谓业务能力，就是解决处理自己本职工作与相关业务的能力。“评价”作为一种对评价对象价值的判断过程，是为了更好地激励职工与选拔人才，指导我们认清自己的优点和弱势，从而更好地为集体贡献。作为青年职工，对集体、对社会最大的贡献在于创造价值，而价值的创造直接来源于精湛的业务能力！

下面，我将对我方的观点进行以下三个方面的陈述：

第一，评价的过程是一个综合计算、观察和咨询等方法的复合分析过程，这就需要明确、细化、客观、有效的数据来支撑评价的结论。业务能力可以直接导向工作的成果和业绩，这是显而易见、易于衡量，更具有公信力和可操作性。而职业道德，既没有统一的评判标准，也难以量化与细化，作为优先评价的标准不具有实际的可操作性。

第二，作为一名海事人，业务能力是我们立足行业与职场的根本，也是推动海事事业进步与发展的最根本、最直接的力量。如果我们在业务上没有建树，也只能是碌碌无为，重复前人的经验和教训，无法超越自己，更无法推动行业进步与发展。当然，我方也承认职业道德的重要性，既有高尚的职业道德，又具有良好业务素质的人，是最为理想的。但是，金无足赤、人无完人，如果过多的偏重于强调职业道德修养，岂不是与事业进步的需要背道而驰吗?

第三，何为优先？显而易见，最急需的、最缺乏的、最应该偏重的东西才是优先的啊！例如，一杯香味浓郁的咖啡，对于一个从沙漠中归来、饥渴难耐的人来说，也只是一杯用于解渴的饮品，他不会去细细品味咖啡的香浓与浪漫！再说我们海事事业的现状，2010年山东省地方海事局系统登记在册的船舶数量高达14994艘，而具有相关资质的验船师只有147位，面对人员少、任务重的现状，我们只有不断致力于增强我们的业务能力，提高工作效率，这才是解决当前这一矛盾的最根本最有效最实际的途径！

综上所述，可见业务能力是根本的、实在的，易于量化与考核的，更是我们应该优先考量的！谢谢大家，我的陈述完毕。（掌声）

主　席：谢谢正方一辩的精彩发言。下面有请反方一辩进行立论陈述，时间同样为三分钟。有请！

梁　萌：谢谢主席！各位评委、对方辩友、现场观众，大家好！我方的观点是“评价青年职工应优先考量职业道德”。我要指出对方在立论中的两点根本性错误：首先，概念片面化。“评价”是一个价值判断，它不仅仅是物质判断、金钱考量，更应该包括精神判断、我们的道德考量。我们说意识支配行为，如果脱离了精神的发展，又何谈人的成才，何谈社会的发展呢？其次，对方一再强调我们的职业道德是无法量化的。其实恰恰不然，当前我们已经建立了科学的、符合逻辑的、严谨的对职业道德的考量体系，通过我们的自我评价和民主评议等方式，我们是完全可以得出一个对职业道德的量化考量结果的。

我再次强调“评价青年职工应优先考量职业道德而非业务能力”。

首先，职业道德是一个从业人员在一定的职业活动中应当遵循的、具有一定的职业特征的道德要求和行为规范。我们说，虚心学习、勤奋向上、刻苦钻研，遵守规范、服从领导、服务大局，这都是职业道德的考量核心标准。今天，我们讨论优先考量，那么何为“优先”呢，优先就是格外重视。我们在对青年职工进行判断时，应当格外重视其职业道德。其理由有三：

第一，职业道德是业务能力的方向标。如果说业务能力是一个数字的话，职业道德无疑就是数字前面的正负号。你的数字再大，如果符号为负，你也无法为国家、社会做出应有的贡献。一个青年职工如果职业道德过硬而业务能力稍差的话，他终将还能有所作为；反之，如果一个人业务能力强而职业道德弱、甚至是差的话，那他只能成为职场上的“歪脖树”，无法为国家、为社会做出贡献；相反，他还会带来巨大的危害，而且能力越强，危害越大，这就好比弯弓射箭，如果箭射出的方向是错误的，它也终将难以命中箭靶。

第二，职业道德是业务能力的推进器。我们说，职业道德对业务能力是一个单向促进的关系。再高超的业务能力也不能弥补职业道德的缺失；相反，我们高尚的职业道德却能够促使业务能力的提高。全国五一劳动奖章获得者、我们交通系统的劳动模范许振超同志，他仅有初中学历，但正是秉着高尚的职业道德，锐意进取、刻苦向上，终成自学成才先进个人，被誉为新时期产业工人的杰出代表。

第三，职业道德是社会进步、民族复兴的基石。今天，党和国家号召开展公民道德建设，而职业道德在个人、事业、社会发展三个层次上的都有着良好的体现。

因此，我方认为评价一个青年职工，应当而且必须优先考量其职业道德。陈述完毕，谢谢大家。（掌声）

主　席：好，谢谢反方一辩的精彩论述。那么下面呢，由正方二辩进行补充立论，时间是两分钟。有请!

贾小平：谢谢主席，大家好！刚才一辩提出一个观点是“意识决定行为”这一论点。众所周知，意识和物质的关系是物质决定意识，对方这一致命的硬伤对对方的论辩不产生任何的论证关系。如果按照对方的观点，以职业道德作为优先考量的标准进行考评，可能出现三点问题：一是以职业道德作为优先标准选拔出来的人才可能是有德无能的庸才，人品没有什么问题，但是什么都不会做、什么都干不了。二是因噎废食，一些有特殊才能的人因为职业道德有瑕疵而得不到尊重，不能人尽其才，造成人才浪费。三是标准不一，职业道德无法量化、细化，不具有公信力和操作性，甚至弄虚作假。职业道德本身具有可变性，每个人的理解也不尽相同，一旦和功利沾上边，马上堕落成为“伪职业道德”，为了谋求功名上演一场又一场的道德羞耻剧。因此，我方不主张职业道德作为评价青年职工优先考量的标准。

现代社会竞争十分激烈，机遇和资源都是有限的。我们在各种岗位上努力奋斗、力争上游，但是最后能够脱颖而出、干出一番事业的不还是那些拥有过硬业务能力的职工吗？全国交通系统劳动模范许振超，相信大家并不陌生，他自学业务、苦练技能，练就了“一钩准”、“一钩净”、“无声响操作”的绝活，并先后6次打破集装箱装卸的世界纪录，他的精湛技能令世人赞叹。试问我们海事系统中，和许振超一样具备高尚职业道德的人难道少吗，为什么就许振超一人获此殊荣呢，难道是我们的交通部评价标准出现了问题吗，还是我们不具备许振超那样超强的业务能力呢？谢谢大家！（掌声）

主　席：下面有请反方二辩进行补充立论，时间是两分钟。有请!

李恒蔚：对方辩友、各位观众，大家好！刚才对方辩友说评价青年职工应当优先考量其业务能力，并提出了三点进行论证。我方认为对方在论证过程当中有四点首要的错误。

第一，概念模糊不清。职业道德就是指从业人员在一定职业活动中形成的道德要求和行为规范。规范者，首要标准也。我们不谈法律，何以谈做事？不谈职业道德，何以谈做人？不谈职业道德，又如何谈评价呢？

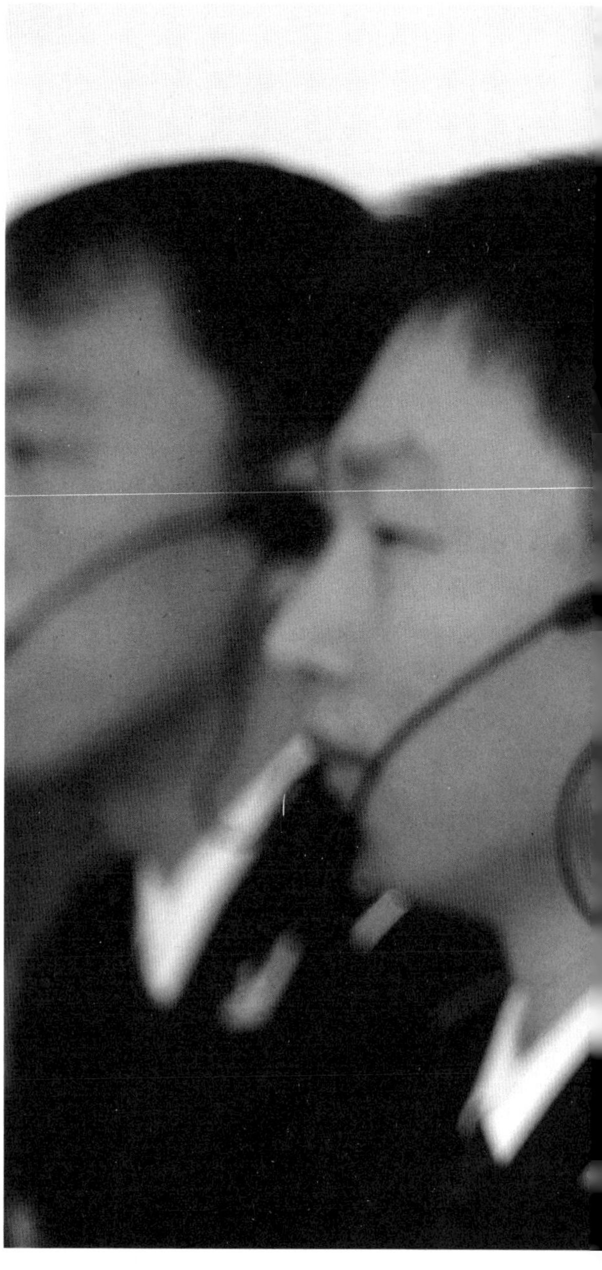

第二，逻辑上以偏概全。刚才对方一辩提出了说业务能力具有可操作性并提出了数据论，在此我请问，难道你说的考试和分数就是业务能力吗？
第三，认识脱离实际。我们青年职工走上工作岗位的时间都不长，业务能力都不强，这都是可以理解的；但是，我们首要的就是要遵守职业道德，才能不断进步，获得良好的评价啊。
第四，结论毫无依据。对方说将业务能力作为科技进步与社会发展的唯一标准。我想在此说哪一次科技进步与社会发展不是在道德的指引下所进行的呢？“苏丹红”、“瘦肉精”、“毒奶粉”等事件给我们的制度带来了多大的倒退，又给我们的社会带来了多大的危害啊！
所以说，要想解决上述问题，职业道德才是根本。没有方向的船舶注定不能远航，

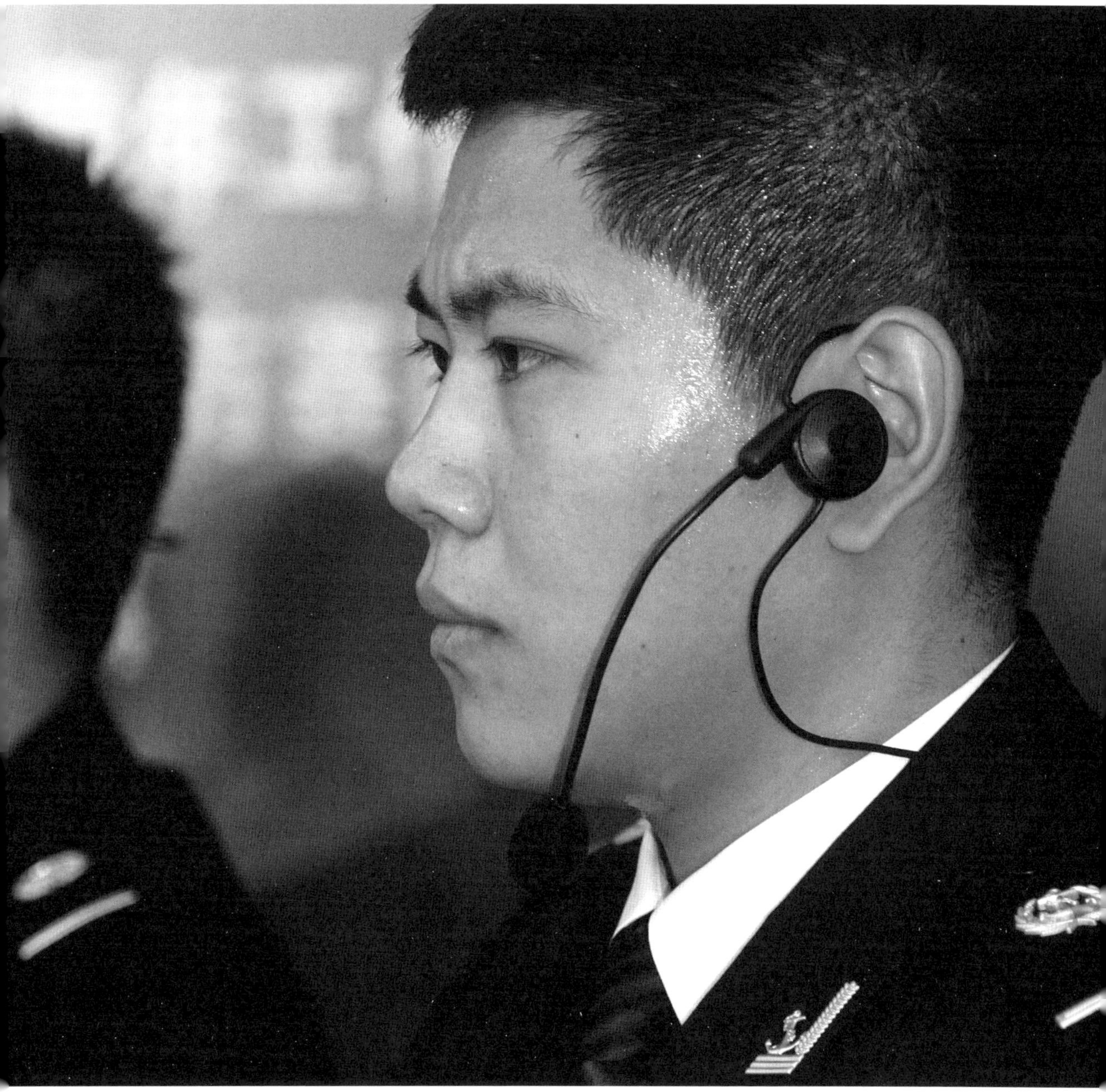

没有根基的高楼注定会轰然坍塌，而没有职业道德的社会注定会土崩瓦解！陈述完毕，谢谢！（掌声）

主　席：那么，刚才我们的双方辩手，可以说是思路清晰，立论也比较明确，很好地表述了各自的观点。也可能是我们的选手在比赛的时候，还是稍微有点紧张，对于选手们在每次用时剩余30秒的时候会有一个提醒，在最后用时结束的时候还有一次倒计时的提醒，请大家注意把握好时间。下面进入的是攻辩阶段，分别由双方的三辩选择对方三辩进行一对一的攻辩，时间一共是一分三十秒。下面首先有请正方三辩选择反方三辩进行一对一攻辩。有请！

张若素：对方辩友，您好！我想请问一下，作为评价青年职工的两个标准——职业道德和业务能力，到底哪一个更具有可操作性、更容易量化和细化、更实在、更直接呢？

夏遥非：我想我们的职业道德更具有可操作性，更容易量化。职业道德的标准包括爱岗敬业、诚实守信、办事公道、服务群众、虚心学习、刻苦钻研、遵守规范、服从领导、服务大局，不知道……请问您具体问的是哪一条？（笑声）

张若素：那我想提醒对方，您说的这些都是方向、都是规则，那你有没有考虑我们现在竞争者和从业者这么多，他们之间的水平和层次，用您的标准能够评的出来吗？

夏遥非：我想这些每一条都是具体的标准，哪一条您认为不是评价您日常工作当中的标准呢？

张若素：我认为它无法细化和量化，它不能标示出水平和局限之间的不同，你说的都是大方向，如果我们一个人，他能有经验一级和经验二级这种分别吗，他能分三六九等吗？

夏遥非：我想如果没有大方向的指引，我们的评价就完全失去了意义。

张若素：如果只有大方向的指引，那么无法细化、量化，我们这些东西怎么能具有可操作性呢？

夏遥非：我强调的是只有在大方向指引的情况下，我们才能够进行细化和量化。

张若素：那对方的“优先”只能是时间顺序上的“先”，而不是“优”；我们侧重的是更侧重、更重视、向更大篇幅和更大比重。

夏遥非：对方既然认为“优先”不等同于“重要”，那我想请问，“不重要”的您反倒要优先考虑吗？

张若素：我们不排除职业道德，这一点请对方辩友务必注意，我们也重视这个；但是必须优先考虑业务能力，才能更好地量化，才能更具有公信力。

夏遥非：我想说，我们只有在正确的职业道德的指引下……（时间到铃响）

主　席：好，时间到。请坐，谢谢！（掌声）有请反方三辩选择正方三辩进行一对一攻辩，时间同样为一分三十秒。有请！

夏遥非：请问您现在已经是一名顶尖的业务能手了吗？

张若素：还不是。

夏遥非：看来您具有谦虚的道德和职业道德。我再想请问对方辩友，一直强调创造价值，难道价值就等同于数据吗？

张若素：不等同于数据，但是可以通过数据来考核。因为我们这些数据是要面对公众的，没有数据，您怎么有公信力？

夏遥非：我想请问，我们现在倡导学习“庆文精神”，那么“庆文精神”——爱国、敬业、进取、奉献中，哪一条可以通过数据来体现？

张若素：哪一条都不能通过数据来体现，所以说它无法量化和细化，我怎么评价它们谁高谁低呢？

夏遥非：您既然认为没有通过数据来体现，那我们为什么要学习它呢？

张若素：那是因为它是一种精神，我们不排斥它的重要性啊，提醒对方辩友不要极端我们的思想。

夏遥非：对方说有德无能的人才不会起到作用，我想请问对方辩友，有德无能的庸才与高能无德的败类，谁的危害会更大？

张若素：这个我们不去考虑谁的危害更大，难道我们不能人尽其才吗，我们就白白浪费掉一个人才吗？（掌声）

夏遥非：您所说的人才是通过他的能力来体现的，我想请问对方辩友，如果他展现不出他的能力，那么您又如何评价呢？

张若素：我是通过技巧来说明的，有才放在合适的地方，我们合理去监督他，他就能发挥作用。

夏遥非：我想请问对方辩友，认为高能力与低职业道德的人是否是人才？

张若素：如果我们合理地利用，能够发挥他的用处，那他就是人才。

夏遥非：我想请问对方辩友，认为一名贪污腐败的官员是否会因为其业务能力的提高而得到减刑呢？

张若素：他为什么会贪污腐败，贪污腐败了很久才会被发现呢？不就是因为道德作为评价标准不可靠、不直观，而且它具有一定的伪装性吗？（掌声，喝彩声）

……（时间到铃响）

主　席：好，时间到。请坐，谢谢！（掌声）刚才两位辩手可以说是你来我往，真是针锋相对，他们给我们呈现了非常精彩的一场辩论。那么下面将要进行的是自由辩论环节。时间一共是十分钟，双方时间各五分钟，首先有正方选手开始提问。好，下面有请！

贾小平：对方提出"毒奶粉"事件是缺乏职业道德导致的，对方举的这个例子非常好，但我方恰恰认为这是因为这些企业不具备相应的生产创新和严格监管和企业监管能力，无法应对激烈的市场竞争，转而走向歪门邪道。如果大家都能高度重视业务能力的提升，那谁还会去冒险挑战法律？在这里，我方要提醒对方辩友，只有业务能力和严格的体制，才能真正说明问题。谢谢大家！

梁　萌：其实一切问题归根结底都是人的问题，如果没有正确的职业道德作导向，人的业务能力又何从发挥呢？那么请问对方，一个运动员靠食用兴奋剂取得良好的成绩，您又如何评价呢？（掌声）

张若素：如果一个人服用兴奋剂的话，我们不会检测出来吗？难道我们就把这个人放到职场上，我们就不去管他，我们难道没有严格的管理吗？当然管理水平也是业务能力。

李恒蔚：您认为可以为了目的而不达手段吗？

张若素：我们用的是"人尽其才"，请您重视"才"，而且请对方辩友不要太极端我们的思想，我们承认职业道德，但是不能作为优先考量的标准。

夏遥非：对方一直在说依靠制度来管理，我想依靠制度只能是"亡羊补牢"，而优先考虑职业道德是"溯本清源"。我想请对方辩友正面回答一下我方一辩的问题，如何评价一个用兴奋剂的运动员呢？（掌声）

孙　文：那我想请问对方辩友，如果没有运动员，没有通过业务能力的考核来选拔出来运动员，那么谁去使用兴奋剂呢？（掌声）

夏遥非：你想选拔出来是一个使用兴奋剂的运动员吗？

孙　文：可是如果没有选拔的话，我们也不知道哪位运动员来使用兴奋剂啊！

李恒蔚：我想您误解了比赛的意义是什么了，比赛的目的就是追求成绩吗？我再想问小偷被抓，是因为他偷窃技术不过关还是因为偷窃行为本身呢？（掌声）

张若素：那我想请大家看一下我们这次比赛手册后面的评分标准，难道哪一条是和职业道德相关的吗，难道哪一条不是在衡量我们的辩论能力吗？（掌声）

王　阳：那如果我们没有团结一致的精神，我们又如何取胜呢？

张若素：精神是根本，这是我们承认的，对方又在极端我们的思想。我们强调的是什么，是说优先考量、更能侧重，而且影响我们的方向，我们努力的方向就是提升我们的业务能力，而职业道德只是一个最基本的东西，身为一个合格的海事人，我们都应该拥有，不能作为优先考量的标准。（掌声）

夏遥非：对方辩友还没有回答我方的问题，我想请问对方辩友是否承认，小偷如果被抓就是因为他的偷窃能力不高，而非他偷窃本身不道德呢？

张若素：我想职业道德和违法这是两回事吧，对方辩友怎么一直在混淆概念呢？（掌声）

梁　萌：如果你违法了，首先你的职业道德就是有损的，难道你不承认这一点吗？

张若素：那我问你，小偷的职业道德是什么？（笑声）

梁　萌：那么小偷是一个职业吗？

张若素：我问你小偷的职业道德是什么？

夏遥非：请问对方辩友，认为有小偷这种职业吗？

张若素：小偷，为什么没有这种职业？职业是什么？用来、拿来谋生的东西，不是你规定是什么，它就是什么的！请对方辩友现实一点，好吗？

夏遥非：您认为可以谋生您就可以不择手段吗？您想去谋生就可以去盗窃吗？那是不是首先考量的就应该是您的道德呢？

张若素：我再强调一点，这是道德问题，和职业道德不是一回事，请对方不要一再混淆概念！

李恒蔚：职业道德是从道德引申而来的，请问没有爷爷能有孙子吗？（笑声）

张若素：那我问你，职业道德就是道德吗？

夏遥非：按照对方辩友的逻辑，职业道德不是道德，那我们青年职工就不是职工，我们海事事业就不是事业了吗？（掌声）

张若素：那它包含全部吗？请对方辩友不要再用这种文字游戏来混淆我们的概念，好吗？

王　阳：从根本上说，小偷不是职业，是因为他不道德啊！

张若素：那我问你，成克杰在被揭发之前，贪官成克杰在被揭发之前，还说“为了灾区人民，我吃不下饭，我留不下泪”这种话。如果道德作为优先评判标准，那这个可靠吗？

梁　萌：正是因为对方靠着业务能力为优先标准，才出现了成克杰这种优秀的业务能力人才，而道德败坏。那么再请问对方，我们今天参加辩论赛的目的究竟是什么呢？（掌声）

张若素：那我来回答对方第一个问题，就是因为成克杰业务能力上面，我们对他监控得不严，我们没有用客观、有效的数据说话，所以才会出现漏洞。

夏遥非：对方辩友一直在强调数据的作用，我想数据只能够做到让成克杰不敢去犯错误，而并不能做到让他从心理上不想去犯错误。我想请对方辩友正面回答我方的问题，您这次来参加辩论赛，是为了什么？

高　峰：对方辩友请注意，我们能够来参加这次的辩论，靠的是什么？请对方回答。你们选拔来，是因为什么而选拔来，请回答。

梁　萌：靠的是我们团结协助的职业能力，谢谢对方。

高　峰：你们靠的是职业道德吗，还是你们精湛的论辩能力？大家可以看到，我们反方的论

辩能力非常的强，是吧？事实强于雄辩，你们被选派到了这里，为什么被选派到这里，你们被选派到这里的根本原因是什么，是因为你们职业道德优秀吗，还是因为你的辩论能力强呢？请问对方辩友。（掌声）

王　阳：是因为我们爱岗敬业、我们团结一心；只要我们团结在一起，我们就是一个坚不可摧的堡垒啊！（掌声）

高　峰：好，试问对方，你团结在一起，坚不可摧；首先你有前提，你要团结在一起，请问你团结在一起，靠的是什么？

夏遥非：靠的就是我们团结一心的职业道德啊，对方辩友。

高　峰：好，靠的是职业道德。但我连话都不会说，我有职业道德，又有什么用，我能站在这个讲台上吗？（掌声）

李恒蔚：您没有职业道德，我想更没用！请问您能不能举一个道德败坏、业务能力非常高超，在社会上取得巨大成就的人吗？

高　峰：好，我给大家举一个最为简单的例子。对方一直在说的这个问题，其实用一个最为简单的例子就可以来比喻，比如说我评价一个医生医德高尚与否，当然啦，现在的医生、医德被称为一个广泛的话题，在社会中得到议论。大家请注意，对医生的职业道德评论，它有一个前提，他是医生，对医生的道德评论，他首先要是一个医生，对医生进行定义。医生的定义是什么？他是有医术的人，才称之为医生。对教师的定义是什么，他能教会学生，教学生知识和道理，做人的道理，那叫教师。在有职业的前提，你必须要有医术，你才能称之为医生。你连医术都没有的人，你能有什么医德吗？（掌声）

夏遥非：就像对方辩友刚才所承认的，没有小偷这种职业。我想职业都是以道德为前提的；不谈职业，何来道德；不谈职业，那何来您的职业能力呢？

张若素：我觉得对方辩友刚才回答问题非常不精准，你说你是凭借团结一心的职业道德才来到这个现场的。那我问你，你们局里这么多人，为什么就挑了你们四个，那其他人就不团结、不道德了吗？（掌声）

李恒蔚：请问医生首先是要有医德这是无容置疑的。我再想请问，科学家利用科技能力制造病毒向社会传播，您怎么评价这件事情？

张若素：请对方辩友正面回答我的问题。

高　峰：好，我来解释这个问题。对方辩友听错了，科学家是推动社会进步的动力，我方非常承认；但是，科学家，什么叫做科学家，请你给我解释一下。

李恒蔚：难道有道德就是科学家吗，还是因为他有科学技术才叫科学家吗？

高　峰：对方辩友不要老是反问问题，好不好？我想请对方正面回答我的问题。

梁　萌：按照对方的业务能力评价，他只能是一个懂科学的人；而他正因为有了高尚的职业道德，我们才能说他成“家”，他是一个科学家。（掌声）

高　峰：好，科学家，首先他要有的是什么？他要有的是科学发明的一种技能，而不是说他首先要有的职业道德。我们任何的行业都有职业道德，但是并不是任何人都能成为科学家。（掌声）

王　阳：对方辩友不要一直再纠结于这个问题。我们还是回到现实中来吧，22岁的汪伟大学毕业后成为一名出纳员，利用专业能力贪污3万多元，您又是如何看待的呢？

高　峰：好，回到现实，我们非常希望回到现实。大家注意，不要把职业道德和道德看得近乎神话，高高在上的位置。我们所要做的，就是要踏踏实实地去干一点儿我们海事事业的实事，你有再高的职业道德，而不去……（正方时间到铃响）

主　席：好，正方时间到，请坐！反方还有2分13秒。

梁　萌：我们的职业道德是我们道德中的重要一点，那么请对方辩友也不要神化你们的业务能力，业务能力也不是能力的全部。我们评价一个人，一个人何为人才？他不单单要有业务能力，更要具有其他各个方面的能力，比如人际交往能力、职业道德能力，请对方不要以点盖全！

李恒蔚：不管在哪个岗位、哪个行业，所有的海事人员是为了什么而工作呢？

夏遥非：对方一再提到业务能力的重要，我想请问对方辩友，没有职业道德的指引，业务能力有什么基础，有什么谈论的必要呢？

王　阳：对方辩友个个年轻有为、德才兼备，那我想请问“德才兼备，以德为先”如何解释呢？

梁　萌：古人尚知“贫贱不能移”，我们物质上的缺乏就能成为我们道德沦丧的理由吗？我们仅仅为了考评物质就不去考评我们的精神层面吗，不去重视我们的职业道德吗？这还是一个完整的人吗？

李恒蔚：不首先考量职业道德，我们为什么要进行我们的海事核心价值观建设呢？

夏遥非：对方辩友一再强调职业道德不能够量化，我想业务能力也需要长期地培养嘛，难道您现在就是一名顶尖的业务高手了吗？如果没有职业道德的指引，我们评价的目的又是为了什么呢？我们更是为了职工长期发展，才优先考量他的职业道德啊！

王　阳：对方辩友还提到了企业，那么企业要发展，靠的是什么？没有良好的职工道德、没有强大的企业文化做支撑，企业又如何做大、做强、做长久呢？（掌声）

梁　萌：刚才对方提到了意识与行为方面，我想提醒对方，业务能力首先是一种行为能力，而行为能力支配着人的行为；而人的行为又靠什么支配呢，不是靠我们的意识吗？我们良好的职业道德就是我们良好的意识，去支配您的业务行为啊！

李恒蔚：如果您不考量职业道德，那您认为王宝森、孔繁森的区别何在呢？

夏遥非：我们的目的是要科学发展，如果您没有职业道德作为引领，您怎么保证您的发展是科学的呢？如果没有职业道德，那简直就是在倒退啊！

王　阳：青年时期就盲目地追求成效，那就是饮鸩止渴，业务能力只能治标而不治本啊！

梁　萌：对方刚才提到了量变，明确量变考核的问题，但是对方业务能力再增长，它只有一个量变；而我们职业道德不好，这就是质变，它是一票否决的关系，请对方注意这一点。

李恒蔚：业务能力从来都是很难体现的，一名医生和一名护士，他俩谁的业务能力更高呢？

夏遥非：我想只有秉着我们高尚的职业道德，才能为海事事业做出我们应有的贡献！（反方时间到铃声响，掌声）

主　席：好，谢谢刚才双方辩友这个精彩的辩论。那么下面呢，我们将要进行的是最后一个环节，就是总结陈词阶段。首先有请反方四辩做总结陈词，时间是三分钟。有请！

王　阳：谢谢主席。感谢对方辩友与我方展开这场激烈的辩论。尽管对方辩友各个风度翩翩、口若悬河，但是我依旧不得不遗憾地指出对方辩友从始至终都犯了方向性的错误。在刚才辩论过程中，对方辩友一直在谈发展、在谈业务能力，但是我想没有道德的指引，盲目发展，那岂不会像无头苍蝇一样，到处乱撞，后果可想而知啊。对方辩友还提到了考量、提到了量化，那我请问：我上班不迟到、我工作过程中不

收取“好处费”，难道这不是对我们道德的考量吗？在辩论过程中，对方辩友还不停地混淆概念，对我方辩友提出的问题多次避而不答，我想您各位是不是内心深处其实还是赞同我方观点的呢？所以，为了帮助对方辩友对我们今天的论题有一个更加清晰和正确的认识，我想从以下几方面重申我方观点：

首先，职业道德引导、促进职工积极向善。作为一名海事青年，职业道德是我们对海事事业的无限忠诚、无限热爱，是我们内心深处对海事事业强烈的责任感、使命感，是我们爱岗奉献、勤学求知、进取奉献。“世上无难事，只怕有心人。”我们青年职工也许业务上尚不熟练，也许知识上并不充实，但是，我们只要有了这些良好职业道德做支撑，我们就终有“铁杵磨成针”的那一天。

其次，正如我方一辩所说：职业道德决定个人健康发展，影响事业蓬勃向上，关乎社会和谐稳定。立足个人，职业道德的方向性决定了我们的成长走势，决定了我们是在正道上越走越宽，还是在歧途上越走越远；放眼社会，“苏丹红”、“毒奶粉”、“瘦肉精”等食品安全事件频发使我们听到了对良好职业道德的呼唤，请想想忽视职业道德的可怕后果吧。“前人不暇自享而后人享之，后人享之而不鉴之，使后人复享后人也。”我们不能重蹈覆辙，我们不能一错再错啊！

千里之堤溃于蚁穴。一个海事青年如果道德败坏，在执法过程中收取“好处费”，他的业务能力再高，我们在对他进行评价考量的时候，到底是他的业务精湛为我们海事事业增彩添彩多，还是他的道德败坏给我们海事事业摸黑多？因此，评价青年职工，应当而且必须优先考量职业道德。

主　席：好，感谢反方四辩。下面有请正方四辩做总结陈词，时间是三分钟。有请！

高　峰：大家好，对方辩友的雄辩的确令人非常佩服，但可惜的是，雄辩终究胜不过事实。纵观整场比赛的辩论，对方辩友存在了以下三个方面的错误：

第一，反方在一辩陈词和自由辩过程中提出了一个问题，就是“方向标”的问题。试问，如果把我们的海事事业比作一个前进中的大船，有方向标固然是正确的，可以使我们的海事事业顺利发展。但是，请大家注意，我们海事事业之所以发展，我们海事事业这艘大船之所以能够前进，是因为什么？正是因为航海，正是因为我们海事内部职工的一种精湛的业务能力！而这正是推动我们前进的根本动力。

第二，对方提出我方没有提出道德不能量化。我方已经提出了并不是说道德不能量化，而是说道德在量化的时候和我们正方的以业务能力作为量化的标准来相比较，哪个更为优先考量。

第三，对方辩友指出了科技进步是在道德的指引下取得的。道德和职业道德都是不断变化的过程，社会在进步，历史在发展，我们的社会之所以能够进步，靠的就是科技进步。科学技术是第一生产力！科学技术最为根本的要素还在于人，而人最为根本的要素还在于能力的强弱。如果一个民族没有过高、过硬的业务能力，试问“神舟六号”又怎能上天，我们海事事业又如何日益壮大？

所以，我方认为：评价青年职工应优先考量青年职工的业务能力。下面，我将从以下三个方面总结陈词：

首先，职业道德属于社会意识的范畴，它需要具体的社会实践来体现。如果离开了具体的社会实践活动，即使你苦口婆心地用职业道德教育青年一千遍、乃至一万遍，他也不会成为一个业务精湛的人。把高尚的职业道德落到实处，靠的是什么？靠的正是我们精湛的业务能力。亲爱的辩友们，不要把职业道德放在高高在上的、近乎神话的位置，弯下我们的腰做一些实在的事情。

其次，作为一名青年职工，最重要的是为集体贡献智慧与力量。而智慧与力量产生的根源就在于精湛的业务能力。把业务能力比作点燃事业火焰的“火种”，高尚的职业道德是我们事业的“推进剂”（时间到铃响）

我方观点是“评价青年职工应优先考量业务能力”。谢谢大家！（掌声）

主　席：谢谢双方四辩。好，到现在为止呢，我们本场辩论赛的所有环节就全部结束了。下面请评委打分。

（打分阶段）

主　席：下面到了最激动人心的时刻了，现在由我来宣布本场辩论赛的成绩，首先宣布的是最后胜出的队伍，胜出的队伍是河北海事局代表队。恭喜河北海事局！获得“最佳辩手”是正方三辩张若素。恭喜！

有挑战的经历才**精彩**

我们山东地方海事局代表队连复赛都没进，却照样开心。这次比赛，我们满怀期待而来，虽然落败，却没有失望而归。

比赛结束后坐火车回济宁，出火车站，我们接到了局里送来的花束。我们很激动，也很自豪。拼力争先为荣耀，然而局里却用这花束告诉我们，什么才是最重要的。一路走来，仅仅七天，却很充实与充满感触，像是过了好长时间。我想，海事青年辩论赛的意义，我们都已懂得：做事要问心无愧，追求要懂得知足常乐，成功也可以循序渐进。

（张若素）

370085

CHINA MSA

北方片区

第二轮第一场

正　方：长江海事局

辩　题：工作中，合作比竞争更能促进发展

反　方：辽宁海事局

辩　题：工作中，竞争比合作更能促进发展

主　席：尊敬的各位领导、各位评委、亲爱的朋友们，2011年“青春杯”海事青年辩论赛北方片区第二轮第一场比赛正式开始。今天正方的比赛辩题是“工作中，合作比竞争更能促进发展”，反方的辩题是“工作中，竞争比合作更能促进发展”。我们先请双方代表队做自我介绍。首先有请正方长江海事局。

戴也淞：促发展，合作无可替代。正方一辩戴也淞，重庆海事局综合管理员，问候在座各位。（敬礼，掌声）

苏鹏程：合作共赢，鹏程万里。正方二辩苏鹏程，芜湖海事局现场监督员，问候在座的各位。（敬礼，掌声）

边　斌：文武合作方为“斌”。正方三辩边斌，重庆海事局现场监督员，问在座各位上午好。（敬礼，掌声）

徐　添：好好合作，天天向上。我是正方四辩徐添，长江引航中心财务会计，大家上午好.（敬礼，掌声）

王　惠：大家好，反方一辩，辽宁海事局王惠。（掌声）

杨姣姣：大家好，反方二辩杨姣姣。（掌声）

刘　聪：大家好，反方三辩刘聪。（掌声）

吴海波：大家好，反方四辩吴海波，代表辽宁海事局向大家问好！（掌声）

主　席：首先进行的是立论陈词。有请正方一辩进行立论陈词，时间三分钟。有请！

戴也淞：谢谢主席！大家好！很高兴今天能与兄弟海事局的同仁们在合作的氛围下展开良性的竞争，共同探讨！开宗明义，概念先行。第一，什么是“合作”。合作是指人们为了共同的目标，遵守共同的规则，完成某件事的过程。第二，什么是“竞争”。竞争是人们为了一方的利益而与他人争夺的过程。通过争夺，区分胜败、优劣与强弱。第三，什么是“发展”。简单地讲就是越来越好的过程，发展主要由所需资源、发展方式和发展心态三个方面来决定。其实，纵观人类历史，每一次发展，我们都可以看到合作与竞争的身影。而今天我们比较的基础和关键，就在于在发展的过程中，何者起到什么样的作用，而哪些作用又更为重要。我方认为合作更能促进发展，理由有三：第一，从逻辑层面上来看，合作与发展的联系更为本质，因而更为重要。在发展的三个方面中，合作是所需资源上的优化整合，是发展方式上的取长补短，而竞争主要是在发展心态上的调动积极性，调动潜能。换句话说，合作是发展物质性上的提升，是起基础性、决定性的作用；而竞争是发展精神性上的调节，只能是是辅助性、调动性的作用。可见，合作与发展的联系更加本质，因而更显重要。

第二，从事实层面上来看，合作与发展的联系更必然，因而更重要。合作在所需资源、发展方式上所起到的优化整合、优势互补的作用无可替代；而竞争固然在发展心态上有所调动，但我们看到在面对自然灾害的危难性、工作任务的紧迫性的时候，仍然可以激发我们人的积极性，调动潜能，可见竞争的作用是可替代的，是不必然的。1998年抗洪、2008年汶川地震，没有竞争的激发，来自四面八方的人们仍然能通力协作、齐心协力，通过合作解决发展过程中的问题，而这不是最好的例证吗?

第三，从价值层面上来看，合作中的发展更加和谐，更值得提倡，因而更重要。其实，我们倡导合作更重要，其实质是提倡构建一种更加和谐、共同提高、互利共赢的发展氛围；而倡导竞争更重要，其实质是提倡构建一种你争我抢、排斥共享的发展氛围。这种发展氛围与我们当今社会提倡的和谐社会理念是不是有些背道而驰呢？我们海事系统提出的“全国海事一家人，水上监管一盘棋”的发展理念是不是更加代表了合作更为重要呢?

综上所述，我方认为“工作中，合作比竞争更能促进发展”。谢谢大家！（掌声）

主　席：好，感谢正方一辩。请反方一辩做立论陈词。

王　惠：大家好！区别于对方辩友一巴掌打走了“合作”，更一巴掌打扁了“竞争”的分析模式，我方希望通过比较来证明何者更有利于发展。列宁告诉我们“竞争在相当广阔的范围内培植进取心、毅力和大胆的首创精神，是社会进步之母”。因此，我方认为：在工作中，竞争比合作更能促进发展。原因有二：其一，竞争比合作更能促进个体的发展。将具有被动性的个体，置于一个客观存在的竞争环境，将有助于克服个体的惰性对于发展的制约；个体的能动性和对自我的超越是个体成长的主要力量。因为有了竞争，优秀的人才才有了角逐能力和较量智慧的平台；因为有了竞争，全系统职工的进取心、责任心和自信心才得到了前所未有的激发；也正是因为有了竞争，才打破了传统的“一堆萝卜一个坑”的工作模式，实现了责、权、任的清晰。

其二，竞争比合作更有利于整体的发展。整体在新陈代谢的竞争中得以发展，创新在挑战与应战的循环中得以实现。在你追我赶中，落后成为了先进，整个系统就是遵循这个法则从小变大、由弱变强。竞争促使了一个效率优先兼顾公平的整体的存在。通过政治的竞争促使了权利的公正运用；通过文化的竞争明辨了精神的真善美。经过竞争提炼出的强者使整体更加壮大；经过竞争凝聚出的精华使发展充满生机。正是通过一次次思想的交锋，我们实现了海事监管理念的转变；正是通过一次次能力的较量，我们提高了队伍的整体素质；正是一次次的竞争为我们海事的创新之路指明了方向。

综上所述，我方认为在工作中，与合作相比，竞争更有利于队伍整体素质的提高，更有利于创新理念的建立，更有利于分工的明确，更有利于我们的发展和中国海事的成长！谢谢大家！（掌声）

主　席：好，感谢反方一辩。下面请正方二辩做补充立论，时间两分钟。有请！

苏鹏程：谢谢主席！对方辩友开篇立论给我们讲了列宁说了一句话，但是我想给大家举一个孙中山说的话，孙中山认为“物种以竞争为原则，但人类却以合作为原则。人类逆此原则则亡，顺此原则则昌”。

那么，对方辩友说竞争确实能给我们带来自信心，但是是不是说明了一个问题，自信心是不是一定是竞争带来的呢？如果我今天指出一个例子自信心可以由其他来带来，那么您的立论是从何站住脚的呢？如果说您连最基本的这个逻辑点都没有搞清楚，那么我请问您的立论从何来的立足点？

再者对方辩友说今天是一个比较的命题，我们也知道。但是您的比较是一个什么样的比较呢——您是在拿“竞争”和“不竞争”作比较，拿“竞争”和“不合作”作比较，这样的比较如何能得出今天正确的辩题呢？

再者，我们再看一个实例，我们说上周四“金砖”国家会议在三亚召开。我们说这几个国家，它们的竞争可谓是非常激烈，但是为了发展他们走到了一块儿，签署了合作的宣言。我们说如果这几个国家都能够让竞争少一点、合作多一点，哪怕让合作取代了竞争，那么我想他的发展只会越来越好，和谐也指日可待。

从上面我们可以看到，合作和发展的联系是必然的、本质的，而合作也是和谐的根本和所在。我们说工作中我们都不是一个人在战斗，更不是“打酱油”，而是要听从指挥服领导、齐心协力创美好、团结合作更得力、和谐发展才能更给力啊！我们说纵观我们海事的发展，上海世博多家海事齐合作，共为世博保平安，区域联动机制整合出的合力为我们海事的发展指明了明天。作为新时代海事人，我们都要认真学习海事“四型”理念，真正体会到“全国海事一家人，水上监管一盘棋，齐心协力促发展，共为海事做贡献”，这才是我们应该做的；竞争可谓能带来输赢，但是输赢并不代表发展。

综上所述，竞争诚可贵，合作价更高，谢谢！（掌声）

主　席：好，时间到，感谢正方二辩。下面有请反方二辩做补充立论，时间两分钟。

杨姣姣：朋友们，不可否认，在漫长的历史发展过程中合作的确发挥着非常重要的作用；但是对于对方辩友在立论中所提到的问题，我方却不敢苟同。对方辩友在立论中提到了“全国海事一家人，水上监管一盘棋”，却忽略了我们在工作中现在比较关注的“行政执法一面旗”。“一面旗”的概念是什么呢？它正是希望我们各海事局在工作中具有竞争向上的意识，营造“比学赶帮”的氛围，从而更好地推动我们海事事业的发展，请问对方辩友是这个意思吗？

那么下面呢，让我帮对方辩友把思路拉回到今天的辩题上来吧！我们今天的辩题是——在工作中，竞争和合作哪个更能促进发展，我方认为竞争更有利于工作发展。

首先，竞争能最大程度地激发人的主观能动性，最大限度地激发人的潜能，提高学习和工作效率，营造“比学赶帮”的氛围。第二，竞争能够最大限度地做到人尽其才，将最优秀的人才放到最合适的位置上。第三，竞争能够促使我们取得不断的创新，能够大大地提高整体技术能力和技术改进能力，从而达到质的飞跃。

朋友们，竞争乃社会进步之母。假如没有竞争，我们可能还躲在破旧的办公楼下办公，可能还不敢迈开改革开放的新步伐，可能还被束缚在旧有的监管理念下，请问又何来海事文明、何谈海事进步、何谈海事发展呢？眼看当下海事系统“十二五”规划已经明确地提出，在未来的五年里，中国海事正面临着关键的攻坚、转型、发展机遇期，这就势必要重点提高核心竞争能力来促进我们的社会发展，来突破发展中的瓶颈和难点。请问对方辩友这是不是“竞争更能促进发展”的具体体现呢？

主　席：好，感谢反方二辩。接下来进行辩论赛的第二个环节——攻辩阶段。双方辩友在攻辩过程中必须如实一对一问答，攻方只提问，守方只回答，时间是一分三十秒。首先有请正方三辩提问。有请！

边　斌：先看竞争。请问对方辩友竞争是发展的充分条件还是必要条件？

刘　聪：对方辩友，我方从不否认合作的重要性，但我们现在的辩题是竞争比合作更能促进发展，我们这是一个比较性的辩题。

边　斌：对方辩友，您不要绕嘛，逻辑搞不清楚可容易犯经验主义错误哦！请您正面回答，到底是充分条件还是必要条件？

刘　聪：对方辩友，我认为竞争和合作都是发展的充分必要条件。

边　斌：对方辩友，我知道了。那么如果说是充分必要条件，那么我们说今天的恶性竞争两败俱伤，你能促进发展吗？可见竞争和发展是没有必然联系嘛！再请问，发展中会不会遇到问题？

刘　聪：对方辩友，我想请您注意我们今天的辩题是比较二者谁者更能促进发展，我相信我们要比较的都是竞争和合作的良性方面，而负面的竞争和合作都不能促进发展，请您不要偏题，谢谢！

边　斌：那么还是请您正面回答，发展中会不会遇到问题？

刘　聪：发展中的确会遇到问题，但我认为合作同样也会遇到问题。

边　斌：那么发展中的这些问题，我们要不要解决呢？

刘　聪：我们当然要解决。

边　斌：那么再想请问，“7·16”大连溢油事故，为什么我们倡导的是各部门的“通力合作”而不是“相互竞争”呢？

刘　聪：对方辩友，请您注意，“7.16”原油事件是一个突发事件，具有偶然性和不可确定性，而我们今天的辩题则是一个普遍性的比较问题。如果您用一个突发事件来论证我们这个问题，显然您的说服力是不够的！

边　斌：那对方辩友是不是已经承认了，在这个突发事件中，您方的竞争没有办法比合作更能促进发展，是不是这个意思？

刘　聪：不，我并没有承认，我认为我们在竞争中，各个部门反而需要更加的……

主　席：下面有请反方三辩提问。

刘　聪：对方辩友，请问您方是否认同“人才对于发展起着至关重要的作用”？

边　斌：我们知道，人才对于发展当然有着非常重要的作用啊。但是我们发现海事部门招人一般是什么样的情况，领导告诉我第一句话是什么——要我与同事的精诚合作，所以我们在工作中才不敢懈怠。我要与我的三位辩友合作，来今天与大家共同营造一个合作的氛围，展开一场对真理探讨的盛会啊！

刘　聪：那么既然您说合作更为重要，那么为什么贵局率先在海事系统推出竞争上岗机制呢？

边　斌：对方辩友，您就不知道了——竞争上岗并不单单是指“竞争”啊，我们也看到“合作”啊！竞争上岗，我们挑的是更多的与队友、与同事能够合作的人，试问一个队伍中我们都想竞争上岗，都想和别人一较长短，我们这个队伍还要怎么带啊？

刘　聪：既然您一直强调“合作”如此的重要，为何贵局不推出“合作上岗”机制而用“竞争上岗”机制呢？

边　斌：如果说“合作上岗”更容易推广的话，我们以后也说不定会用啊！我刚才已经告诉对方辩友了，竞争上岗可不单单只是竞争啊，也有合作体现在里面啊！

刘　聪：但最终贵局还是选择了竞争上岗机制，这难道不是更促进发现人才、促进发展吗？

边　斌：里面有竞争就一定有“竞争”二字吗？那么里面有合作是不是也体现了“合作”二字呢？对方辩友，您不要断章取义嘛！

刘　聪：对方辩友，您一再说合作可以双赢，难道竞争就不可以双赢吗？

边　斌：竞争当然可以双赢，只是我们在看到一些事故的时候，比如大连溢油事故的时候，你方的竞争是没法起到作用啊！

主　席：感谢双方辩友激烈的陈词，下面进入精彩的自由辩论阶段。时间共计十分钟，双方各有五分钟，首先有请正方发言。

徐　添：请教对方辩友了，竞争是如何更好地实现“全国海事一家人，水上监管一盘棋”的呢？

杨姣姣：我们知道在这个问题中竞争和合作都不可避免，所以对方单问我们竞争。我们说我们促进发展是在竞争和合作共同发挥作用的前提下，请对方辩友不要断章取义。那么，我想问对方辩友，对方在攻辩中提到海事部门的招录首先是什么，他说是领导首先要告诉你要精诚合作，但是我们知道我们现在的海事部门进人是逢进必考，采取公务员的竞争制度，请问您是不是这样呢？

边　斌：公务员需要的是什么呢？是向领导学习、向同事请教、向理论求真知、向实践求真知，这样一个过程不是合作又是什么呢？还是请对方辩友正面回答我方四辩的问题。

杨姣姣：请问对方辩友，您参加到公务员这个队伍，参加到我们海事队伍，是通过什么呢？还是我们先通过竞争来进入海事队伍的，请问您是这样吗？

苏鹏程：唉，对方辩友，公务员他有一个面试啊，面试考的就是我们的合作意识啊！再请问对方辩友，您如何论证竞争比合作更能促进“全国海事一家人，水上监管一面旗”，这是第三次问您哦，请直面回答。

王　惠：对方辩友，你们为什么在提问这个问题的时候，你们一直说“全国海事一家人，水上监管一盘棋”，而却忘记了“行政执法一面旗”呢？既然这句话中既有竞争又有合作，那么我们就把它放下，它也许不能证明我方观点，但也绝对不能证明你方的观点。还是请问对方辩友，你们为什么一再回避我们而说人才现在是通过竞争的机制，我们不但有逢进必考，我们还要进行岗位竞聘。据我所知，我们山东局去年还搞了一个岗位的竞聘，那么对方辩友为什么一定要把这种竞聘作为合作呢？

戴也凇：哎，对方辩友，我们要认识到正是依靠全国海事部门的通力合作，才能真正做到扛起“行政执法”这面大旗啊！对方辩友其实一直没有回答我方提出的问题，究其根本还是在于合作比竞争更能促进“三个一”理念的发展嘛！没关系，再请教您下一个问题，请问竞争比合作如何能够更好地处理大连“7·16”溢油事故？

王　惠：对方辩友为什么一定要将个例扩大化？对方辩友，我们想一想，那么我们不仅仅比理念、比思路，我们实现了很多创新，不是吗？那么请问对方辩友，如何通过合作来确定我们该如何创新、下一步由谁来创新？

苏鹏程：对方辩友还是请你正面回答，到底竞争比合作如何更能解决“7·16”大连溢油事件呢？

王　惠：那么对方辩友，我想请问你一下，是不是大连发生了“7·16”事故，我们就要将我们的吸油毡达到最大的限度，我们是不是需要送10万吨吸油毡或者更多的吸油毡，事实上并非如此，我们还是这个问题，我们不能将个例无限地扩大化，对方辩友不要再给我们这个“小鞋”穿了，我们真的穿不起！（笑声）还是请对方辩友正面回答我方的观点。

徐　添：对方辩友告诉我们这个是个例，请问海事的工作核心岂不是“让航行更安全，让水域更清洁”吗？这是个例吗？这是我们海事的本质工作啊！对方辩友刚才又说了竞争上岗，请大家思考一下，竞争上岗是选人才更重要呢，还是让人在合适的岗位上以团队合作带来更大的效益，更能促进发展呢？（掌声）对方辩友还是回答我方一辩的问题吧！

杨姣姣：对方辩友的观点恰恰印证了我方的观点，你怎么选人才呢？首先得选进来，我们才能合作。我们从不否认合作，但是首先我们得进到海事队伍吧。请对方辩友正面回答我方问题。

戴也淞：选出了的人不放在一起，合作去工作，怎么能发挥效益呢？就像一个厨师，每一个食材都是精挑细选的，可是不把这些食材放在一个大锅里炒来炒去，怎么能炒出好菜呢？对方辩友其实没有正面回答我方提出的“7·16”溢油事故，是因为他们没有办法回避合作并竞争更能促进海事中心工作的发展嘛！再请教对方辩友了，在世博水上安保中，海事、公安、边防都参与其中，他们这些单位应该以合作为主呢，还是竞争为主？为什么？

刘　聪：对方辩友，这种联合只是我们实行有效监管的一种手段，但是究其根源，正是我们海事系统长期与传统思维模式作竞争，正是在这种竞争中，我们实现了监管理念的创新，这不正是竞争带来的好处吗？而且我们为了更好地提升我们的监管手段，还采用了竞争上岗、公务员招考等竞争的方式，这难道不都能说明竞争更能促进发展吗？而且我想请问对方辩友，刚才对方一辩说“合作能带来和谐”，那我想请问对方辩友，我们今天两队在这里比赛、在这里竞争，难道我们比赛之后就不和谐了吗？请您论证您方的观点。

苏鹏程：哎，对方辩友，我们今天在这里比赛就是在合作啊，因为我们说是“共创未来”，不是“竞出未来”，对方辩友，这一点您搞错了。您还是来回答我，为什么竞争不能比合作更能世博保平安呢？

王　惠：对方辩友如果连这样的思想的交锋都作为“合作”的话，那我方真的无话可说了，那也就是说你们现在所有的东西都是合作，那我们还讨论这个问题干吗呢？还是请对方辩友正面回答我方问题，你如何通过合作来确定下一步由谁创新、该怎么创新？

边　斌：对方辩友，这个过程中我们要看到很多啊，比方刚才您说的竞争上岗，公务员考试的第二题，它考的就是我们的合作能力啊！还是请您正面告诉我们，世博保平安他们如何体现竞争意识？如果有，请您告诉我们海事与公安在哪件事上体现了竞争。

吴海波：对方辩友还是没有正面回答我方一辩问题，请正面回答如何推动创新？

戴也淞：我方已经反复回答了，为什么对方还是揪着不放呢？其实你方反过来是从来没有回答我方提出的问题，是因为你们根本就没有办法回避在核心工作上合作比竞争更能促进发展嘛！没关系，我们再换一道题，去年长江海事局与长航公安开展联合执法以来，死亡人数同比下降30%，安全形势创历史最好，他们怎么不竞争一下呢？

王　惠：那么请问对方辩友，从海监体制改革10年以来为什么只是在去年才取得这种行动的？事实上是因为我们通过改变了理念，我们通过反复地与传统思维竞争，我们树立了全新的思维理念才有了这些行动，对方不要把我们的问题往往停留在一个行动、一个具体的层面上。还是请对方辩友正面回答我方的问题。

徐　添：对方辩友刚刚告诉我们，新旧理念之间是一个竞争的关系，大家认可吗？竞争是要发生在两个有思想、有意识的主体之间的啊！照您这种逻辑的话，您在呼吸那您其实是在与空气作竞争吗？还请您回答我方的问题，请问世博安保和联合执法中是如何竞争的？

刘　聪：对方辩友，我们各个部门在世博安保或者联合执法过程中怎么就可能没有竞争呢？我们要比谁更能有效地执法、谁更能廉政执法，这难道不是竞争吗，难道这种竞争就不会促进我们的发展了吗？而且对方辩友刚才说合作可以导致双赢，但是我想请问对方辩友，竞争就不能双赢吗？我认为竞争不仅可以双赢，而且比合作导致的双赢更大，谢谢！

苏鹏程：哎，对方辩友，我倒想请问，您的竞争是什么样的竞争，难道您的竞争是不分输赢而是双赢吗，那双赢可是合作产生的。对方辩友，那么再请教您一个例子，我们说我们海峡两岸举行了联合搜救演习，为什么不搞一个竞争搜救演习呢？

吴海波：我想说一下刚才对方辩友说的双赢问题，很简单的一个例子，我们双方在竞争，但是我相信比赛后不论输赢，我们都会因此而受益匪浅，所以说请对方辩友不要如此。

边　斌：这是竞争带来的吗？我想大家都应该清楚，我和对方辩友、评委以及观众，这是在干什么，这是在进行一场对真理的探讨，这如何又是竞争呢？还是请对方正面回答我方的问题吧。

杨姣姣：对方辩友刚才一再说对方已经回答了我方关于创新力的问题，我想在场的观众朋友们和我一样，都没有听清您到底是怎样回答“合作是怎样带来创新力”的！另外，对方辩友一再举长江局的例子，那么我也想举一个长江局的例子，长江局去年开展了“长江大发展，您该怎么办”，重点提到了要加大全员的竞争上岗制度，请问怎么不是全员的合作制度呢？

苏鹏程：哎呀，对方辩友讲到长江海事局，我可以告诉你，我们去年的大发展正是海事、公安联合执法才让事故大幅减少。对方辩友一而再、再而三地回避我方的问题，那么是不是从“三个一”到大连溢油、一直到世博安保都不能说明竞争比合作更能促进发展呢？

刘　聪：对方辩友，对于你方的问题我方一再予以回答，而你方一直在这个问题上进行纠缠。那么我想问，大家都知道，合作的确作用很大，那么今天有一个职位，我和你同时来争取这个职位，我们如何合作去实现？

边　斌：假如今天只有这一个职位的话，我们不在一个公平、公正的平台上进行，你扯我后腿，我在你饭菜里下药，请问对方辩友这是不是您方所谓的“竞争”呢？

刘　聪：对方辩友一再将“竞争”说成“恶性竞争”，但是我想请问对方辩友，我还是重复那句话，我们今天的前提都是正面的，谢谢！（反方时间到铃响）

苏鹏程：哎，对方辩友说竞争不包括恶性竞争，大家想一想坏人就不是人了吗，这显然说不过去！那么对方辩友，您一而再、再而三地逃避问题，那么我还想再举一个例子，我们说，古时候廉颇蔺相如，“将相和”国家发展，“将相不和”国家发展不了啊！

边　斌：太平天国君臣同心则国力兴盛，但是为什么一旦争权夺利，国家就会分崩离析了呢？

徐　添：对于竞争上岗这个问题，我已经解释很清楚了，请问是竞争上岗选你重要，还是你在岗位上与团队合作带来贡献更重要呢？请教对方辩友了，1998年抗洪，为什么我们首先想到的是“万众一心，众志成城”呢？

戴也淞：那我们又说一场优美的交响乐，每一位乐手都是精挑细选选出来的，可是没有了大家的合作，怎么能产生和谐的乐章呢？

苏鹏程：哎，对方辩友，您不想回答，那么我可以替您回答，我们说正如“将相和”，包括太平天国，他君臣同心，他其利断金，清王朝风雨飘摇；而君臣争斗，我们看到国家慢慢就灭亡了啊！

徐　添：对方辩友刚刚说到制度的“新”和“旧”，请问制度两个之间有竞争意识吗？对方辩友，您不要曲解“竞争”的概念。

（正方时间到铃响）

主　席：好，时间到。非常精彩！那么机智灵活、精彩激烈的自由辩论时段先告一段落，下面我们进入辩论赛的第四个环节——总结陈词。首先有请反方四辩做总结陈词，时间三分钟。有请！

吴海波：谢谢主席！各位评委，大家好。感谢对方辨友流利顺畅、充满感情的论述，可惜感性过多、说理太少，逻辑稍显不足。

一、对方辩友认为合作都是有益的，而竞争有种种不良效果。马克思告诉我们，任何事物都具有两面性或多面性，要辩证地看待问题。对方只从一个角度谈合作，这是不是管中窥豹，以偏概全呢？

二、对方辩友论述了恶性竞争对于发展的种种阻碍，请对方辩友注意，我们今天讨论的是“竞争和合作，何者更能促进发展”，也就是说我们讨论的是何者更能促进发展，而不是何者更能阻碍发展。就好比一个桃子和苹果，我们讨论哪个更有营养，而不是哪个坏了更能让人拉肚子。

三、对方辩友认为合作能够达到双赢，而竞争只能是一方受益，那请问对方辩友，我们双方在进行竞争，比赛过后无论输赢，我们都受益匪浅嘛！

朋友们，发现了如此多的问题，您还会赞同“在工作中，合作并竞争更能促进发展”吗？下面，我将从以下三个方面总结我方观点：

一、竞争比合作更能促进个人主观能动性发挥。主观能动性是发展的内在动力，竞争可以激发个人的主观能动性，发掘潜力，促进发展。而合作则很容易引发惰性和依赖性，引发“等、帮、靠”的思想，不利于发展。

二、竞争比合作更能优化人才配置。当今社会，人才要素是发展的关键要素。竞争能够优化配置，提高效率，使人尽其才、人尽其用。而合作则容易给人带来“大锅饭”思想，并给那些滥竽充数的人以生存的空间，不利于发展。

三、竞争比合作更能推动制度创新，促进发展。我们都知道，当今社会创新是发展的源泉，而竞争则是创新的核心动力。“流水不腐、户枢不蠹。”在竞争的压力下，体制充满活力，个人和集体都在积极地求新求变，能够促进发展。而合作则容易给人带来安于现状，不求上进的思想。那么我想请问对方辩友，一潭死水更能促进发展吗？

最后，我要告诉大家，在发展的过程中，竞争和合作都是必不可少的两个方面；然而，历史、现实和理性告诉我们，要生存、要发展、要实现自我的价值，就要勇敢地去竞争，努力地去奋斗。所以，我方认为“在工作中，竞争比合作更能促进发展”。谢谢大家！（掌声）

主　席：好，感谢反方四辩。下面有请正方四辩做总结陈词，时间三分钟。有请！

徐　添：谢谢主席，大家好！对方辩友刚刚说我们一直都在考虑竞争的不良后果，我们的辩题围绕何者更能阻碍发展展开，对方辩友，您是不是没有听清楚我们刚才的论证呢，还是您背稿背得有些太过头了呢？对方辩友刚才又提到了合作会带来“一潭死水”，请问“一潭死水”是什么，是大家不合作啊，您这个辩题是不是又有些偏颇了呢？对方辩友说竞争可以制度创新。我方也一再解释了，两个制度是没有竞争意识的，您是不是恶意曲解了“竞争”的概念呢？对方辩友说竞争可以提高积极性，激发活力，我方从未否认。可是，难道只有积极性就能促进发展了吗？没有合作在资源整合上的优势互补，您这个“巧妇难为无米之炊”，您又如何拿米下锅呢？

反观我方今天的论证，其实很简单，就是在“发展”的问题上，“竞争”和“合作”何者与发展有着更直接、更紧密、更必然的联系。

首先，两者的作用并不相同。“竞争”是我们心态上的调整，我们的积极性变高了；而“合作”是方式，是物质上的进步。从内部竞争看，“竞争上岗”我们择优录取，但只有融入团队才能促进发展；从外部竞争看，面对强敌正是促成了廉颇、蔺相如的精诚合作，这个“将相和”才开创了赵国的繁荣昌盛。可见，就算竞争要起效用，最终也只能转化为内部的凝聚力，这个“合力”才是推动发展的直接动力。

接下来，我们再来看看这个联系的必然性。“竞争”给发展带来的作用是不必然的、可代替的，而“合作”是不可替代的。道理很简单，试想：如果只有竞争没有合作，我们根本不能进步；相反，如果我们团结一心，就算没有竞争，我们照样能发展。这不恰恰说明了合作与发展才有着更必然的联系。

最后，我们再来看看“发展”的本质。建党90周年即将到来，党告诉我们科学发展观是全面、协调、可持续的。“合作”让我们每一个人都参与其中，知道自己的价值，因而“全面”；“合作”让资源整合、优势互补，因而“协调”；“合作”带来的共赢性让优良的合作机制不断循环下去，因而“可持续”啊，可见，合作更符合发展的本质要义嘛！

任何辩题都有其现实的意义，今天我们这个辩题的意义就在于我们在今后的工作中，我们该有怎样的价值取向。大连“7·16”溢油事故我们首先想到的是“万众一心”；海事“三个一”首要是“全国海事一家人”；李盛霖部长告诉我们，完成各项任务的强大合力是“团结协作，凝心聚力”呀！如今，我们投身海事、建设海事、服务海事，更应该携起手来，精诚合作！海事“十二五”的春天已经到来，争奇斗艳固然能够各尽其美，但只有百花齐放才能春色满园！谢谢！（掌声）

主　席：好，感谢正方四辩。精彩的辩论赛先暂时告一段落，下面请评委为双方代表队打分。

（打分阶段）

主　席：获胜队是正方长江海事局代表队，本场的优秀辩手为正方三辩苏鹏程。

“相思”之苦

MISS

“你能不能马上回来！孩子在家总哭，整宿整宿不睡觉！”放下电话，年轻的妈妈就哭了，自己来参加辩论赛已身在青岛，孩子托付给辽宁的亲戚家，即使“望眼欲穿”也无济于事了。

这个年轻的妈妈是辽宁海事局辩论队的一辩——王惠。回忆起那段辩论的日子，王惠心里还是酸酸的。当时，自己去青岛参加比赛，丈夫又十分不凑巧地出了差，她只好把刚刚一岁的孩子从大连送到旅顺的亲戚家。到青岛的第一个晚上，也是儿子第一次不在自己身边睡。当晚王惠在熟睡中猛然惊醒，下意识地四处找孩子，摸了半天没摸到才反应过来自己正躺在酒店的床上！每天给亲戚家里打电话都被问：“你能不能马上回来？”因为这次比赛，她和儿子第一次尝到了“相思”之苦。

（杨姣姣）

CHINA MSA

中国海事局
CHINA MSA
中国海事
点燃激情 共创未来
"青春杯" 海
主办：交通运输部海
承办：山东海事
青岛 ·
"青春杯"海事青年辩论赛
正方

北方片区
第二轮第二场

正　方：黑龙江海事局

辩　题：当今社会，应该提倡干一行、爱一行

反　方：江苏省地方海事局

辩　题：当今社会，应该提倡爱一行、干一行

主　席：尊敬的各位领导、各位评委，观众朋友们，大家上午好！非常感谢大家能够再次来到会场，接下来我们将要进行的是“青春杯”海事青年辩论赛第二轮的第二场比赛。下面首先让我们掌声有请双方代表队的选手上场。

（选手上场，敬礼）

主　席：我们经常会谈到一个词叫“爱岗敬业”。那么我们在谈到“爱岗敬业”的时候，想到的是，特别是老职工会谈到一句话，就是“干一行、爱一行”；但现在的年轻人却提出了另一种看法，叫做“爱一行、干一行”。那么，今天我们要辩论的这个题目呢，就是——当今社会，是更应该提倡“干一行、爱一行”呢，还是更应该提倡“爱一行、干一行”？希望通过今天双方辩手的讨论，能给大家一个答案。

下面让我们认识一下双方的辩手。在我右手边的呢，是正方，他们是黑龙江海事局代表队，他们的观点是“当今社会，更应该提倡干一行、爱一行”。四位辩手可以自我介绍一下。

郭　慧：主席、评委、对方辩友、现场的观众朋友们，大家好！我是正方一辩郭慧。三年前，我对海事一无所知，机缘巧合我走进了海事队伍，成为一名光荣的海事女兵。三年后，我深深地爱上了它！（掌声）

孙　超：大家好，我是正方二辩孙超。曾经梦想扬帆远航的我，如今驻守在祖国的北疆，扎根海事，为内河航运保驾护航！（掌声）

刘　明：大家好，我是正方三辩刘明。曾经我的志愿是做一名记者，如今作为一名普通的海事监督员，当了解到海事的神圣使命后，我深深地爱上了它！谢谢！（掌声）

刘殿然：曾经梦想在法庭上伸张正义的我，如今作为一名光荣的海事人，来到这里和大家一起学习交流，我早已深深热爱上了现在的我。正方四辩刘殿然问候大家！（掌声）

主　席：好，刚才正方的四位辩手通过自我介绍已经将他们辩题的观点向大家进行了一丝一毫的透露。那么让我们介绍一下反方，反方是来自江苏省地方海事局的代表队，他们的观点是“当今社会，更应该提倡爱一行、干一行”。让我们认识一下四位辩手。

陈　宸：大家好，我来自江苏省地方海事局，反方一辩陈宸。（掌声）

孙建华：大家好，我来自江苏省地方海事局，反方二辩孙建华。（掌声）

邱德涛：大家好，我来自江苏省地方海事局，反方三辩邱德涛。（掌声）

王银波：大家好，我来自江苏省地方海事局，反方四辩王银波。（掌声）

主　席：好，谢谢反方四辩简短而有力的介绍，相信也给大家留下了深刻的印象。那么下面我们的比赛就正式开始啦。首先进行的是立论陈词阶段，有请正方一辩进行陈词立论，时间是三分钟。有请！

（掌声）

郭　慧：谢谢主席！我方观点是当今社会应当提倡“干一行、爱一行”。首先我们必须认清当今社会的现实。如今我们正处于社会主义初级阶段，人口压力大，社会资源分配

不均，就业形势严峻，社会无法提供大量岗位供人们由着自己的兴趣爱好去自由的选择，这就是当今社会，这就是客观现实。而我们提倡的“干一行、爱一行”是说无论你从事的职业是由于喜爱还是听从了命令的安排，无论是追求而得还是机缘巧合，都要本着爱岗敬业的态度认认真真把它做好。

当今社会竞争激烈，找一份工作已是不易，要找到一份自己喜欢的工作更是难上加难，这时我们的主观择业意愿必须符合客观社会现实，不能由着性子来，跟着兴趣走。个人只是社会汪洋中的一滴水，如果这滴水离开汪洋去谈兴趣，那么仅有才能也会消失在阳光下。

再者，社会分工不会依据个人喜欢而定。有的行业趋之若鹜，有的行业无人问津，如果人人都凭个人喜好择业，那么那些大多数人都不愿意从事的职业谁来从事，如果要提倡“爱一行、干一行”的话，那么从事自己不喜爱行业的人难道就应该浑浑噩噩当一天和尚撞一天钟吗？如果是那样的话，就不会有深山里十几年如一日兢兢业业的邮递员，就不会有扎根边疆义无反顾的青年志愿者，就不会有我们海事系统守望灯塔几十年的叶中央、苏贵聪，他们不都是“干一行、爱一行”最真实的写照嘛。

从道德上讲，“干一行、爱一行”是社会主义职业道德最基本、最重要的要求，也是当今社会用人单位挑选人才至关重要的标准。无论你从事的职业平凡与否、高低与否、贵贱与否，都应该恪尽职守、不计得失、兢兢业业、任劳任怨，这种无私奉献的老黄牛精神正是我们海事核心价值理念的集中体现啊！这难道不是我们应该大力弘扬和积极倡导的高贵品质吗？

从个人发展而言，我们同样提倡“干一行、爱一行”。因为有些人他根本不知道自己喜欢什么。今天我看了黑猫警长我就想当警察，明天我看了舒克贝塔我就想当飞行员，我们不提倡因为爱所以爱，否则只能爱过之后一脚踢开，我们提倡理性的爱，提倡先干后爱，提倡从干的实践中激发的爱，这样的爱才更长久、更真实、更坚固。即使你知道自己真正爱什么，但爱什么干什么只能是少数人的理想境界。现实高于理想，生存重于兴趣，当然我们不反对少数人坚守自己的梦想当凤凰，非梧桐不栖，非炼石不食，非醴泉不饮，但如果全社会都那样的话，结果必将万劫不复。

综上所述，我方坚持认为只有“干一行、爱一行”才能实现社会的全面协调可持续发展，只有“干一行、爱一行”才能更好地践行海事核心价值观，只有“干一行、爱一行”才能让每个人都立足实际、脚踏实地。

朋友们，驾驭自己的人生从改变心态做起吧，不要再纠结你所从事的工作是否是当初所好，从今天起爱上它，你会发现原来生活可以更美的。谢谢大家！（掌声）

主　席：好，感谢正方一辩的精彩立论。下面有请反方一辩进行立论陈述，时间同样为三分钟。有请！

陈　宸：谢谢主席，大家好！刚才对方辩友告诉了我们一个怎样的命题呢？就是干一行是原因，爱一行是结果，你只有先干一行，才能爱一行。你只要干了一行，就必须爱这一行。试问，组织需要擦黑板、就安排一个人去擦黑板、难道他擦了黑板，就必须爱上擦黑板吗？荒谬啊！

2006年8月，有这样一个人，他放弃了60万高薪而转身投入海事，他说：虽然我的收入将会受到很大影响，但在海事，我将找到自己的用武之地！这个人就是江苏人民的好儿子杨庆文烈士。他的成长轨迹，正引领着我们全国海事青年的人生走向，也印证了我方观点，当今社会应当提倡的是什么？提倡“爱一行、干一行”。

所谓当今社会也就是指我国正处于由小康社会向全面小康社会迈进、着力建设创新型社会，实现中华民族再次崛起的关键时代。既然讲到“提倡”就是指：既要源于现实，更要高于现实，在多种价值中选择更优价值。今天的辩题我方主张，当今社会应当提倡“爱一行、干一行”，理由如下：第一，“爱一行、干一行”更符合人的心理诉求和发展需要，更有利于提高人的主观能动性。我们都知道，每一个人在选择自己的岗位之前，都要考量自己想干什么，能干什么，带着兴趣和感情去干事情，才能更好的调动主观能动性，实现人生的美好愿景。

第二，“爱一行”是做好工作的充分条件，有利于实现社会资源的优化配置。大家知道，“爱一行、干一行”是理想与岗位的完美结合，而“干一行、爱一行”是既可能结合，又可能结合不了啊！秉持“爱一行、干一行”的择业观，就能够让我们在“干什么”的问题上，做好选择题，减少“干一行、怨一行，做一天和尚撞一天钟”的现象，给那些想干事，能干事的人们提供干成事的舞台。

第三，“爱一行、干一行”，更有利于培养创新型人才，推动社会进步。胡锦涛总书记指出，“当今世界，人力资源越来越成为推动经济社会发展的战略性资源。建设创新型国家，人才是基础。我们只有提倡“爱一行、干一行”，充分尊重人，才能促进各行各业的人才脱颖而出，推动中华民族的伟大复兴。谢谢！（掌声）

主　席：好，感谢反方一辩的精彩立论。那么下面有请正方二辩做补充立论，时间是两分钟。有请！

孙　超：我方认为对方一辩的立论有三个非常明显的错误。一是过分夸大了主观能动性的作用。二是难道“干一行、爱一行”就不能使效率最大化吗？第三点曲解了“以人为本”的真正含义。

首先，人有主观能动性是没错的，但是我想问对方辩友，如果有人“想上九天揽月、想下五洋捉鳖”这种想干什么就干什么，能成吗？显然是不可以的。脱离现实的理想主义是没有生命的，现实和理想孰轻孰重，我相信答案是不言而喻的！

其次，我方强调的是人人都应该具有爱岗敬业、恪尽职守的职业道德。现代社会竞争激烈，有一份工作并不容易，但更重要的是爱上这份工作，付出你全部的心血和热情，积极投入到这份工作当中，遇到问题就去解决问题，在实践中才能锻炼才干和能力。国家鼓励大学生走到社会主义新农村的建设当中去，大学生村官张广秀就是这样一个优秀的模范。她在毕业分配之后被分配到农村做村主任助理，虽然官小位微，但是她注意观察，注意积累，用其所长全身心地为村民服务，即使身患重病也不忘本职工作。国家副主席习近平要求学习张广秀“珍惜工作、尊重职业、坚守事业、忠诚单位”的高尚品质，今天我想将这16个字的箴言送给对方辩友，大爱无疆，请珍惜海事！

最后，对方一味强调个人需求，强调个人意愿，就是片面理解了“以人为本”的真正含义。以人为本，就是以实现人的全面发展为目标，以人民群众的利益谋发展、促发展。当国家需要你的时候，请问对方辩友，您是计较个人利益得失呢，还是先天下之忧而忧呢？请对方辩友正视现实，不要再迷途深陷！（掌声）

主　席：好，谢谢正方二辩，下面有请反方二辩进行补充立论，时间同样有两分钟。有请！

孙建华：主席、评委、对方辩友，大家好！无论是“爱一行、干一行”，还是“干一行、爱一行”，所取得的成绩都值得人们尊敬，但这不是今天我们要讨论的主题。个人的选择决定了自己的人生，当每个人的选择集合起来却决定了整个社会发展的高度，因此当今社会应该提倡“爱一行、干一行”。

首先，“爱一行、干一行”更符合“以人为本”的价值取向。改革开放以来，随着市场经济不断深化，农民进城务工，下岗工人自主创业，大学生就业双向选择，人们对职业的选择和价值认识已经发生了根本性转变，这种个性化发展必然给全社会带来生机和活力。

其次，“爱一行、干一行”更能提高全社会发展的整体效益。从小型作坊到现代化产业链，从计划经济到市场经济，效率的高低决定了发展的快慢，而人是体现效益的关键因素。当今社会讲求合理配置，人性化管理、人尽其才，让人选择热爱的工作，如杨庆文、许振超、陈刚毅等先进典型，都是在自己所热爱的岗位上做出了突出的贡献。只有“爱一行、干一行”才会付出更多，想得更远，把工作干得更好！

最后，“爱一行、干一行”更能加快国家和社会的转型。当前我国正处于重要的转型期，要加快转变经济发展方式，从制造业大国向强国转变，关键在于鼓励创新、提高每一个人的工作的主观能动性。事实已经证明，创新源于热爱，热爱激发创新，提倡“爱一行、干一行”不正是顺应了这个时代发展要求吗？

当今社会已经敞开了“爱一行、干一行”的高速路，我们为什么还要坚持走过去的独木桥呢！谢谢！（掌声）

主　席：好，谢谢双方辩手的精彩立论。那么通过刚才几位辩手的陈述，相信已经比较好地阐明了自己的观点。那么下面将要进行的是攻辩环节。首先由正方三辩选择对方三辩进行一对一攻辩，时间是一分三十秒。

刘　明：请问对方辩友，您是否是因为热爱才进入海事局工作的呢？

邱德涛：我热爱我自己的海事事业，所以我从事海事事业。

刘　明：那么请问您，那些与您同样热爱海事事业却未能进入海事局工作的人，您是否建议他们继续考下去呢？

邱德涛：我号召大家为了自己的梦想，不断追求自己的梦想，进入海事事业。

刘　明：那对方辩友的意思是不是在说要提倡他们这种“即使撞了南墙也不回头”的这种精神呢？你切实为他们考虑了吗？

邱德涛：对方辩友，对方既然谈到了海事事业，肯定是建立在对自己充分了解、对环境充分考虑的情况下，他们的这种爱就是我们提倡的，所以要“爱一行、干一行”啊！

刘　明：请问对方辩友，你没有经过客观实践，你所得来的这个“爱”难道不是无本之木、无源之水吗？

邱德涛：对方辩友，请不要混淆实践与工作的概念，实践是改造客观世界的一切活动。

刘　明：那请问工作不属于一种实践活动吗？

邱德涛：对方辩友，工作是实践的一种。那么我想请问，我参加青年志愿者属不属于实践呢，但是不能称之为一种工作吧？

刘　明：请问对方辩友，进城务工的农民工，他们是想干什么就能干什么，还是愿意干什么就可以干什么呢？

邱德涛：对方辩友，我想请问你啊，农民工能够进入这个工作就是说明他热爱自己所在的行业，能够进城实现更好的目的啊！

刘　明：那对方辩友是不是在说我们出了一个王宝强，出了一个旭日阳刚，你就提倡所有的农民工兄弟都去放弃自己现在的工作，去进行演艺事业呢？

（时间到铃响，掌声）

主　席：好，时间到，请坐。下面请反方三辩选择正方三辩进行一对一攻辩。有请！

邱德涛：对方辩友，你方提倡“干一行、爱一行”，那么我想请问你，爱一行的目的是什么呢？

刘　明：对不起，对方辩友，我们首先说了我们在择业过程中，我们无论对某一行业的兴趣浓烈与否，我们必须要先干这一行，才会再提到后面的是否会爱上一行。谢谢！

邱德涛：对方辩友，你方提到“干一行、爱一行”，那么我想请问“干一行”是“爱一行”的充分条件还是必要条件呢？

刘　明：我觉得“干一行”才是“爱一行”的必要条件。谢谢！

邱德涛：对方辩友，我想请问现在你可以同时胜任几项工作，那么你如何作出选择呢？

刘　明：那请问对方辩友了，我择业的时候只能考公务员，因为所有的媒体都不要我。谢谢！（笑声）

邱德涛：对方辩友，我想请问内因和外因，哪一个对人的主观能动性、哪一个对人的行为产生决定作用？

刘　明：对方辩友，千万不要一味地强调主观能动性。我们生活在这个现实生活中，我们的一切主观能动性都要受制于客观实际啊，对方辩友。

邱德涛：对方辩友，我想请问如果你长期从事一个自己所不热爱的工作，你会不会感到压抑？

刘　明：恩，是这样的——我当时对海事事业一窍不通，我干上海事事业之后我发现我的能力在其中得到了充分的发挥，我现在已经深深地爱上了我的职业。谢谢！

邱德涛：对方辩友，我想请问你如何看待富士康的十三连跳事件？

刘　明：对不起，请您重复一下。

邱德涛：对方辩友，请问你如何看待富士康的十三连跳？

刘　明：就是因为他们不能调整自己的心态，不能够爱上自己的工作，所以才会觉得很压抑，所以才选择了这种方式。谢谢！

（时间到铃响，掌声）

主　席：好，时间到，请坐。感谢双方三辩给我们呈现了一个非常精彩的论辩过程。那么下来将要进行的就是自由辩论环节了。那么自由辩论环节一共是十分钟，双方各五分钟，首先由正方的一位选手开始。那么现在辩论就正式开始。有请！

刘殿然：请问对方辩友，摆在我面前的有青岛的海鲜、有山东的包子，可是我一心想吃我们东北的大米，难道按照对方的观点，我是要等着饿死吗？

邱德涛：对方辩友，我方提出来的是“爱一行、干一行”，我们尊重你自主选择的权利啊！对方辩友，我想请问在刚刚回答我方“爱一行”的目的当中，请问你的目的包不包括把工作做得更好？

刘　明：对方辩友，我们确实是想把工作做得更好，但是我们首先要有工作做啊。请问对方辩友，我第二次问对方辩友，我就是喜欢吃东北的大米饭，难道这两天我就一定要饿肚子吗？

陈　宸：对方辩友刚刚回答包含把工作做得更好，那不正是印证了我方的观点——“爱一行、干一行”，把工作做好啊！刚刚对方辩友没有正面回答我方的问题，“干一行”是“爱一行”的充分条件还是必要条件呢？

刘　明：对方辩友，我刚刚已经回答了你的问题，请问你是没有听清呢，还是没有听见呢？我们反复强调，我们无论对一行有多么强烈的热爱，我们首先要干上啊，我想给姚明打替补，但是我身高实在是不够啊！

王银波：我倒想请问对方辩友的择业标准是什么呢？

刘殿然：我的择业标准是基于我们的现实需要，是基于我们自身的能力，而完全不能仅凭兴趣去做。请问对方辩友，你们怎么能够保证我们所有人都能按照兴趣找到工作呢？

王银波：那对方辩友和机器没有什么分别了，人的主观能动性又何在呢？

孙　超：请问对方辩友，是能力决定我们做什么，还是爱好决定我们做什么？

王银波：为了生存而生存，只能维系你的生存；为了我们理想的所爱去奋斗，一定会把自己的工作做得更好，实现自己远大的目标！

郭　慧：请问对方辩友，是先有生存还是先有发展，您必须先生存之后才有发展嘛，理想高于现实，生存重于兴趣啊，对方辩友！

邱德涛：对方辩友，人类正是有了生存，才会有了思想啊；有了思想以后，难道我们就不应该把这个思想发扬光大，“爱一行、干一行”吗？我想请问对方辩友，你干一行就一定会爱上一行吗？

刘殿然：对方辩友说的不错，我们是先有生存。可是按照对方的观点来说，先爱一行，再干一行，我们很多人连工作都找不到，何谈生存呢？请问对方辩友，你们怎么能够保证我们所有人都能按照兴趣找到工作，请正面回答。

王银波：请问对方辩友了，今天我们辩题的目的就是围绕这个生存问题以及有了工作就能满足这么一个层面上进行辩论吗？

刘　明：对方辩友啊，我方已经再三问你就如何保证每个人都能够凭借自己的兴趣找到工作，你没有回答。那好，我再问你另外一个问题，请问大家如果都按照兴趣去找工作的话，那么没有人感兴趣的工作，谁来做呢？

王银波：但是根据这个人保部2010年的一个统计，我们目前的失业率只有4.1%啊，也就是说96%的人还是在工作的，对方辩友。

郭　慧：哦，对方辩友说了一个社会现象，那我也跟你讲一个社会现象，现在公务员报考冷热不均的现象，相信大家都知道吧，最精英、最激烈的岗位达到四千多比一，但同时却有62个岗位无人问津，如果人人都爱一行干一行的话，那么那些没人从事、没人愿意从事的岗位，谁来从事啊？这样不会导致社会的不平衡吗？

邱德涛：对方辩友，目前我们正在处于一个社会转型期，从劳动密集型转向知识创新型，我国社会结构不代表它具有一种返回性，请对方辩友用一种发展的观点看待目前的现状，不要拘泥于现状。对方辩友，我想第二次请问，如果你干一行，你一定会爱上一行吗？如果我干了这一行，始终爱不上，那么我该怎么办呢？

郭　慧：那我也请问对方辩友，你爱一行就一定能干好一行吗？

邱德涛：请对方辩友先回答我方问题！

刘殿然：我们不能保证我们干一行就能爱上一行，但是前提是我们先干上一行；而按照对方的观点来说，"爱一行、干一行"，很多人都找不到工作，如果说我们找不到工作就不干了吗？那么请问对方辩友，那些是不是在倡导"宅男"、"宅女"、"啃老族"吗？

王银波：我来回答对方辩友的问题，"从兴趣是人最好的老师"出发，"知之者不如好之者，好之者不如乐之者"，自己喜欢工作一定能把它干得更好。

刘　明：好了，对方辩友反复在强调"兴趣"，我方一辩已经说得很清楚，小时候我看了舒克贝塔我就想当飞行员，我看了黑猫警长我就想当警察，您方这个"爱"，爱来爱去，到底你爱谁啊？那么我还是问对方辩友，我第一个问题、第二个问题，您都没有回答，我再次问一下所有人都凭借自己兴趣找工作的话，那些没有人感兴趣的工作由谁来做呢？

邱德涛：对方辩友，请不要一直混淆"兴趣"与"爱"的关系，我方已经做出了明确回答。我想请问对方辩友，对方提倡干一行爱一行，那么曾经在50年代导致的"教授修地球"、"文盲考大学"的现象，在当今以人为本的社会，我们如何避免这种现象，重蹈覆辙啊！

刘　明：对方辩友刚才说了兴趣就是爱，又说了兴趣又不是爱，那是不是您说爱就爱，您说不爱就不爱，您说有点儿爱就有点儿爱，您说有点儿不爱就有点儿不爱呢？

邱德涛：对方辩友，您一直在混淆"兴趣"与"爱"的关系啊，我已经明确阐释了，请你不要主观臆断我方观点啊！

刘殿然：对方辩友，混淆"爱"和"兴趣"的不是我方而是对方。对方辩友刚刚强调有创新，那么我想请问一个人连工作都找不到，他何谈创新呢？我们的创新是有基础的啊，对方辩友。

王银波：我来回答对方辩友的问题，刚刚你说"兴趣"和"爱"有什么区别，当一个人小时候对某一行有了兴趣，他就会产生一个动力去了解它，然后再去接触它，然后再去深入地发掘它的一些内涵，慢慢才爱上它，这就是我们说的理性的爱嘛！

刘殿然：对方辩友刚才说了兴趣就是爱，又说了兴趣又不是爱，那是不是您说爱就爱，您说不爱就不爱，您说有点儿爱就有点儿爱，您说有点儿不爱就有点儿不爱呢？对方强调理性的爱，却处处充满感性的语言！那么忽视了能力的存在，您认为能工作吗？我想下海去游泳，可是我连游泳都不会啊，对方辩友。请对方辩友回答我们如果每个人都去选择所爱的行业，那没有人感兴趣或所爱的行业，谁去做呢？

孙建华：刚才对方辩友一辩已经在她的立论里面强调了希望今天在场的各位成为海事人，可是在场有很多摄影师，我想听到你的鼓励之后他从事海事，那是不是他先爱上这一行才干这一行的呢？

刘殿然：我认为我们的摄影师是我们的工作人员，但是他们跟我们海事事业是不相干的，他只不过是服务我们海事事业。请问对方辩友，如何保证人不屈利，既有人喜欢当老板又有人喜欢当清洁工呢？

孙建华：不相干？可是我们今天辩论的主题是“提倡”，如果你把范围仅限于我们当场的海事，你的提倡又有什么意义呢。

刘　明：就算是现场的这些摄像师们，他们热爱的是海事的工作，但是他们现在干的摄像师的工作。哎呀，如果他们不干这一行，哪有我们今天这次精彩的辩论赛啊？

孙建华：可是对方辩友，你刚才还是在讲“提倡”啊！我们在讲“提倡”，可是你一直在讲我们想干什么、干什么，先干上一行然后再爱一行，可是今天我们在讲“提倡”，请对方辩友正视这个辩论的主题，不要混淆视听！

郭　慧：对方辩友，我也想像你那么优秀，我爱一行就能干一个，那个地方要我我又能干，可是我实际能力不行嘛，我选择有限啊，我只能在干中培养兴趣，对方辩友。

邱德涛：对方辩友，我想第二次请问，如何解决我刚刚说到的问题，“教授修地球”、“文盲考大学”这种现象如何避免呢，请正面回答。

刘殿然：我认为我们回到正方的那个问题，我们的摄影师从事的是摄像行业而不是我们的海事行业，所以说对方辩友曲解了我们“干一行、爱一行”的理念，我们更提倡的是你先择业，再从这个过程中发现你对它的爱啊，对方辩友。

孙建华：刚才对方辩友在攻辩阶段，回答我方问题的时候，实践是不是就是工作，我们刚才已经回答了你，我们想告诉你实践是一切改造客观世界的一切手段，爱也是实践，对方辩友。

刘　明：我们知道“爱”明明就是一种主观感受，对方这种把主观感受和客观实践联系在一起难道不是违反马克思客观主义的吗？

王银波：对方辩友刚才说，我爱这一行但是我没有能力干。我请问对方辩友了，在这个能力相同的情况下，爱这一行是不是更能够调动主观能动性，把这一份工作做得更好呢？

刘殿然：我们不否认爱一行能够调动主观能动性，但是调动主观能动性有很多啊，明明是“条条大路通罗马”，对方为什么偏偏认为“自古华山一条路”呢？我想请问对方辩友，你们如何保证我们的社会行业能够均衡向前的发展呢，如果像你们所说的那样？

孙建华：对方辩友，我想请问对方辩友，刚才我们问对方辩友，从事一项你不喜欢的工作，你说会慢慢爱上它，可是你在爱的这个过程当中，你长期从事一项你不喜欢的工作，你感不感觉到压抑呢？

刘　明：那请问对方辩友，我干上了一个我最初并不喜欢的工作，难道我就应该浑浑噩噩、对我的工作完全不负责任吗？

邱德涛：心理学家曾经讲过"如果爱得不到满足，就会产生一种压抑"。我第三次请问对方辩友如何回答我刚刚提出的问题，如果对方辩友继续回避的话，那我请问你第三个问题，内因和外因哪一个对人的主观能动性起决定作用，请正面回答！到底是哪一种，内因还是外因，正面回答！

刘　明：对方辩友，我们明明生活在一个客观条件内，我们的主观能动性只是来源于客观实际，反作用于客观实际。那请问对方辩友为什么反复强调主观能动性呢，我们过大地强调主观能动性的经验难道还不够惨痛吗？

王银波：有了主观能动性才能把工作做得更好啊！我倒是想请问对方辩友了，你们说，我爱这一行又没有能力去做，这"没有能力"是不是你们"干一行、爱一行"的借口呢？

郭　慧：刚才对方辩友问我内因和外因哪个更重要，我觉得偏离了辩题，我们问你一个更坚定的，我问你主观能动性和客观社会现实哪一个决定谁？

邱德涛：对方辩友，正如基本的辩证唯物辩证观点告诉我们，内因起一个决定性的作用，对方辩友请不要忽视这个观念。我还想请问对方辩友如何看待"男怕入错行，女怕嫁错郎"？

郭　慧：对方辩友，男女都怕入错行，男女都怕嫁错郎，你这句话本身就不对！

邱德涛：对方辩友，"男怕入错行"正是说明了如果干的一行不是自己的所爱，这样容易使人导致碌碌无为、终生没有成果啊！

刘殿然：对方辩友刚才强调了我们"干一行、爱一行"就不一定能保证我们"爱"，但对方辩友如果说"爱一行、干一行"就能够保证你"爱"吗？那么我们许多跳槽的人这种行为如何解释呢？

孙建华：对方辩友啊，刚才你们始终在回避我方在攻辩提出的几个实质性问题，可是你们始终没有正面回答。我现在还是想请问对方辩友第五个实质性问题，你干一行就一定能爱上这一行吗？

（反方时间到铃响）

刘　明：对方辩友啊，是金子总是要发光的，如果你真的是一个人才的话，无论你在哪个行业都能够发挥才能、做出成绩来的啊！

孙　超：人的精力都是有限的，不能投入到无限的事业当中，难道你不能在自己的岗位上好好工作吗？

主　席：好，谢谢双方辩手！（掌声）看来刚才紧张而激烈的气氛也感染了我们的观众啊，刚才都没有回过神儿来。那么经过了精彩的自由辩论之后就进入到最后一个环节，就是总结陈词环节。首先有请反方四辩做总结陈词，时间是三分钟。有请！

王银波：首先我想指出对方辩友的几点谬论：

第一，忽视了当今社会的发展趋势，今天的中国正在由小康社会向全面小康社会迈进，可是对方辩友的认知还停留在解决温饱问题，只要有工作就能满足得过去，对推动创新发展、构建和谐社会不利。

第二，错误地认知了实践的特征。人在有限的生命里，只能寻找与他相关的、自己感兴趣的进行实践，因为实践不是盲目的实践。

第三，把一些特殊的情况泛化。对方辩友多次提到当国家或组织需要的时候，我们怎么办。我想，到那个时候，我们一定会向在座的各位一样响应国家的召唤，但是我们今天谈论的是什么，是在常态社会下个人价值与社会价值如何吻合的问题。

下面，我再一次从三个方面来总结我方的观点：

第一，"爱一行、干一行"是成就事业的基础。 我们提倡在平凡的岗位上作出不平凡的业绩，但是我们反对一个人硬着头皮去干不适合自己的工作。因为有爱才能勤，有爱才能精，业精于勤。也许有的人没有爱也能出于职业道德而兢兢业业的工作，但是真正能够引领社会发展，在事业上取得非凡成就的一定是像钱学森、袁隆平等那一批"爱一行、干一行"的人。

第二，“爱一行、干一行”是推动创新发展的动力。“一个没有创新能力的民族，难以屹立于世界先进民族之林”。当前，我国正处在由劳动密集型社会向科技创新型社会转型的关键时期，在这个关键时期，我们只有提倡“爱一行、干一行”，才能够激发我们的创新思路，推动我们的人才培养，推动高科技产业的发展。

第三，提倡“爱一行、干一行”是中华民族再次崛起的希望。从新中国诞生到30年改革开放，从计划经济到市场经济，“干一行、爱一行”的理念已然深入到社会的每一个领域。但是今天，在解放思想、实事求是、与时俱进的今天，这种理念显然已经不能够符合当代时代发展的要求。我们只有提倡“爱一行、干一行”，才能使各行各业的优秀人才脱颖而出，推动中华民族的崛起。实现我们中华民族的伟大复兴！

高尔基曾经说过：当工作是一种乐趣时，生活是一种享受！让我们提倡“爱一行、干一行”吧！谢谢大家！（掌声）

主　席：下面有请正方四辩做总结陈词，时间是三分钟。有请！

刘殿然：感谢主席！纵观刚才的辩论，我们认为对方的观点有几个是明显错误的。

首先，他们考虑到我们的发展趋势，却忽视了我们中国当今的国情。温家宝在刚刚开始的博鳌论坛上说“中国仍然是世界上最大的发展中国家”，我们在发展，怎么能够完全按照个人喜好去选择工作呢？如果说我们都按照个人喜好去选择工作，那么那些没人感兴趣的工作谁去做呢？难道这是发展吗？

第二，他们混同了“创新精神”和我们“干一行、爱一行”的关系，我们认为“干一行、爱一行”前提是你先干上这份工作，在干这份工作的前提下发挥你的主观能动性爱上它、探索它，逐渐才升华出创新精神。而“爱一行、干一行”就能够体现创新精神吗？

第三，他们举了杨庆文的例子，杨庆文是我们海事的英雄，但是他17年间换过三次工作，每一个工作都从基层岗位干到了领导岗位，这恰恰体现了他“干一行、爱一行”的举动嘛！如果是按照对方的观点，“爱一行、干一行”，他为什么要换工作呢？所以，我方坚持认为当今社会应当提倡“干一行、爱一行”。

我们提倡“干一行、爱一行”，就是要在全社会倡导爱岗敬业、克尽职守的职业道德；就是要以民生需求为出发，从社会发展需求的角度考虑，优化就业资源配置，使各行各业实现全面、协调、可持续的科学发展。我们提倡“干一行、爱一行”，就是要倡导择业者一切从现实出发，结合自身的实际选择适合的工作；倡导从业者“当一天和尚撞好一天钟”，兢兢业业，业有所成！

对方辩友刚才还举了钱学森、袁隆平的例子，那么我也想给大家讲几个闪光的人生：我们青岛航标处的王炳交同志，把30年的青春奉献给了团岛灯塔，一生无怨无

悔，为青岛市地方经济建设做出了积极贡献；对方辩友来自江苏，那对下面这个人一定不陌生，作为南通海事局苏通大桥海事处的监管员，姜新同志把工作地点设在了江心的趸船上，与风浪为伴，与大桥为邻啊，谁不爱城市的繁华？谁愿以灯塔为家？但是他们却用自己“干一行、爱一行”的实际行动，生动践行了我们海事核心价值观，难道不应该被提倡吗？

人有兴趣在所难免，追求理想也无可厚非，但是我们必须尊重规律、尊重现实，才能让梦想照进现实、让现实熠熠生辉啊！各位同仁，我们都是海事人，无论最初我们是否是出于热爱，我们都请大家干一行、爱一行、干好一行，只有这样，才能保证我们海事队伍的和谐稳定，才有利于推动我们海事事业的科学发展，才无愧于党和人民赋予我们的光荣职责！最后，千言万语我们把礼物送给对方辩友，那就是一本书《干一行，爱一行》，希望和大家共勉！（掌声）

主　席：好，本场比赛的四个环节都已经全部结束了，下面就请评委们打分。

（打分阶段）

主　席：那么下面就宣读一下本场比赛的比赛成绩：本场比赛胜出的代表队是黑龙江海事局代表队。恭喜！优秀辩手是反方二辩孙建华。恭喜！

认识你们 真好

一份紧急通知把我们带到了南京，一群之前相熟或陌生的人坐在了一起，我们要组队代表江苏省地方海事局参加全国海事青年辩论赛了，紧张感油然而生。全省抽调的12人里首先确定8人，8人再确定4名上场人员，比赛的准备工作紧张开始了。

参加比赛的8人小组产生了，人员来自全省不同地方，工作岗位、性格各不相同。 我们的领队曹苗苗，干练的女人；我们的军师孙圣，知识渊博，鬼才；还有乐观随和的刘黎剑，扬州美女陈宸，大师兄王辉，一丝不苟的王银波，风趣幽默的孙建华。一群年轻人组成了一个紧张快乐的备赛团队。

转眼要比赛了，做为三辩的我心中难免忐忑，身边队友拍拍我肩膀，“没事，你顶不住了还有我们帮你一起扛”。会心一笑，此刻我们就是一个整体，心和心靠得很近。比赛中进行自我介绍，“我来自江苏地方海事局，反方三辩，邱德涛”，说出这几个字的时候，我的心重重一颤，一种责任感和使命感顿时涌了上来。比赛结果，我们惜败对手，队里的两个女孩都哭了，男人虽然是有泪不轻弹，但心里都不是滋味。

比赛输了，但这份真挚的情谊永远留在了每个人的心里，至今回想起来，心里还是暖暖的，认识你们真好。

（邱德涛）

CHINA MSA

中国海事局
CHINA MSA
中国海
点燃激情 共创未来
“青春杯” 海
主办：交通运输部海
承办：山东海事
青岛 ·
“青春杯”海事青年辩论赛
正方

北方片区

第二轮第三场

正　方：山东海事局

辩　题：事业留人比待遇留人更重要

反　方：江苏海事局

辩　题：待遇留人比事业留人更重要

主　席：尊敬的各位领导、各位来宾，现在比赛正式开始。首先有请参加本场比赛的双方代表队——正方山东海事局代表队和反方江苏海事局代表队入场。

（双方代表队入场，向现场敬礼）

主　席：今天正方山东海事局的辩题是“事业留人比待遇留人更重要”，反方江苏海事局的辩题是“待遇留人比事业留人更重要”。首先有请双方代表队做自我介绍。首先有请正方山东海事局代表队。

李　玮：仰泰山之高，化敬仰为攀登，拨云见日看松涛。

张鹏举：叹黄河之长，纳百川而东行，千转百折东到海。

王洪亮：赞孔孟之贤，传仁义于天下，克己复礼为至圣。

尹静静：拥黄渤之广，为人民干事业，献身海事永不悔。

李　玮：正方一辩李玮，

张鹏举：二辩张鹏举，

王洪亮：三辩王洪亮，

尹静静：四辩尹静静，

四人合：向大家问好！

主　席：请反方江苏海事局做自我介绍。有请！

孙大金：美好江苏钟灵毓秀，此所谓“仁者乐山、智者乐水”。

田　间：好客山东精彩齐鲁，此所谓“有朋自远方来，不亦说乎”。

周　伟：以辩会友其乐融融，此所谓“君子无所争，其争也君子”。

郜　浩：激扬青春共担重任，此所谓“暂不可不弘毅，任重道远”。

孙大金：大家好，我是江苏海事局反方一辩孙大金，

田　间：二辩田间，

周　伟：三辩周伟，

郜　浩：四辩郜浩，

四人合：大家下午好！

（鞠躬，坐下，掌声）

主　席：好，感谢双方精彩的自我介绍。比赛正式开始。首先有请正方一辩做立论陈词，有请，时间三分钟。

李　玮：谢谢主席，尊敬的评委、对方辩友，大家好！

我方认为事业留人比待遇留人更重要。何为事业？事业是指具有共同目标的人们所从事的一种经常性活动，它在实现个人价值的同时也推动了社会的进步。对于海事事业而言，就是践行“让航行更安全，让海洋更清洁”的庄严承诺。而待遇是指个人基于工作付出所得到的回报。虽然事业、待遇都可以留人，但我想提醒大家注意，事业留人无论是对个人自身的发展，还是对组织事业的发展都更加有利，具有更为深远的社会意义。

第一，事业对于个人是基本物质需求的来源，是毕生为之奋斗的目标，更是精神需求满足的寄托。它为你提供施展才华的舞台，它帮助你实现人生的价值。从部局的“十百千工程”到山东局的《十年人才规划纲要》，无不体现事业对于个人发展的重视和支持。而同时正是7.6万如你、我一样的海事人在自己的岗位上勤勤恳恳，用点点滴滴的平凡成就了不平凡的海事事业。

第二，谈完了事业对于个人的重要性，我们再来分析一下辩题背后的深层意义。哪种留人方式更重要，是对谁而言呢？是对组织而言。组织留人的目的又是什么？是为了发展事业。只有事业留人才能集合一群拥有共同目标、共同追求的人。尤其是在海事系统内，提倡事业所产生的共同价值观和归属感能激励人们挖掘潜能、群策群力。任何时候、任何情况下，都必须把事业放在首位，如果离开了事业，何谈留人？留人又有何用？事业的发展是个过程，有起步时的艰辛，有发展中的摸索，更有收获时的喜悦，这其中的酸甜苦辣只有坚定事业者才能体味。

第三，事业留人更是体现了一种价值引导，对整个社会的发展进步有着深远的影响，具有十分重要的时代意义和社会意义，而这是待遇留人所不具备的。党自十七大以来反复强调：要构建社会主义核心价值体系。提倡事业留人，可以起到引领社会思潮、弘扬奋发精神的作用。具体到海事而言，用事业留人可以引导干部职工发扬敬业精神，争当执法为民、奉献社会的楷模，身体力行，真真正正践行海事精神！

综上所述，我方认为事业留人比待遇留人更重要！谢谢！（掌声）

主　席：好，感谢正方一辩的精神立论。有请反方一辩进行立论陈词，时间三分钟。

孙大金：谢谢主席，各位评委、对方辩友，大家好！首先我想提醒大家注意：今天辩题讨论的不是待遇和事业，而是待遇留人和事业留人。这两者都是留人手段，体现了两种不同的管理理念和价值取向。事业留人强调事业目标，侧重事业追求，体现事业为重；而待遇留人，则强调以人为落脚为本。同时，我还要提醒对方辩友注意，只有对用人组织来说，才存在留人不留人的问题。所以，我们今天要讨论的是，从组织的角度出发，分析这两种留人的手段何者更重要。在此，建议对方辩友不要再犯角度方面的错误了，要知道，角度不同，看到的结果自然是不同的。

我方观点认为，待遇留人比事业留人更重要，其判断标准就是：站在用人组织的角度，从社会实际出发，待遇留人比事业留人更有针对性。理由有三：

一、待遇留人更加尊重人的需求，提升成员幸福指数，可以更加有效地留下人。作为组织，让每一位员工生活更好一些，成就更大一些是我们的责任。待遇留人，体现以人为本的管理理念，它包括合理待遇，明确奖惩、身份认同、教育培训、人文关怀、和谐氛围等，充分满足员工物质和精神两个层面的需求，让员工既无眼前之忧，又有进取之心，而事业留人，只能在一定程度上充实人的精神，坚定人的信念，却忽视了对人的关怀。为什么富士康会有11连跳的悲剧？不正是因为过重追求事业，而忽视了对员工的关怀。请问对方辩友，人都没了，事业还有吗？

二、待遇留人更能体现包容，促进社会的和谐，可以更加广泛地留下人。面对价值多元化的今天，待遇留人强调以人为本，不论员工的事业追求是否与组织的目标一致，都能以包容之心激发和调动员工的积极性，让更多的人有效地为组织服务。而事业留人，仅强调事业目标的一致，就无法留下那些事业目标不一致的可用之才。请问对方辩友，如果没有多元化的人才队伍，我们的事业又从何说起？

三、待遇留人更能实现成果共享，推动科学发展，可以更加长久地留下人。待遇留人，强调通过合理分配，有效激励，使发展成果与员工分享，组织与员工同荣辱共进退，实现人与组织的全面协调可持续发展。而以事业留人，缺乏反馈和回报，这种发展是片面的、是不可持续的。当前国家十二五规划明确提出，要把保障和改善民生作为科学发展观的根本出发点和落脚点，使发展成果惠及全体人民，请问对方辩友，如果没有尊严的生活，没有分享发展的成果，又如何能更长久的留住人呢？

综上所述，待遇留人比事业留人更重要。

主　席：好，时间到。接下面有请正方二辩做补充立论，时间两分钟。有请！

张鹏举：首先，对方辩友歪曲了“以人为本”的含义，什么是“以人为本”？以人为本是指以实现个人的全面发展为目标，以人民群众的根本利益为发展，而对方辩友误解了这一点。对方辩友还指出我们的事业忽视了对人的关怀，大家认可吗？当然不能认可。我想对方的几个错误一定逃脱不了在座评委和观众的“法眼”。

我方从来没有否认过待遇留人的重要性，我方也指出待遇可以留人，但是相对于事业留人而言是不可以比较的。在这里，我不得不明确告诉对方辩友待遇是从事业中来的，没有事业，你何谈待遇！

比较哪个留人更重要？就要看哪个更能留住人，哪个更能留对人，哪个具有正确的价值引导作用。交通运输部的先进典范杨庆文同志，放弃了优厚的待遇，毅然投身海事事业，兢兢业业，直到牺牲，试问用什么样的待遇可以换取他对事业的无限忠诚？全国“五一”劳动奖章获得者姜新同志，放弃舒适的工作环境，选择艰苦的苏通大桥海事处，十年如一日，试问用什么样的待遇能够换取他对事业的无私奉献？山东海事局也有那么一个集体，他们长期驻守在成山头，与风浪为伴，试问用什么样的待遇能够换取他们对事业的无怨无悔？　相信答案不言自明，是“让航行更安全、让海洋更清洁”的庄严承诺将他们凝聚到我们的海事事业中来，正是这份伟大的海事事业让他们，也让我们坚定信念、一往无前。由此可见，事业留人比待遇留人更重要。谢谢！（掌声）

主　席：感谢正方二辩，下面有请反方二辩做补充立论，时间两分钟。有请！

田　间：谢谢主席，各位好！刚才对方辩友看似无懈可击的理论实在脱离实际、漏洞百出。

第一，对方辩友看待问题的角度不对。今天我们强调的是留人的话题，大家想一想只有用人的组织才存在留人的话题啊！我方一辩已经强调过了，在此我再次提醒对方辩友不要再犯角度错误的问题了。

第二，对方辩友评判标准错误。对方辩友一再强调事业是最高的追求，那请问“最高”就能证明“更重要”吗？对方辩友，我方的待遇留人体现的是所谓的“根基”，那么“地基不牢，地动山摇”啊，我想提醒对方辩友的是“最高”不等于“更重要”。

第三，对方辩友所说我方错误理解“以人为本”，对方辩友也说了全面发展、以人为本，那请问对方辩友，你的全面发展体现在哪里呢，你还不是片面地追求事业吗？我看你方不是“以人为本”，你方是“以事业为本”吧！而我方的“以人为本”体现在哪里呢？全面照顾人的需求，而且包容差异，最重要的是我们强调成果共享，这才是真正的“以人为本”啊。

再次明确我方从组织的角度出发，立足人的需要，全面分析待遇留人更加重要，因为它可以更有效、更广泛地留住人。当前，我们海事系统已经涌现出一批杰出的人才，长江局姚泽炎、天津局张铁军，面对这些不计较个人得失的先进，组织管理者更有责任满足他们的合理需求。在价值需求多元化的今天，机遇与挑战并存，海事队伍需要大量的人才作保障，只有通过待遇留人，才能争取最多的资源、集中最多的智慧、形成合力，抓住机遇，迎接未来的新挑战，共创海事的新未来！

综上所述，我方认为待遇留人比事业留人更重要。谢谢大家！（掌声）

主　席：接下来进入攻辩环节。攻辩环节一方只提问，另一方只回答，时间是一分三十秒。首先有请正方三辩提问。

王洪亮：谢谢主席！请问对方辩友，你是为了什么来到海事？

周　伟：我当然是为了海事的事业啊！

王洪亮：好，那对方辩友……（周伟打断王洪亮提问）

周　伟：还有我的需求，全面地考虑这个问题。

王洪亮：好，对方辩友也承认了是为了事业来到海事，对不对？那对方辩友为什么又认为待遇更重要呢？

周　伟：对方辩友请不要引申我的问题，我刚刚是说要全面地考虑，不仅考虑我的待遇，也考虑我的事业，双方面地考虑，这才是全面考虑问题，好吧？

王洪亮：您的意思是说两个一样重要咯？

周　伟：不是一样重要。我是讲人要全面地考虑问题，对方辩友您不要曲解我的本意，好吧？

王洪亮：好，对方辩友说了待遇很重要，待遇对留人很重要，是吗？

周　伟：待遇当然对留人很重要了。

王洪亮：好，那我请问你，如果我们现在待遇会有所下降，你是会不好好干活呢，还是干脆离开海事呢？

周　伟：我觉得海事这个组织很有诚信啊，现在短暂的下降并不代表我以后的待遇不好啊！难道待遇留人不更重要吗，正是看到海事给我这么美好的前景，所以我留下来了。

王洪亮：就是说你还是认同海事这个事业的前景才留下来的吧？

周　伟：不是这个意思，是待遇美好的前景！

王洪亮：好，那你觉得待遇下降，你就不好好干活了，是吗？

周　伟：我从来没有认为待遇下降我不好好干活，而是因为我觉得海事局以后会给我更好的待遇，所以我今天拼命地干活，以后获得更良好的待遇嘛，难道不是待遇更重要吗，对方辩友！

王洪亮：看来对方辩友误解了我的意思，我是想问你如果待遇下降会不会影响你的积极性啊？

周　伟：我打断对方辩友一个逻辑性的问题，待遇也不仅仅是工资，我们讲待遇包括物质性的待遇和精神层面的两个部分，好吧！

（时间到铃响，掌声）

主　席：时间到，请坐。接下面请反方三辩提问。

周　伟：对方辩友，据《中国青年报》1月27日报道，北大一博士科研项目对我国医药领域发展很关键，请问这种人才要不要留，请正面回答。

王洪亮：他们一定是热衷于他们这个药材发展事业才留下来。

周　伟：可现在项目资金不足，想寻求到国外发展，我想留下他，您说怎么留下这个人才？

王洪亮：他们因为资金不足到国外去发展他的事业，我觉得事业对他来讲，正是他考虑的重点。

周　伟：给予资金他才留下来啊，你不给他资金，他怎么留下来啊？对方辩友，您说事业怎么让他留下来呢？

王洪亮：我想对方辩友到现在还没有搞清楚我们今天的辩题，这个资金是他们发展事业的资金，而不是他的待遇啊，对方辩友。

周　伟：对方辩友，我所给予的这个资金到底属于事业留人的范畴还是待遇留人的范畴呢？

王洪亮：这个资金难道不是他用来发展事业的资金吗，请问对方辩友了！

周　伟：我问你是事业留人的范畴还是待遇留人的范畴，请正面回答。

王洪亮：我告诉你这是他发展事业的资金，好的。

周　伟：那就是说我们的薪酬也是为了事业，难道我们的薪酬也是事业留人的范畴了？

王洪亮：不好意思，请重复一遍。

周　伟：我们的薪酬福利是不是为了事业更好的发展，难道我们的薪酬福利也是事业留人的范畴吗，那我的待遇留人的范畴在哪里呢？

王洪亮：我很高兴啊，对方辩友承认了我方的观点，我们的薪酬、福利、待遇就是为了发展好我们的事业，谢谢！（掌声）

周　伟：对方辩友啊，那您说您事业留人是不是范畴广泛至无人能阻了？那您这么大一个范围，那我待遇留人又何在呢？那我们今天辩题的讨论又有何意义呢？

王洪亮：我说了，待遇是为了留人，但是也是为了发展好我们的事业！双方辩友时间到。

主　席：好，下来进入激烈精彩的自由辩论时间。时间共十分钟，双方各五分钟，首先有请正方发言。

尹静静：请问对方辩友，我们部局的“十二五”规划关于人才队伍建设是怎么论述的？（笑声）

孙大金：要想更好地回答好对方辩友的这个问题，请对方辩友正面回答我，这是一个什么字？（举起道具纸，上面写有一个“甲”字）

王洪亮：对方辩友顾左右而言他，我们想问一下你了不了解我们用人、留人的政策呀！

孙大金：各位评委，这个问题对今天的辩题很关键，请对方辩友正面回答我，这是一个什么字？

王洪亮：好的，我等一下回答你这个问题。但我想问一下，能不能请你们回答我们的问题，还有我们留人的这个文件你们到底研究了没有？

周　伟：当然研究了，我们觉得这个文件讲科学发展、以人为本。科学发展是什么呢？科学发展就是以人为本为核心啊，对方辩友。您怎么论证您事业留人以人为本呢？

李　玮：对方辩友啊，在讨论海事留人的问题的时候，却连我们部局的相关文件都不去研究，这不是妄谈和空谈吗？“十二五”规划中明确指出了，“要用事业凝聚人、用实践造就人”，请问对方辩友如何理解？

田　间：对方辩友，您怎么知道我方没有看呢？您在读出刚刚那句话的时候，就忘了最重要的一点，那就是科学发展观，科学发展观的核心是什么——以人为本，你连这个都不做到了，谈后面的又有什么用呢？我方想请问对方辩友，你方的事业留人是怎么体现“以人为本”的？

张鹏举：好了，对方辩友，刚刚不回答我方的问题，当然是你方没有看了。对方的问题，我过一会儿回答你。我再请问对方辩友了，你们留人的目的又是什么呢？

田　间：我想请对方辩友正面回答我方问题。

王洪亮：好，没有问题，我来回答你！胡锦涛总书记说了，什么是以人为本，以人为本就是“权为民所用，利为民所谋，情为民所系”，这就是以人为本！

郜　浩：但对方依然站在一个个人的角度看待“以人为本”，难道“以人为本”是“自己以自己为本”吗？我再请问对方辩友了，请你解释事业留人是如何能包含差异性呢？

张鹏举：对方辩友啊，是你们理解的是以个人为本，而我们理解的是以全天下苍生为本啊！对方辩友，还是没有正面回答我的问题，你留人的目的到底是为什么呢？

田　间：我已经刚刚明确地告诉对方辩友了，留人的目的我不管，要更长久地留住人才是目的啊，留下的人的最高目的不代表更重要啊，我们今天讨论的是谁更重要！下面，我请对方辩友告诉我这是什么字，拖到现在为什么不回答呢？（全场笑声）

李　玮：我不明白你这个字跟今天的辩题有什么关系，倒是请对方辩友解释下这个问题——为什么留人的目的，您不管呢？一个组织要发展、一个个人要发展，它的目的难道不重要吗？为什么您可以抛开目的、去谈手段，实在是让人觉得莫名其妙啊！（掌声）

田　间：我想请主席主持一下公道，我就是想证明一下这个字跟今天的辩题非常的有关系，请对方辩友正面回答我这到底是一个什么字？

尹静静：首先我要确定一下，对方二辩，你拿的字是正的呢，还是反的呢？如果你拿正了的话，我就答对了；如果你拿反了的话，我就会答错的！我想提醒对方辩友，你的“以人为本”是说我给了他待遇，然后就是“以人为本”了吗？我想提醒对方辩友，我们的事业才是最终的“以人为本”，正是因为事业提供了职责和纪律，提供了考核奖惩机制，提供了人才培养规划来培养人，所以事业才是“以人为本”！

田　间：我想说的就是对方山东局果然是礼仪之邦，很快就知道了我为什么说正着看和反着看就不是一个字，因为我们今天必须站在用人组织的立场上来看这个问题啊！对方辩友一再强调个人事业，我一而再、再而三，我方一辩和三辩也一而再、再而三地强调这个问题，我们一定要站在用人组织的角度来看这个问题啊。对方辩友连这个都不知道了，我们又有什么好谈的呢？（笑声）我还想问对方辩友了，你方所说的事业留人如何包容差异性呢？

王洪亮：好了，对方辩友，我们今天是在讨论一个字怎么写吗？我们讨论的是事业留人和待遇留人，哪个更重要。我想问一下对方辩友，你谈组织留人，我想问了我们组织要什么样的人，是不是要我们留下有事业心的人呢？

周　伟：对方辩友，我们组织要留什么人呢，要留下一切可用之才，要包容差异，才能为我们组织更好地服务啊！对方辩友，您怎么还没有回答我方二辩的问题呢，您事业留人怎么包容人的差异呢？

张鹏举：我方事业留人怎么包容不了差异呢？所有有用之人我们都可以要嘛！我倒想请问对方辩友了，您认为事业留下的人跟待遇留下的人是一样的吗？

田　间：不好意思，对方辩友，您刚刚说的，我听不太清楚，请您再说一遍！

尹静静：事业留人以共同的目标来召唤人，聚集了一批真正忠诚于事业的人，这不就是“以人为本”吗？我还想请问对方辩友，以待遇留人如何做得到以事业为本呢，组织的目的难道不是为了发展事业吗？

郜　浩：对方辩友翻来覆去还是从个人的角度来思考问题，可是你要知道，以人为本，以个人角度怎么以人为本呢？对方辩友依然没有好好回答我方二辩的问题。我再问你一个具体的问题：事业留人怎么体现“成果共享”的呢？

王洪亮：事业留人为什么体现不了“成果共享”？我们首先要问了成果从哪里来，不正是从我们共同为之奉献、为之努力的事业中来吗，对不对？要不然成果从哪里来呢？成果有了，当然我们就可以共享了。我是想我们把海事事业做好，我们把海事事业发展得更好，我们的待遇何尝不高！

田　间：我想请问对方辩友一个问题，你说事业是可以给予的吗？

李　玮：请对方辩友重复一下您的问题好吗？我也没有听清楚，因为台下观众给我方的掌声实在是太热烈了！（全场笑声，掌声）

周　伟：对方辩友，我方二辩提的问题是——请问对方辩友，事业是能够给予的吗，请您正面回答。

王洪亮：我们现在不是正在从事我们的工作，从事我们的这份事业吗？至于谁给我们，有什么关系吗，请问？

田　间：我想请你正面回答我的问题。

张鹏举：到底你们两个谁的问题呢？好吧，这样，我问你们一个问题吧，如果说我们的事业遇到了困难、不能提供给你需要的待遇的时候，你到底会不会离开我们的海事系统呢，对方辩友？

田　间：请问对方辩友，事业能不能给予？

李　玮：对方辩友一再回避我方的问题，却反复拿一些莫名其妙、与辩题无关的问题来回答，我实在是觉得匪夷所思！我现在再想请问对方辩友了，您知道什么叫做“价值观”吗？

田　间：因为对方辩友不敢回答我的问题，为什么呢？因为事业是不能给予的，而作为海事局，请问对方辩友，你们的薪资、你们的精神待遇，还不都是山东海事局给你们的吗？你们说我自己创造了事业，山东海事局不给你们这个平台，哪有事业啊？我方从来不霸道，不像你们霸道地以为这些都是我事业给你的，我方认为事业搭建的平台是我们的待遇和事业共同搭建的啊！我倒想请问对方辩友了，你为什么还不回答我这个问题，事业留人是如何包含差异性的？

王洪亮：事业留人为什么不能包含差异性，我倒不明白了。我们从事的工作不一样，从事的事业也不同，它为什么就不能包含这个差异性呢？我从事的是什么岗位？是执法岗位，还有人在从事搜救岗位，这就是差异性。

郜　浩：对方辩友，这真的是差异性吗？什么叫“差异性”，因为每个人基于社会需求和事业需求都是不同的，比如我想成为一个音乐家，他想成为一个数学家，这就是我们两个的差异性，而对方辩友一再“顾左右而言它”，始终不肯回答事业可不可以给予。你方是故意没听清楚还是到底真的没听清楚。（掌声）

李　玮：对方辩友，我们今天讨论的可是在做海事事业，而不是您的音乐家、钢琴家。我们当然允许您去发扬自己的自身的才艺，但是还是回到我们的事业来吧，请对方辩友回答我方问题，什么叫做“价值观”？

周　伟：我不知道对方辩友问我今天“什么叫价值观”这个问题有什么必要，但是我想请问对方辩友一个问题，您事业留人就等于事业成功吗？

张鹏举：对方辩友真的从来都不回答我方问题，对方辩友，我就求您回答我方一个问题，好不好啊！（笑声）

部　浩：对方辩友提的问题根本不在今天辩题讨论范围之内，对方辩友倒是一直在回避我方的问题，到底事业可不可以给予呢？如果不可以给予，你们又怎么做到事业留人啊？

李　玮：对方辩友无法回答，我来告诉对方辩友吧，把待遇和事业哪个看得更重要，那就是价值观的问题，而只有树立了正确的价值观，我们今天的辩题才会明确，我们才会明确知道哪个更重要啊！

周　伟：对方辩友啊，你既然讨论价值观的问题，您是不是看看我们今天的辩题，我们今天的辩题是不是应该改成“我们是应该去留事业，还是我们更应该去留待遇，何者更重要”呢？今天的辩题是在“留人”上面啊，我们在组织的角度上看待如何更好地留住人，两种方式作用所在，请您不要看偏角度了。（掌声）

尹静静：对方辩友，当我们看到获救的船员和亲人相拥而泣、养殖区免于遭受污染的时候，您感受到的是不是我们事业带给的骄傲和自豪呢，您能想得到这件事能给我多少钱吗？

田　间：哎呀，我方从来都没有否认事业的重要性啊，我方一直在强调的是“待遇留人比事业留人更重要”，你方为何要片面地理解辩题呢？要知道我们辩的是“更”，而不是“最”；而且我想请问对方辩友，最高追求就等于你说的“更重要”吗？“最高”不等于“更重要”，请对方辩友明确你们的判断标准，判断标准都错了，今天的辩题又有什么好辩的呢！（掌声）

孙大金：对方辩友一再地站在个人的角度来分析今天的这个问题，角度不对，得到的结果自然也是错误的。胡锦涛总书记曾说过“改革发展的成果要与人民共享”，那请问对方辩友，您的事业留人是如何体现与人民共享的呢？

张鹏举：对方辩友，你又错了！我们是谈个人角度，你们是以人为本，你们是以的哪个人？你们以的是你们自己吧！而我们为了事业普及天下苍生。对方辩友，我再问你了，如果待遇下降、不能满足需求了，你们会不会离开呢？

部　浩：因为“从个人角度而言”这不是我们讨论的范围之内，我们必须站在组织的角度，来更包容地始终把员工的利益放在第一位，这才是我们今天讨论的标准啊！请问对方辩友，事业留人到底是怎么体现包容差异的？

张鹏举：你还是没有回答我方观点，你会不会离开呢？

周　伟：我跟你讲，我不会离啊，因为我是海事人，我自豪，这就是我的精神待遇。

王洪亮：好，当年我跟你一样，我也是觉得待遇很重要，我为了待遇来到海事，但是现在的我已经不是当年的我了，我们的党务工作者用实例教育我、用理念培养我，我现在认识到了事业才是我追求的目标！我希望经过这场辩论，对方辩友也不要再做现在的你了！（掌声）

田　间：你老是说你，请谈“组织”。

尹静静：事业是广大劳动人民“随风潜入夜，润物细无声”的默默奉献，是我们海事职工“俯首甘为孺子牛”的爱岗敬业、埋头苦干，劝对方辩友以事业为重，“莫等闲，白了少年头，空悲切”啊！

田　间：请你不要谈个人，跟我谈组织。（全场笑声）

张鹏举：对方辩友，果真了得啊！我倒想请问对方辩友了，你的组织和个人，到底哪个更重要呢？

田　间：不是个人更重要，而是今天的辩题决定的！

王洪亮：只有以“是否热爱我们事业”为标准留下的人才才是正确的，他们才会对我们的事业不离不弃，才会为我们的事业奋斗终身！

李　玮：朋友们，我们青年人是海事的未来，青年强则海事强，青年智则海事智，我们作为海事的青年职工，更应该以我们的青春追求去追求我们共同的事业！

主　席：好，时间到，感谢双方辩友精彩激烈的自由辩论。下面进入总结陈词阶段。首先有请反方四辩做总结陈词，时间三分钟。

部　浩：首先，我想先指出对方辩友整个立论架构中的两处关键错误。

第一，对方辩友在开篇立论时告诉我们事业帮助实现人的人生价值，可是这个时候对方辩友这个辩题的角度已经发生了偏差，因为我们今天讨论的是留人的话题，什么才可以留人，只有组织才可以留人；对个人而言，不存在留不留人的问题。所以对方辩友今天站在一个错误的角度去解决今天的辩题，所以文不对题如何以理服人呢？

第二，对方辩友告诉我们他们的判断标准是什么，他们的判断标准就是实现人的最高需求，可是在这里，对方辩友很巧妙地隐藏了一个前提，那就是事业留人能够使得事业成功，可是我们知道个人事业的成功取决于多方面的因素啊，比如说我个人的能力，个人的机遇，以及努力的程度。我们知道在三国时期，蜀汉君臣上下一心，复兴汉室，可是依然有关羽败走麦城，马谡失街亭，为什么呢？究竟是马谡和关羽不认同蜀国的事业呢，还是他们自身能力有所欠缺？我相信在座的各位雪亮的眼睛都能够看的出来。

基于这两个错误的前提，对方辩友展开了他们的立论，让我们看看他们说了什么。

对方一辩告诉我们事业可以提供人们施展才华的舞台，这是什么舞台呢？就是事业发展的平台。可是对方辩友说到这里，您就有点阐述错误了，因为提供事业发展的平台需要有事业和待遇共同搭建的啊。我举个例子来说吧，我方一辩就是搞履约研究的，因此他有一个事业发展的平台，那就是搞课题研究，这课题研究的方向就是事业所指引的，但是课题研究的经费却是待遇所保障的啊。如果对方辩友片面地将此归纳为事业留人的范畴，那是不是有些太偏颇了嘛？

对方二辩告诉我们，事业是人的最高需求，因此他就是最重、更重要的，可是我们想想，盖大楼是不是要有地基？但是一个大楼的最高层是不是就比地基更重要呢？如果这样的话，为什么古人还要告诫我们“九尺之台，始于垒土”，地基不牢，大厦将倾。

对方三辩则没有提为什么待遇留人比事业留人更重要，他只是告诉我们事业是不确定的。他问我方三辩一个问题是什么呢，待遇下降你会不会离开？他试图用我们心中这种对待遇的不确定性来说服我们大家。可我们知道，我们待遇是有不确定性的吗？ 诚然可能物质待遇在某个时期有过起伏，但是我们身为一个海事人的自豪，我们对海事事业的认同感这种精神上的待遇，我觉得永远不会变的。正如我方三辩所言，我身为一个海事人，我感到自豪，因此我不会离开海事。

而我方今天之所以认为待遇留人更重要，并不是要否认事业留人的重要性，毕竟对于个人而言，这是个崇高的追求，但是对于一个组织来说，我们就必须时刻将员工的利益放在首位，只有这样才是一个真正实现以人为本的组织，才真正体现以人为本。谢谢。（掌声）

主　席：好，请正方四辩做总结陈词，时间三分钟。

尹静静：谢谢主席，大家好！感谢对方辩友与我们一起将真理越辩越明，下面我将从四个角度来论述我们今天的辩题。

第一，从逻辑上看，对方辩友犯了因果颠倒、主次不分的错误。重视待遇没有错，错就错在对方辩友将待遇凌驾于事业之上。待遇从何而来呢？待遇从事业而来。没有了事业，待遇就是无源之水、无根之木，没有了事业，何谈待遇？待遇是加油站，是润滑剂，是从属于我们事业的，搞清楚了两者之间的逻辑关系后，哪个是基础、哪个更重要，不就一目了然了吗？

第二，讲完了抽象的逻辑，我们再来看具体的可操作性。能提高所有职工的待遇固然好，但是用待遇留人在我们的海事领域却不具备普遍的可操作性。海事系统作为国家水上执法机构，待遇是严格按照国家规定发放的，不是想提高就能提高的。而事业用共同的目标来凝聚人，科学的考核机制来激励人，人才培养规划来培养人，这些都是待遇无法提供的。因此，在海事系统内，事业留人才是最佳的选择！

第三，从社会的现实看，虽然待遇留人这种方式有它存在的合理性，但是如果将待遇凌驾于事业之上，正确的价值观必然会受到冲击。我们已经看到，一部分医生不以救死扶伤为事业，反而以赚钱创收为目标；个别公职人员不以服务群众为宗旨，而以谋取私利为己任。这样的社会是多么的可怕！所以，青年要有正确的价值取向、社会呼唤正确的价值引导，用事业留人的意义也正在于此！

第四，从长远来看，待遇能留人一时却不能留人一世。众所周之，待遇作为一种物质或精神上的回报，是可以被量化的，可以增加或减少。以优厚待遇吸引而来的人，是不是会为了更高的待遇离开；以优厚待遇吸引而来的人能与我们的事业同甘共苦吗，能将我们的事业置于首位吗？用待遇留人，一旦待遇不能满足个人的需求，事业的大厦就会根基不牢，我们的事业必然受到影响！因此用事业留人才是长久之计！

综上所述，我们不难看出，事业留人比待遇留人更重要！

朋友们，作为一名海事人，我是平凡的，但又是幸运的，因为，像在座所有的海事人一样，正是大家勤勤恳恳、坚守事业，才有了海事事业的欣欣向荣，才有了水运经济的蓬勃发展！今天，面对着中国海事的旗帜，我想对你说，为了这一片我们深爱的蔚蓝，我愿意永远忠诚于你！（掌声）

主　席：好，感谢正方辩友的精彩论辩。我们的比赛先暂时告一段落，下面请评委为双方代表队打分。

（打分阶段）

主　席：下面，宣布本场比赛结果：本场获胜队——山东海事局代表队。本场比赛的优秀辩手正方三辩王洪亮。

LOVE 邂逅爱情

路边社消息：他，幽默风趣还帅气；她，大方体贴又美丽。他们都是江苏海事局辩论赛队员，他之前都是主动给别人倒水，但跟她在一起集训的时候却一次都没抢到倒水的机会。在魔鬼教练“正反变脸”和“高压专制”的折磨下，他抓狂、控诉、想痛扁教练，她则每次都会经历很有精神→耷拉脑袋→梦游状态→不知所以的过程，最后辩论赛输了，她泪洒赛场，他想打电话安慰她，她不接。再后来，他和她携手走在古城南京的大街上，他们是谁？你猜到了吗？

（李欢乐）

CHINA MSA

中国海事局
CHINA MSA
中国海事
点燃激情 共创未来——庆祝建党
青春杯” 海事青年
主办：交通运输部海事局青年工作委员会
承办：山东海事局（北方
青岛 ·2011.4
正方

北方片区

第二轮第四场

正　方：天津海事局

辩　题：青年成才的关键是自身能力

反　方：河北海事局

辩　题：青年成才的关键是外部机遇

主　席：下面向大家介绍一下正反双方。那么在我右手边的呢，是我们的正方天津海事局代表队，他们的观点是“青年成才的关键是自身能力”，下面请四位辩手做一下自我介绍。

郑世昆：提起成才都知道，

李小菲：自身能力最重要，

张　敏：难道机遇是关键，

卢艳民：胡闹！（掌声）

四人合：相信自己，无悔青春！

郑世昆：一辩郑世昆，

李小菲：二辩李小菲，

张　敏：三辩张敏，

卢艳民：四辩卢艳民，

四人合：向您问好！

主　席：一个非常出彩的三句半开场了，好，谢谢正方。那么下面是反方，反方是我们在第一轮胜出的河北海事局，他们的观点是“青年成才的关键是外部机遇”，让我们认识一下这四位辩手。有请！

李　娜：反方一辩李娜，（敬礼，掌声）

李恒蔚：反方二辩李恒蔚，（敬礼，掌声）

夏遥非：反方三辩夏遥非，（敬礼，掌声）

梁　萌：反方四辩梁萌。（敬礼，掌声）

主　席：那么反方的这四位选手呢，相信在上一次的比赛当中已经给大家留下了深刻的印象，也期待他们这一次有出色的表现。那么下面比赛就正式开始。首先进入的是陈词立论环节。首先有请正方一辩！

郑世昆：谢谢主席、评委、大家好！欣赏了一场场精彩纷呈的辩论后，大家是否为选手们妙语连珠、舌枪唇剑的辩论所折服呢？是否只有具备了广博的知识、严密的逻辑和精湛的技巧，才能挽狂澜于既倒，扶大厦之将倾呢？可见，自身能力才是取胜的关键。比赛如此，成才更是如此。今天我方很高兴与对方辩友就青年成才的关键进行切磋。

开宗明义，概念先行。何为“成才”？《现代汉语词典》解释：成才即成为有才能的人。标准是在为社会做贡献的过程中实现自我价值，成才不等于成功。何为“关键”？关键是指在事物发展过程中起决定作用的因素。今天我们讨论青年成才过程中的关键，就是要比较在青年成才过程中，自身能力和外部机遇哪个更为不可或缺，甚至说如果摒弃其一的话，哪一个仍起决定作用。我方认为，青年成才的关键是自身能力。原因有三：

第一，马克思主义哲学认为，内因决定事物的发展方向，是事物发展的根本动力。外因是条件，通过内因起作用。就青年成才而言，自身能力是内因，是指利用知识和技能在认识和改造世界的过程中所具备的身心能量，自身能力不是主观意识，而是客观存在。而外部机遇则是外因，是指有利的外部条件，对青年成才起催化作用。正如适宜的温度，合理的水份，可以影响植物的生长，但关键还要埋下一颗品质优良的种子，用仙人掌的种子永远也开不出红玫瑰，正所谓“用麻袋布做龙袍——不是这块料啊”。

第二，机遇具有偶然性，而能力具有必然性。漫漫人生路，机遇不知何时不期而遇，且如流星般转瞬即逝。而能力恰似恒星闪烁夜空，无论外界风云变幻，都能以不变应万变。机遇可有可无，而能力不可或缺；缺少机遇，您可能老有所成、大器晚成；缺少能力，您必将一事无成。

第三，机遇不是关键，抓住机遇才是关键。一只没有力道的手，又怎能牢牢抓住东西呢？华罗庚曾说过：科学上的发现如果有偶然机遇，那么这个“机遇”也只能给具有能力素养的人啊。同样是树上掉下的一个苹果，为什么有人对此视而不见，有人却开发出罐头，更有人发现了万有引力呢？正所谓：弱者错失良机，而强者善抓机遇。

温家宝曾寄语青年八个字——仰望星空，脚踏实地。我们青年人正是要日积月累、踏踏实实，不断提高自身能力，才能成为海事的生力军，才能成为国家的栋梁之才。谢谢！（掌声）

主　席：感谢正方一辩的精彩立论。下面有请反方一辩进行陈词立论，时间是三分钟。有请！

李　娜：谢谢主席！大家好！首先，感谢部局青工委举办海事青年辩论赛，给了我们一个施展才华的机遇。这恰恰印证了我方观点：青年成才的关键是外部机遇。

正方一辩陈词中存在以下两点错误：

一、考虑问题不周全。只考虑到自身能力如何重要，但是却未曾考虑能力如何而来，又如何而用呢？

二、内外因理论运用错误，错误地认为自身能力就是成才的内因。从认识论上来看，内因应是主观能动性而非自身能力。

下面阐述我方观点，我方认为“青年成才”是青年实现其个人价值与社会价值的统一。而“外部机遇”就是有利于青年成才以及检验是否成才的外部条件。而“关键”就是起了至关紧要的部分或转折点。我方不否认自身能力的重要性，但外部机遇起了至关重要的作用。理由有三：

一、外部机遇为检验青年是否成才提供了实践平台。众所周知，实践是检验真理的唯一标准，青年是否“成才”仅凭个人的主观臆断，其结果必定缺少可信度，必须要用实践加以检验，而实践的平台来源于外部机遇。正是海事系统“履约论文英语演讲”、“岗位技能竞赛”等外部机遇，才使海事青年的能力被激发、被检验、被认可，进而成长为优秀人才。

二、外部机遇作为有利于青年成才的一切外部条件，起着引导和保障作用。青年是可塑性较强的一个群体，外部机遇作为客观环境的体现，是青年成才的导向标，引导着青年形成正确的价值取向，进而实现其个人价值与社会价值的统一。同时，外部机遇又提供了各种资源保障，改革开放30多年来的丰硕成果以及水监体制的深化改革，这些都是我们海事青年成长、成才的丰厚沃土啊！

三、外部机遇贯穿青年成才的始终并起着关键的促进作用。青年成才是一个从量变到质变的过程，青年的自身能力也不是与生俱来的，也不是一蹴而就的，而是在无数个外部机遇不断发掘、提升下，逐渐积累的。“世有伯乐，而后有千里马”，正是因为遇到了伯乐的良机，千里马的命运才迎来了根本转机。由此可见，在量变向质变飞跃的节点上，外部机遇更起到了决定性的作用。

综上所述，我方坚信：青年成才的关键是外部机遇！陈述完毕，谢谢！（掌声）

主　席：谢谢反方一辩的陈词立论。有请正方二辩进行补充立论，时间是两分钟。有请！

李小菲：谢谢主席，大家好！对方一辩显然将“外部机遇”同“外部环境”混为了一谈，把外部机遇的偶然性说成了必然性；还片面夸大了外部机遇这一外因的重要性，把它的催化作用说成是决定作用，这是不是有点“螃蟹顶桌子——硬撑”之嫌呢？

首先，我方并不否认外部机遇对青年成才有催化作用，但是如果你没有能力抓住机遇，纵使有“无上佳句”，也只能千古江山空余恨了吧！正如扶不起的阿斗，纵使有赵云单骑救主、孔明用心扶持，也只能在不思进取中错失良机啊！机遇好比旅途中的一阵风，顺风行走必然省力，但如果没有坚定的信心、大力的步伐，也许只能半途而废。看来打铁还需自身硬，千里马日行千里，靠的是耐力和速度，而金子发光关键在它本身的含金量啊，对方辩友！

其次，对方辩友一直强调如果没有外部环境、外部机遇的话，自身能力无法展现。但我要告诉大家的是逆境顺境皆可成才。事实胜于雄辩，霍金21岁患肌肉萎缩症，却依然解开了宇宙之谜；而贝多芬27岁患耳聋症，却依然创作出绚烂多彩的交响乐，中国民族巍巍五千年历史——自古英雄多磨难，纨绔子弟少伟男，难道他们成功的、成才的关键是机遇吗？比尔盖茨家庭富裕而爱迪生出身贫寒，唐伯虎在传统的东方古国书写传奇而达芬奇却在文艺复兴的欧洲缔造辉煌，对方辩友说他们成才的关键是机遇，大家能信服吗？

还是古人说的好——天道酬勤。上天不可能倾爱那些“等、靠、要”的机会主义者，看来我们还是得握紧自身能力这支画笔，共同绘制海事发展的碧海蓝图！我方再次高呼：青年成才的关键一定、肯定、确定是自身能力！谢谢！（掌声）

主　席：谢谢正方二辩，下面请反方二辩进行补充立论，时间同样为两分钟。有请！

李恒蔚：谢谢主席，大家好！刚才对方辩友认为青年成才的关键是自身能力，并从三点展开了论证，我方认为对方辩友的论证存在三点根本性的错误。

第一、理论适用错误。对方一辩提到内外因理论，殊不知在认识论上谈成才，主观能动性才是内因，包括对自身有利的条件，如自身能力等，都是外因。讲的是如果一个人不付诸行动，他空有再高的能力，也无法成才啊！

第二、思维形而上学。对方辩友脱离时空谈个人，要知道青年是社会中的青年，成才也是指成为社会有用之才，你的能力也是从社会实践当中点点滴滴而来的。对方说到了霍金，我请问霍金为什么没有出生在中国的古代？

第三、夸大自身的能力。刚才对方辩友提出，能力可以来抓机遇，可以触摸到机遇，机遇可有可无，无视机遇的客观性；那我请问，按照您的逻辑，少数能力强的人才可以抓住机遇成才，而大部分人就不能成才了吗？没有外部机遇提供的条件，您所谓的能力又何从而来呢？

因此，讨论青年成才应该站在社会发展的高度，联系地、全面地、发展地看问题。当前和谐稳定的社会机遇才是青年成长的前提和关键，海阔方可凭鱼跃，天高才能任鸟飞，忽视机遇留遗憾，踏遍青山也枉然啊！（掌声）古往今来自是人才者多亦，但数风流人物还看今朝，为何？正是因为今天的外部机遇决定的啊！

综上所述，我方坚定地认为：青年成才的关键是外部机遇。陈述完毕，谢谢！我们

主　席：双方的一辩和二辩都可以说是旁征博引、侃侃而谈，都为大家呈现了一个非常精彩的立论。那么下面将要进行的是攻辩阶段。首先有请正方三辩选择对方三辩进行一对一攻辩，时间一共是一分三十秒。有请！

张　敏：谢谢主席！请问对方辩友，机遇是青年成才的必要条件吗？

夏遥非：我们说的是“关键”，而非讨论的“必要”、“不必要”。

张　敏：如果不必要，还何来关键呢，对方辩友。那请问，在逆境中青年可以成才吗？

夏遥非：难道逆境对我们来说就不是一次机遇吗？

张　敏：对方辩友把“有利的”、“不利的”都说成“机遇”，那我想请对方辩友解释一下“机遇与挑战并存”的“并存”又如何解释呢？

夏遥非：机遇和挑战本来就是一个硬币的正反面，您能把它割裂开来谈吗？我想这是不可能的！

张　敏：对方都把“不利的”说成“机遇”，那为什么“不利的”和“有利的”这会儿又分开了？那请问机遇从何而来，对方辩友？

夏遥非：机遇是外部条件提供给我们的，我们如果没有外部条件提供的这个实践平台，我们无法检验您是否成才啊！

张　敏：那外部提供的条件，它是否具有偶然性呢，对方辩友？

夏遥非：我想无数个偶然性成就了我们的必然性。

张　敏：那对于某一个人来讲，他一辈子都没有等到机遇，那他怎么办啊，对方辩友？

夏遥非：我们讨论的是“青年”这个群体而非个人，请对方辩友搞清楚辩题。

张　敏：对方辩友难道能够否认群体是由每一个个人来构成的吗？如果每一个个人都没有成才，群体何来成才呢，对方辩友？我再问你，机遇的偶然性和必然性如何来确定？

夏遥非：机遇的偶然性和必然性我刚才已经阐明了，无数个偶然性连在一起就变成了必然性。我们讨论的并不是单个的机遇，而我们讨论的是所有对青年成才有利的机遇。

张　敏：看来对方辩友还是区别了整体和个体，那么个体不谈，何来整体？我请问对方辩友，在“7.16”大连清污过程中，我局“海巡052”和“海巡11”论闻讯连夜赶到现场，全面……（提问时间到铃响）

夏遥非：我想这次事故对我们海事局就是一次挑战。

主　席：好，谢谢双方辩友，时间到。下面有请反方三辩选择对方三辩进行一对一攻辩，时间还是为一分三十秒。有请！

夏遥非：对方辩友提到“金子放在哪里都会发光”，我想请问，稍有常识的人都知道金子本身不会发光，它只是反光，如果没有光源，它怎么反光呢？

张　敏：难道没有光源，它就不能发光吗？金子发光是因为它的含金量啊，对方辩友。如果说金子不能发光的话，那您怎么能发现金子呢，对方辩友。如果我们没有个人自身能力的话，如何让机遇来发现我们呢？没有平台、没有能力，我们如何来成才呢？当然还是说能力是最重要的，对方辩友。

夏遥非：看来对方辩友没有弄清楚金子究竟会不会反光。还有，对方辩友提到了我们要实现自身的价值，我想请问对方辩友，如果没有外部机遇提供实践平台，如何知道您是否实现了自身价值呢？

张　敏：那对方辩友又提到了另外一个问题，如果成才，是由谁来评定的。那我想说，青年什么叫成才，我具有能力并且为社会做出贡献，想我广大海事青年，全部在自己的岗位上默默无闻地工作着，为海事事业做出自己应有的贡献，难道你能否认他的成才吗，对方辩友！

夏遥非：对方辩友不知道“实践是检验真理的唯一标准”这句话吧？对方辩友说外部机遇具有偶然性，我想请问您，您参加公务员考试进入海事局，对您来说是偶然的吗，难道你进入这个工作岗位是身不由己吗？

张　敏：如果说我个人能力无法去符合面试的条件的话，我如何去参加考试？如果我的能力不能超过其他竞争者，我如何能脱颖而出呢，对方辩友？如果我的能力不行的话，如何能够站到这里和对方辩友舌战群儒呢，对方辩友？

夏遥非：是什么使您成为海事青年的呢？是通过公务员考试，还是您自己就能完成呢？

主　席：好，时间到，谢谢双方辩友，请坐。又是一轮非常精彩的攻辩环节。那么下来将要进入的就是自由辩论。自由辩论的时间一共是十分钟，双方各五分钟，首先请正方的一个选手发言。有请！

卢艳民：请问对方辩友，对于青年成才来说，自身能力和外部机遇，到底何为内因、何为外因呢？

梁　萌：我们只是说外部机遇是关键的，那么请问对方，你的海事业务是何来的呢？

李小菲：请对方辩友不要回避我方的问题，请回答四辩的问题。

夏遥非：我方刚才已经说了，您所说的自身能力，既不是内因也不是外因，我们说的内因是主观能动性。请对方辩友再次回答我方四辩提出的问题。

张　敏：对方辩友，什么叫主观能动性，是我想。但是我能不能，那是一个客观存在，对方辩友要把“主观的”说成“客观的”，对方辩友是不是有点混淆视听呢！请回答我方四辩逻辑问题，哪个是内因，哪个是外因呢？

李　娜：刚才我方三辩已经回答了问题，请您仔细想清楚。请问，没有领导和前辈的经验，您知道您的努力方向是什么吗？

李小菲：看来领导的自身能力很强啊，对方辩友！我倒想请问了，对方能够否认自身能力对成才的决定作用吗？

李恒蔚：您方三辩刚才所说，“金子没有光源也能发光”，请试举一例。

郑世昆：对方辩友，刚才对方辩友的概念非常有意思，说是金子总是要发光，他强调这个光是一个反光，那我们直接去找镜子不就得了，镜子的反光能力是最强的。金子的这句话恰恰说明金子的自身能力，金子的价值啊，对方辩友，请直接回答这个问题，是不是这样呢？

李恒蔚：您找镜子也行，镜子正是您所说的外部机遇啊！（掌声）

郑世昆：是啊，对方辩友说是金子总会发光，难道对方辩友要跑题吗？

夏遥非：我们说镜子没有错，金子也没有错，金子可以用来做首饰，镜子可以用来照您的容貌。这两个只有放在合适的地方，才能发挥出他们合适的作用，这正是机遇的决定作用啊！（掌声）

张　敏：对方辩友说的非常好，放在合适的地方才能发挥关键作用，什么发挥关键作用呢？当然是自身能力发挥关键作用。现在问您一个现实的问题，同样接受义务教育，为什么有的人走进了高校大门，有的人却走进了高墙铁窗呢？

共创未来
海

梁　萌：这也是他们的外部机遇不同啊，请对方正视这一点，好不好？

张　敏：同样是接受义务教育，对方还是说机遇不同，我想问问对方辩友的机遇到底是什么样的，解释一下吧，对方辩友。

李恒蔚：请对方回答我方四辩刚才提出的问题。

卢艳民：请问对方辩友，黑龙江局的郭慧、辽宁局的刘景升、山东局的尹晓楠、江苏局的金波，还有贵局的吴建潘，他们正在评选海事系统“十大青年标兵”，他们凭的是什么呢，对方辩友？

梁　萌：他们没有进入我们海事系统，没有我们海事系统给他们提供这个良好的外部机遇的平台，他们又何去评选这个“十大青年标兵”呢？（掌声）

李小菲：那么多的人，为什么只有他们呢，对方辩友？我们刚才问的很多问题你们都不回答，那我们来问一下你们局的问题，上一次上场比赛，你们靠的是机遇还是自身能力获胜的呢？

夏遥非：参加比赛对我们来说，正是一次展示我们个人能力的机遇啊！如果没有这个展示能力的机遇，我们如何展示我们的辩论能力呢？

张　敏：对方辩友避而不谈如何获胜，却来强调如何参加，对方辩友是不是偏题了？请回答我方辩友，你是靠什么去获胜的？

夏遥非：我们来这里并不只是为了获胜，我们是为了来展示我们的才华。请对方辩友正面回答我们的问题，您的海事业务能力从何而来呢？难道是因为您自身能力高，您就具备了这种能力吗？

张　敏：如果我没有自身能力，如何去学习呢，对方辩友？请回答我方问题，你到底是如何获胜的呢，对方辩友？

李恒蔚：没有领导和前辈的指引，您的努力方向又是从何而来呢？

郑世昆：对方辩友不要如此嘛，对方辩友刚才一直在混淆视听，但是在贵局的网站上有这么一句话——我局选手凭借清晰的逻辑表达能力、高超的语言艺术、紧密的团结协作，最终以较大的优势取得了胜利。通篇全是能力，而没有一个机遇啊！（掌声）对方辩友是不是早已经承认自身能力才是关键呢？对方辩友刚才的所做所述都是在“螃蟹顶桌子”，在硬扛啊！我想请问对方辩友，古有孟母三迁，今有围海造田，难道对方辩友还是没有意识到外部机遇可以靠自身能力创造出来吗？

梁　萌：我想请问对方一个问题，您拿的那张纸上的题目是什么？题目不就提到我们“青年辩论赛”吗，青年辩论赛就是我们所有一切能力展示的前提，这就是我们良好的外部机遇啊，谢谢！（掌声，喝彩声）

李小菲：参加辩论赛就是成才吗，对方辩友，这是标准吗？

夏遥非：对方辩友先提出辩论赛的问题，我想请问，您问这个问题是不是想说明我们赢了辩论赛也不是成才，那您问这个问题又出于何等目的呢？

李小菲：什么是关键，对方辩友？

李恒蔚：您是不是输了就是成才了呢？

张　敏：对方辩友，我们成不成才，不能拿辩论赛来界定，请回答我一个问题，为什么我们说“修身，齐家，治国，平天下”，不是“修机遇”呢，对方辩友？（掌声）

夏遥非：“修身，齐家，治国，平天下”这是讲的是一个个人修养的问题，并非提高您个人自身能力的问题。我想请问对方辩友，“龟兔赛跑”的故事大家都知道，乌龟为什么能赢过兔子呢？

张　敏：乌龟赢过兔子，正是因为它的毅力，以及一直树立一个目标不断地去追求，不断地去实现的这种毅力和追求力啊，难道对方辩友能够否认乌龟具有能力而兔子却始终具有能力吗？

李恒蔚：每只兔子都跑得快而唯独这只兔子跑得不快，这正是乌龟的机遇啊！（笑声）

卢艳民：对方辩友，兔子跑得不快才是机遇吗，对方辩友？我还想请问，对方辩友反复说成才要有一个平台才能成才，那么我想问我局青岛航标处的全国劳模王炳交同志，17岁到孤岛上默默地守灯塔几十年，默默无闻、默默地奉献，在没有被评为劳模之前，他没有成才吗，对方辩友？

李　娜：首先这个岗位给他，就是一次机遇。刚才回答兔子的问题，是因为兔子睡觉，所以才给了乌龟一个机遇。下面我请问，北京考生650分能上北大，而我们山东考生却上不了，这是为什么呢？（掌声）

张　敏：对方辩友一会儿说青年成才的机遇是必然的，为什么呢？是因为对于一个群体而言；现在又在讲每一个兔子都跑得快，就那一个兔子在睡觉，一会儿是群体，一会儿是个体，我们实在听不明白！那我现在回答对方辩友的问题，如果说山东的青年他具有那种能力，难道说考入大学就证明他就成才吗？在大学里面，我们知道照样有马加爵存在。如果说能力自己不强，走入大学门槛，照样不能成才，对方辩友。现在问对方辩友另外一个问题，富兰克林是如何通过实验论证了闪电的本质是大气的放电？

夏遥非：富兰克林正是用无数的机遇才发现了这个真理。对方辩友刚才没有正面回答我们的问题，我们说的是上大学正是我们成才的一个机遇，您说的是有能力就能把握住这次机遇，为什么同样考650分，山东的大学生他就没办法抓住这个机遇呢？

张　敏：难道非得抓住这个机遇才能成才吗？我们看泱泱中国那么多的青年，难道非得，所有的成才青年全都是大学里面出来的吗？那我们说那些航标工呢，我们团岛上面的王炳交呢，他上过大学吗？他连高中文化水平都没有，你能否认他成才吗，对方辩友？请回答我方问题，富兰克林是如何发现闪电是大气里的放电现象？

梁　萌：富兰克林靠的是放风筝，我们都知道，在大雨天放风筝是一件非常非常危险的事情，为什么他没有被劈死呢？正是因为他有良好的外部机遇啊，他能活下来才能发现啊，我这个回答您是否满意呢？

卢艳民：对方辩友显然忽略了一个细节，为什么富兰克林没有被劈死呢？因为他依靠自身能力加了一个安全装置来阻碍电流，而同样的实验，俄国的科学家就被雷劈死了，对方辩友！（掌声）我还想请问对方辩友，在包头空难时，武警官兵找了两天“黑匣子”都没有找到，而我局海测大队应急扫测分队只用了8个小时，不顾严寒不顾旅途劳累，他凭的是什么呢，对方辩友？

李　娜：首先不是给他一个重要的外部机遇吗？我想请问，刚才北大的问题，那您的意思是说，我们山东考生同样的分数，我们的能力就弱吗？

张　敏：对方辩友一直强调高考、高考，高考是成才的标准吗？还用在这上面纠结吗，对方辩友？

夏遥非：高考不是成才的标准，但对于我们来说，绝对是一个良好的机遇啊！

李小菲：看来还是不同的土地有孕育不同水平学生的自身能力啊，对方辩友“只见其表，不见其里”，请回答：如果没有奥运会，你就能否认刘翔成才吗？

夏遥非：对方说不同的水土孕育不同的能力，是不是就说在山东这个水土孕育出来山东考生的能力不足呢？

张　敏：那对方辩友说北方片区的那个水质能孕育出高素质的北方青年吗？对方辩友还是不要把外部环境等同于外部机遇啊，对方辩友。还想问对方辩友一个问题，为什么面对同样的海风，有的人可以扬帆起航，有的人却船毁人亡呢？

李恒蔚：我来回答你奥运会的问题，没有奥运会哪来奥运冠军呢？

张　敏：奥运冠军就可以成才吗？刘翔在参加奥运会之前，他就能跑出12秒91，难道说秒表掐出来的这个能力是主观的吗，是奥运会给他的吗，对方辩友？请回答我方观点！

梁　萌：难道秒表本身不就是一个外部机遇吗？没有秒表去测速，你知道刘翔跑的是12秒6，还是13秒6呢？

夏遥非：我们说成才就是个人价值与社会价值实现统一啊，您光顾着自身价值而没有顾到社会价值，您不统一，您怎么能够成才呢？

李恒蔚：十年动乱期间，多少有能力、出众的人没有抓住社会的机会，造成我国十年教育的倒退，难道我们不应该反思，珍惜今天所面临的大好机遇吗？

李　娜：我们一再强调水监体制改革，不正是为我们海事青年提供一个发展的良好的机遇吗？

梁　萌：对方提到恒星好比我们的能力，那我们的能力是不变的吗？恒星是不变的，我们的能力是在发展的；我们能力靠什么发展，不就是我们实践带来的机遇吗？

夏遥非：我们说部队是个大熔炉，扔进什么都可以百炼成钢，进入军队这个机遇对于战士来说，难道不是关键的吗？

李恒蔚：当前我国海事系统面临着非常好的机遇，在这个机遇下，我们各个青年不论你是能力超群，还是能力一般，借着这个机遇都可以成才，难道不是这样吗？

李　娜：说到教育问题，我们几年来倡导的希望工程，不就是为了贫穷儿童提供一个成才的机遇吗？

梁　萌：刚才对方提到我们的能力是改造世界，改造世界是什么，改造世界就是实践，如果没有这个实践平台，我们何来改造能力改造世界呢，我们的能力又何处去应用呢？

夏遥非：整场辩论对方辩友只会用一个歇后语：螃蟹撑桌子——硬顶。我想如果不给螃蟹撑桌子的这个机遇，您又知道螃蟹究竟能不能撑住桌子呢？（掌声，笑声）

李恒蔚：“蓬生麻中不扶自直，白沙在涅与之俱黑”，这不正是说明外部条件的作用吗？

李　娜：没有刘备的三顾茅庐，世人何以赞许诸葛亮的才智呢？

梁　萌：如果没有文艺复兴的环境，那达芬奇要去点秋香吗，唐伯虎要去画神秘的微笑吗？

夏遥非：阿基米德说“给我一个支点，我就能撬动地球”，这个“支点”不正是有能力的阿基米德终身所寻求的机遇吗？

李恒蔚：爱因斯坦为什么出生在20世纪的德国，而不是出生在18世纪的德国呢？你想过没有，这是外部机遇所决定的啊！

李　娜：对方辩友不要空谈能力了，没有外部机遇的能力也只是能力，永远也不可能成才！

梁　萌：我们说“仰望星空，脚踏实地”，“星空”就是我们的目标，“脚踏实地”就是我们要抓住外部机遇啊，谢谢大家！

夏遥非：今天党和领导、和政府为我们提供了这么好的机遇，我想这正是我们成才的关键！

主　席：好，时间到，谢谢！相信刚才这个自由辩论的环节肯定给大家留下了非常深刻的印象，确实是非常的精彩！那么在精彩而激烈的自由辩论结束之后呢，将进入的是总结陈词阶段。首先有请反方四辩做总结陈词，时间是三分钟。有请！

梁　萌：谢谢主席！首先请允许我指出对方辩友在自由辩论中的几点谬误：

首先，自由辩论中对方始终无法为我们举出仅靠自身能力而无外部机遇却成才的实例，注意我们说的是“实例”。我们说实践是检验真理的唯一标准，对方理论可谓深之又深、高之又高，但是终经不起实践的考验，依然无法否认外部机遇在青年成才中的关键作用。

第二，概念不清。对方对“成才”二字没有一个完整的认识，我们说成才是青年的个人价值与社会价值的统一，而对方却割裂了二者，空谈个人价值，而忽略了价值的社会性。

第三，局限于个人层面，将人的主观能动性与自身能力相混同，片面的强调内因对外因的决定作用，本着“有机遇要成才，没有机遇创造机遇也要成才的”精神，空谈成才，不但偏离了本次辩论的主题，而且片面强调主观对客观的反作用，而对外部机遇的客观决定性也视而不见。

因此，我们说青年成才的关键并非是自身能力，而是我们的外部机遇。

首先，今天我们讲的青年成才，并非是单个青年的成才，而是站在历史发展的角度去研究当今青年一代成才的关键究竟是什么。我们说当前，经过建党90年来，特别

是改革开放30多年来，党领导中国人民进行的中国特色社会主义伟大实践，我们的国家、社会发生了翻天覆地的巨大变化，这为我们青年的发展提供了前所未有的良好机遇啊。科教兴国、人才兴国的战略为青年的成长指明了方向，政治体制改革、社会主义市场经济体制的建立为我们青年的成长提供了有力的保障。可以说，党的正确领导、国家的发展进步就是我们青年成才最大的外部机遇，脱离开了这些，我们的青年的成才也无从谈起。

其次，正如我方一辩在立论中所述，外部机遇是检验青年成才与否的实践平台，为青年成才起到了引导和保障作用，它贯穿青年成才过程的始终，直接决定了青年的成才与否。这些无不是对“关键”二字的体现啊！

最后，作为一名海事青年，我们的发展、成才始终是与祖国的海事事业息息相关的。青年兴则海事兴，青年强则海事强，我们海事事业的蓬勃发展终离不开我们优秀的海事青年，而我们海事青年的成才又怎能离开祖国的海事事业为我们提供的良好的外部机遇平台啊。所以我们说，当前我们的海事事业正处于攻坚、转型、发展、提升的历史关键期和战略机遇期，如果我们不能够顺应时代发展的趋势，努力地抓住机遇，何以体现我们自身的社会价值，何以立足岗位成人才啊。我们说青年的成才，必须要抓住机遇，而我们海事青年必须与海事事业的发展同呼吸、共命运。

综上所述，青年成才的关键并非对方所说的自身能力，而是我方所说的外部机遇。陈述完毕，谢谢大家。（掌声）

主　席：好，谢谢反方四辩。下面有请正方四辩进行总结陈词，时间同样为三分钟。有请！

卢艳民：谢谢主席、评委，大家好！很高兴在这里跟大家共同地探讨青年成才的问题，我首先回答对方四辩的一个问题，他问没有机遇就不能成才吗？那么我们青岛航标处的王炳交、天津航标处的崔永发都是在孤岛上默默地奉献，你能否认他们的成才吗？

还有对方辩友今天反反复复地犯了很多机遇的错误，他们把包头空难，把大连油污事故都当成机遇，请问这是机遇吗？那么对方辩友一直反反复复在把机遇的外延无限扩大，那按对方的逻辑，好的坏的顺的逆的都是机遇，黑的白的苦的甜也都是机遇，那么面对召之即来、无处不在的机遇，“关键”二字又从何谈起呢？

对方辩友还说到千里马和伯乐的例子，那么千里马是因为伯乐看它一眼它才是千里马吗？千里马之所以叫千里马，那是因为它日行千里啊！“是骡子是马，牵出来遛遛”，是因为“牵出来遛遛”这一机遇决定了谁是骡子谁是马吗？那是因为马跑得比骡子快，而骡子不具备马的生理能力啊，对方辩友！（笑声）

对方辩友还提到“三顾茅庐”的问题，不过我想提醒大家注意一个细节，刘备三顾茅庐的时候，最先见到的是谁，见的最多的又是谁呢？可能有人已经想到了，是那个小书童啊，而不是诸葛亮。按照对方辩友的逻辑，那么机遇最好的应该是小书童，为什么领走的是诸葛亮呢？当然是因为诸葛亮有经天纬地之志，有运筹帷幄之谋，安邦定国之才啊，对方辩友！

那么回到今天的辩题，我对今天的辩题做进一步的论述：

第一，求木之长者，必固其根本；欲流之远者，必浚其源泉。对方辩友犯了这么多错误，归根结底在于其理论基础是错的。对方辩友错在把外部机遇当作客观，而把自身能力归结为主观。那什么是客观，什么是主观呢？客观是指不以人的意志为转移，而自身能力正是这种客观存在，并非我想有就有，而你认为没有就没有的。

第二，对方辩友一直没有搞清内外因的关系，把内外因说得是云山雾绕，大家听的是云里雾里。还是让我把这个问题详细解明一下，任何事物的发展都分为内因和外因，内因是事物发展的根本，而外因通过内因起作用。那么对于青年成才这个问题，自身能力和外部机遇，何为内因何为外因呢？不言自明，当然是自身能力啦，所以“青年成才的关键是自身能力”啊！

第三，时代的话题要有时代的意义。今天的辩题不仅在于展现各位的口才，更在于对青年成才的指导意义。青年兴则国兴，青年强则国强。如何使青年全面健康的成才是整个社会正在关注的问题。党的十七届四中全会强调：加强自身能力建设，是党和国家的要求，是全体人民的要求。回到海事，无论是“三精两关键”的要求，还是“四型海事”的方针，都在极力呼吁要加强海事自身能力建设，海事系统“十二五”规划中也强调要加强自身能力建设，切实提高队伍素质。

百舸争流，奋楫者为先，作为海事生力军的我们，一定要从自我做起，不断提高自身能力，用自己无悔的青春绽放海事熠熠生辉的明天！谢谢大家！（掌声）

主　席：好，感谢正方四辩的精彩结辩。那么到现在为止呢，我们本场比赛的所有环节就已经全部结束了，下面请评委进行打分。

（打分阶段）

主　席：本场比赛的获胜方是河北海事局代表队。恭喜河北海事局代表队进行下一轮的比赛！下面要宣布的是获得“优秀辩手”的选手，获得“优秀辩手”的是正方三辩张敏。恭喜！

萝莉与啰嗦

“萝莉”本名叫孙书苓，是天津海事局辩论队中年龄最小的一个，不仅年龄小，个头儿也小。萝莉虽然年龄最小，可总是一副“大姐大”的派头：“小卢，你不要说话了”“小陈，赶快写你的稿子”。柔柔的嗓音带着不容挑战的威严，让人不得不乖乖地干活儿去。

虽然不是上场选手，但是由于萝莉大学主修的是马克思主义哲学，对逻辑和文字的把握程度很强，就承担了辩论队里搜集整理资料并修改润色辩词的任务。萝莉的口头禅是“这个问题从马克思主义哲学的角度是这样说的”，以至于到后来，每当大家没有思路、陷入“死胡同”的时候，就会问：“萝莉，马克思在这儿说什么来着？”萝莉就会用她那柔柔的嗓音把马克思主义哲学的观点一一道来。

跟萝莉齐名，并称“啰里啰嗦”组合的“啰嗦”叫卢艳民，是天津海事局的四辩。啰嗦的最大特点是只要你稍微给他一个话头，他就会像机关枪一样喋喋不休、弹无虚发。大家实在受不了他的狂轰滥炸，就企图用“吃饭了”、“上厕所”这样的借口敷衍他，可是啰嗦浑然不知，硬要说完才肯罢休。有了这一对“活宝儿”，再紧张、再枯燥的备战过程，也变得轻松、愉快了不少。

（刘芳）

CHINA MSA

正　方：长江海事局

辩　题：安全意识比安全制度更重要

反　方：黑龙江海事局

辩　题：安全制度比安全意识更重要

主　席：首先向大家介绍一下坐在我两边的正反双方辩手。那么坐在我右边的呢，是我们的正方长江海事局代表队，他们的观点是“安全意识比安全制度更重要”。让我们来一起认识一下这四位辩手。

戴也凇：民间有谚：“小心驶得万年船”。正方一辩戴也凇祝大家天天安全。

苏鹏程：理念决定出路，意识决定行动。正方二辩苏鹏程祝大家月月安全。（敬礼，掌声）

边　斌：居安思危危自小，有备无患患可除。正方三辩边斌祝大家年年安全。

徐　添：千里之堤溃于蚁穴，安全之舟不容疏忽。正方四辩徐添祝大家一生安全。

主　席：谢谢正方四位辩友的祝福。下面让我们认识一下反方的四位辩手。反方是黑龙江海事局，他们的观点是“安全制度比安全意识更重要”。让我们认识一下四位辩手。

郭　慧：不以规矩，不成方圆，

孙　超：不守制度，难保安全，

刘　明：所谓意识，虚无缥缈，

刘殿然：遵章守法，方能幸福平安！

郭　慧：一辩郭慧，

孙　超：二辩孙超，

刘　明：三辩刘明，

刘殿然：四辩刘殿然，

郭　慧：我们祝大家

四人合：幸福平安！（掌声）

主　席：我们的比赛正式开始。首先有请正方一辩进行陈词立论，时间三分钟。有请！

戴也凇：谢谢主席！大家好！《周易》有言：“安而不忘危，存而不忘亡”。《左传》亦称：“思则有备，有备无患”。对安全意识的认识古已有之，今天，我们共同探讨安全意识和安全制度谁更重要，就是看二者谁更能解决安全活动中的核心和根本问题。我方认为：安全意识更重要。

第一，从逻辑层面看，安全意识是安全制度的本源、目标，并且贯穿安全制度执行的始终。世上本没有安全制度，一次次血淋淋的事故警醒了人们的安全意识，人们开始寻找规律、固化于制。安全制度的目标是通过学习宣贯，内化于心，形成意识，促进安全。安全制度的执行过程需要安全意识的推动。对一切安全行为来说，安全意识是内在意愿，是内因；安全制度是外在约束，是外因。内因是根本，外因是条件，外因通过内因起作用。因此，安全意识更重要。

第二，从事实层面看，安全意识对解决安全问题的作用更为关键，因而更重要。当今中国，安全事故频发，据国家安监总局的统计显示，98%的事故是人为因素引起的，而其中，安全意识薄弱因素占到90%以上。再看酒驾，执法部门三令五申，违法行为却屡禁不止，本月22日，国家再次修改《道路交通安全法》，提高处罚力度，可就在当天，宁夏再次发生一人被酒驾者冲撞十几米的悲剧。可见，发生事故的关键不在制度本身，而在对制度的漠视，因此解决问题的关键在于意识而非制度。同时，安全制度不能面面俱到，因而有死角；安全制度难以未雨绸缪，因而易滞后。最重要的，正如马克思所言：“制度本身永远解决不了对制度的漠视”。所以提高安全意识才是解决安全问题的根本和当务之急。

第三，从价值层面看，安全意识与人性的关系更契合，因而更重要。提倡安全意识，其实质是倡导人们自觉自愿强化安全责任、积极主动摒弃侥幸心理，实现人性与安全的完美结合；而提倡安全制度，其实质是倡导外力推动、强制推行，强调了束缚。在群体意识叛逆，社会矛盾凸显的今天，更显尴尬。诚然，严刑峻法会起到一定的效果，但在提倡“以人为本”，人性化管理的今天，提高安全意识，使安全行为意识化，才是我们对和谐社会价值观的强烈呼唤！

综上所述，我方坚定地认为，安全意识比安全制度更为重要！谢谢大家（掌声）

主　席：感谢正方一辩的陈词立论。下面有请反方一辩进行陈词立论，时间同样为三分钟。有请！

郭　慧：谢谢主席，我方观点是“安全制度比安全意识更加重要”。安全制度是人们在实践中获取的、以实现安全为目的的科学的、规范的、具有导向性的规章或行为准则，它是人们改造外部世界的一种手段，是直面实践的。而安全意识只是人们头脑中建立起来的安全生产的观念。我方认为“安全制度比安全意识更加重要”，原因有三：

第一，从源头上讲，安全制度来源于实践，是对古往今来人类社会生产活动经验的总结概括。在社会实践过程中，各种危险和事故时有发生，事故隐患和潜在威胁始终存在，这些客观存在的事故和隐患，对于寻求制度规范而言是终极原因。为了规避船舶在航行有可能出现的碰撞、污染等事故，我们有了《海上交通安全法》、《内河交通安全管理条例》、《防止船舶污染海洋环境管理条例》、《船检条例》等等，有了这些制度的规范，我们才能让航行更安全，让海洋更清洁。而意识只是人脑的一种机能，是人对客观事物的一种反应，这种反应有正确的，也有扭曲的和错误的，而基于错误的反应做出的实践行为，恰恰导致了很多人为惨剧的发生。

第二，从过程中讲，安全制度是形成安全意识的重要来源，同时也是衡量安全意识高低的一个重要标准。没有安全制度告诉你“什么是安全的，什么是不安全的”，你的安全意识从何而来呢？我们常说提高安全意识，那么提的基点在哪里，高的标准又是什么呢？安全意识虚无缥缈，看不见也摸不着，无法考核和度量，它的标准只能是安全制度。对安全制度的理解和认同感越高，那么你的安全意识就越强；而对安全制度的漠视，无疑就是安全意识淡薄的表现。

第三，从结果上看，安全制度对实现安全这个终极结果来说是必要的手段。我们知道意识往往是个体的，具有盲目性、不确定性，是散乱的，不成系统的，而且只停留在思想层面上，不能表达和落实。有了安全的动机不一定有安全的行为，而用安全制度规范的行为才能实现安全。众所周知，我们海事部门是行政执法部门，我们海事部门相关法律、法规、规章、标准已达800多件，内容涵盖船舶管理、船员管理、危防管理、通航管理等各个领域。正是有了这些制度的规范，“一切为了水上安全、一切为了人民满意”的庄严承诺才更加掷地有声。

综上所述，我们坚持认为安全制度比安全意识更加重要。为了减少事故和隐患，凡事必须做有章可循，有据可依。有了安全意识，只是动机，不能实现安全这个目的，只有通过制度对行为的规范，才能实现安全。换言之，安全意识无非就是意识到了安全制度的的重要性。“皮之不存，毛将焉附”啊？朋友们，心动不如行动，安全意识不能带来真正的安全，只有遵守制度，才能一生平安！谢谢大家！

主　席：谢谢反方一辩。那么下面有请正方二辩进行补充立论，时间是两分钟。有请！

苏鹏程：谢谢主席！对方辩友说“无规矩不成方圆”，对！但是我们要看到事故恰恰就是发生在这个“方圆”的里面。

再者对方辩友又跟我们强调安全制度具有科学性、规范性，那么按照对方辩友您的逻辑，我今天只要例证出安全意识同样具有这种性质，那我们又可以例证出安全意识也更重要。

其次对方辩友您告诉我安全意识不可以量化，那么我可以说您out了：连智商都可以考核，安全意识从何不可以量化！早在2000年，中科院就已经研制出“安全意识量化考核表”并已经用于多个企业和事业单位，效果也是斐然。

我们再看一个很现实的例子，福建省三明市安全事故率高达33.8%，但是通过事故图片展示、遇难家属与司机座谈会等安全教育形式提倡安全意识，事故率不足一月降低到11.2%。那么您说安全意识是否具有可操作性，是否具有科学性，效果是否立竿见影呢？

我们说对方辩友和我们达成一个很好的共识，是什么呢？说安全制度就是为了提高安全意识，这一点不错！我方一辩在立论中也说安全意识来源于我们头脑中对客观理性的反映，客观理性当然是科学的。再者我们说，从一个很现实的例子，北京奥运会期间很多国家都自带饮用水和食品，我们很多人不解为什么，难道中国的安全制度不够健全，中国的惩罚不够严厉吗？他说不是，因为他怕中国的安全意识淡薄，会出事故。事实是否真的如此呢？

从2008年至今，我们是喝了毒牛奶，吃了假牛肉，前有苏丹红，后有瘦肉精，一个又一个的例子，一次又一次地考验着我们的心灵。事故的原因到底在哪里，问题的症结到底在哪里？不是没有制度，不是没有规章，只因意识淡薄，才会走火入魔。饱经事故折磨，意识才能解脱。安全连着你我他，意识才能保证它。安全事故虽然很可怕，安全意识才能根治它。最后，作为海事人，我深刻地知道在海事的安全理念上始终闪耀着安全意识之光！谢谢！（掌声）

主　席：谢谢正方二辩，下面有请反方二辩进行补充立论，时间同样有两分钟。有请！

孙　超：对方辩友说“安全意识是安全制度的本源”、“解决安全问题在于意识而不在于制度”等等，这些都是非常错误的观念。

首先，制度具有约束性，能科学规范人的行为，产生正确的安全意识。如果没有安全制度的制约，人们就会产生无限的杂乱无章的想法。“一千个读者的眼里就会有一千个哈姆雷特”，每个人都认为自己的理解是正确的，但是请问对方辩友在现实生活中正是有人“自认为安全，却命丧黄泉”。

这样我给对方举个例子：在几十年前我国发生过液化气船被风浪翻沉的事故，起初我们并不知道这种船舶会出现稳性缺失；但是现在请大家翻开《船舶建造规范》，现在明确地规定：建造和完工前都要核算稳性，保障安全。在判断船舶是否安全时，只有执行科学的、切实可行的制度，才能为人民保驾护航。我们说安全制度是对人类发展和社会发展经验的总结，是对人们行为的规范；而安全意识是对安全制度所规范行为导向的确认。由此可见，只谈安全意识而忽略安全制度，本来就是一种本末倒置、缘木求鱼的表现。请问对方辩友，为什么要一叶障目，不见安全制度的重要性呢？

让我再为你举一个小的例子：自船舶审核制度建立后，我国水上交通安全形势就有了更显著的变化，船舶事故同比下降了11.2%，经济损失同比下降了16.5%。正因为安全制度的建立，保障了安全，消除了隐患。请问对方辩友，没有事故就能忽视制度的重要性吗？不要把制度用完了就丢掉，过河拆桥啊！

再请大家看一看，每一个规范的背后都是一次次修改通告、一次次若干重点问题的通知、一次次不辞辛苦的宣贯，这就是在不停地进行经验总结，并把这种科学广泛地传播。制度的与时俱进才能满足日益发展的生产力。以上种种都无可辩驳地证明安全制度重于安全意识。（掌声）

主　席：好，谢谢反方二辩。那么刚才双方的辩手都可以说思维很敏捷，思路也很清晰，都很好地阐明了各自的观点。那么下面进入攻辩阶段。首先有请正方三辩选择对方三辩进行一对一攻辩，时间是一分三十秒。

边　斌：请问对方辩友，世界上有没有完善的制度？

刘　明：我们的制度是与时俱进的。

边　斌：对方辩友，这是一个常识性的问题，您就大胆告诉我们，是有还是没有？

刘　明：我们的制度是不断完善的啊！

边　斌：好，对方辩友，您不敢回答，可见是没有嘛！所以我们看到事故往往发生在制度不完善的地方，这时候制度管不到，谁来管？

刘　明：我们说我们的制度是不断完善的，您方所说的制度有盲点的地方，您单凭意识就能规避危险的存在吗？这个时候就更需要我们去呼唤制度的建立啊！

边　斌：对方辩友，您没有听清楚，我是说在这个时候制度管不到，谁来管？请正面回答！

刘　明：制度管不到？我们制度是与时俱进的，对方辩友，你不要以为我们的制度就是一条死死的条文放在那里，我们的制度是对生产实践活动的经验的总结、概括和提高，我们就是与时俱进的。这个时候出现了问题，你凭意识也管不了，你凭意识也不能达到安全的结果。

边　斌：对方辩友不敢回答，因为他不知道制度只有内化于心才能解决，当然得靠意识来管啦。具体来看，在交通惨剧中为什么总有人不系安全带，这是为什么？

刘　明：因为他太相信了自己的安全意识，而漠视了制度的存在。

边　斌：哎，对方辩友，您错了！今天的话，我们的制度已经很严格了，为什么他就偏偏不系，请您正面回答。

刘　明：因为他觉得那个制度不重要，他觉得自己的安全意识才重要，怎么样，出事了吧！

边　斌：对方辩友，您也承认了是安全意识淡漠才导致了这个事故啊，也就是说这是症结所在，有没有安全意识才能彻底根治它，我方攻辩目的已经达到，谢谢对方辩友配合。

主　席：下面请反方三辩选择正方三辩进行一对一攻辩，时间是一分三十秒。有请！

刘　明：请问我们海事的水上安全监管的依据是相关的法律安全制度呢，还是执法人员的安全意识呢？

边　斌：对方辩友，任何一种制度如果不能内化于心，它都只是条条框框。给大家举一个简单的例子，我的表哥上个月和我去南京的时候发生了一个什么样的事情，我们看到有好多小朋友过一个马路，前面有个井盖打开了，我表哥好心把他盖上，可是城管冲过来说我要罚你100块钱，你知道不，你违反了交通规矩啊。

刘　明：那请问对方辩友，海事执法人员的安全意识是从何而来的？

边　斌：安全意识？我们的经验、教育、宣传，都可以告诉我们嘛！于是，我们才发现为什么《食品安全法》已经制定很久了，瘦肉精依然能大行其道！

刘　明：那请问为什么我们的这个执法依据是根据法律和法规的授权，而不是对方所说的安全意识呢？

边　斌：唉，对方辩友，这您就错了。如果我们不在一次次惨痛的事故教训之后，我们的意识没有达到一个共识，这个制度又从何而来呢？

刘　明：请问我们部局在“十二五”规划中大篇幅地强调了要加强制度建设，难道不能说明安全制度比安全意识更重要吗？

边　斌：对方辩友，您错了。我们部局还提到什么，任何一项制度它首先要内化于心才能起到作用。如果今天我们把制度摆在墙上，我不遵守，我恐怕这个制度再有效，也起不到作用嘛！

刘　明：对方辩友，您说的这句话我确实是没有看到！那我请问你，安全意识的高低标准的判断是什么呢？

边　斌：看行为嘛！我们说什么叫安全意识、安全行为，我来告诉对方辩友，安全行为是什么，是安全意识的具体表现，这是马克思告诉我们的嘛！

主　席：好，时间到，请坐。非常精彩！刚才双方的三辩唇枪舌战，给我们呈现了非常精彩的攻辩环节。下来进入的是自由辩论。时间一共是十分钟，双方各五分钟，首先从正方开始发言。有请！

徐　添：先看海事，为什么安全制度在泰坦尼克号船长那里落不到实处，最终船毁人亡呢？

孙　超：那是因为操作不当，操作不当并不是安全制度的问题啊！请问对方辩友，你们总说安全意识，请问安全意识从何而来？

边　斌：安全意识，我刚才已经告诉你了，是经验啊、宣传教育啊，对方辩友，刚才我方四辩问您的问题是为什么这个制度在船上就落不到实处，请正面回答。

刘　明：因为这个船上的船员太过相信自己的安全意识，怎么样，相信安全意识出事了，执行安全制度才能驶得万年船啊！

苏鹏程：唉，问题是为什么他不执行安全制度呢？摆在那里，条条框框都有，不执行却出了事故，这是为什么？

孙　超：人为因素有很多种，操作不当、不良生活习惯、疲劳驾驶、教育程度不高，这些都是内化的因素，请对方辩友不要把安全意识这种次要因素作为主要因素。

戴也淞：对方辩友，要透过现象看本质嘛，操作不当是因为什么，没有把安全因素放在首位嘛！那么，再请教对方辩友了，06年“萨达姆”号在红海严重违背SOLAS公约，1200多人遇难，为什么安全制度形同虚设？

刘殿然：我方都已经说了，他们是对安全制度的漠视而过分相信了自己的安全意识。我们想请问，没有制度，你们又内化什么呢？

徐　添：对方辩友说得太好了！对方辩友，您显然混淆了“意识”和“安全意识”的概念，安全意识是理性的，是对安全制度的、是对安全的一个反映。为什么他不执行安全制度，他就是不遵守呢？

刘　明：对方辩友的意思是说您方的安全意识是反映了我们的安全制度，那何者更重要，不是一目了然了嘛！

边　斌：对方辩友，怎么会一目了然呢？制度摆在那里，我就不去遵守，对方辩友，这谁优谁劣、谁重要谁不重要，一目了然吗？

刘　明：您为什么不遵守安全制度啊，是因为您觉得您的安全意识太对了——我的安全意识这么强，我不遵守制度，我也可以得到安全。怎么样？您凭借您的安全意识，出事了吧！

苏鹏程：哎，对方辩友跟我们开了一个天大的玩笑，说安全意识强大，不遵守制度，这是什么样的逻辑？对方辩友，他之所以出了事，是有章不守、有制不循啊！对方辩友，看完海上，我们再来看路上，交通事故三大罪魁祸首：闯红灯、超速、不系安全带，哪一个制度没有规定、哪一个警察不查，为什么还有人不执行？

刘殿然：有了安全意识就一定能带来安全结果吗，请问对方辩友？

戴也淞：一定会！我们现在看到的就是制度放在那里，没人去执行，根源在哪里，安全意识淡薄啊！对方辩友，为什么就不承认呢？

刘殿然：那你们的行为是怎么判断的呢？

边　斌：刚才已经告诉过，安全行为是安全意识的具体表现，这是马克思告诉我们的，我已经是第三次回答您了！

郭　慧：我来回答对方的问题，您说安全意识、安全制度的来源是根据个人实践，那您能保障你的实践是正确的吗？意识往往的盲目的、个体的，你怎么判断你的行为一定是正确的呢？

徐　添：意识是盲目的、个体的，可安全意识可是理性的啊！对方辩友，轮到您回答我方的问题了。

刘殿然：安全意识是理性的，但它是不是来源于安全制度呢？

戴也淞：错了，那是来源于实践啊，对方辩友！你说你为什么就是不敢承认制度放在哪儿，就是没有不执行，就是安全意识淡漠呢？这是一个常识性问题吗，对方辩友！

刘　明：制度不执行，不是因为安全意识淡薄，是因为我觉得我不遵守制度，我也可以达到安全。怎么样，我太凭借我的安全意识，很容易出事的；如果您按照这个制度来执行的话，一定不会出事，对方辩友。

苏鹏程：对方辩友说的很对，但是为什么他制度不执行呢？您说他是安全高了，他不执行制度这算什么样的安全意识，对吧？再者，我们说不系安全带的人不是大多数，但是却是少数，但是事故发生却是这些少数人啊，为什么这些人抱有侥幸心理，他就偏不系呢？

郭　慧：如果规定都不用系安全带的话，那事故是不是更多了呢，对方辩友？

戴也淞：现在是规定了之后，有人不系才出了安全事故啊！我们要看到不系安全带是交通事故的最大杀手啊，可见制度管不了落实他的人，唯有安全意识才能对这个问题对症下药呀！那么看完了路上交通，我们再来看一下煤矿安全，黑龙江鸡西煤矿发生特大瓦斯爆炸事故，您知道为什么吗？

刘殿然：为什么美国的煤矿安全事故率就那么低呢？就是因为他们的安全制度健全啊！难道对方辩友不这么认为吗？

戴也淞：错了，我们要看到安全制度健全，也要看到他们安全意识高，这是两方面共同作用的结果。对方辩友还是回到我们黑龙江的煤矿发生瓦斯爆炸的例子中吧，为什么？

刘殿然：正是因为我们安全制度不健全，所以我们更呼唤科学合理的制度啊！

徐　添：对方辩友，鸡西煤矿都获得了国家验证，安全制度非常到位，可是各处都装了报警器，但是报警器响了10次都没有人管，您告诉我这是为什么呢？

郭　慧：因为他们的安全意识告诉他们：这样很安全！

苏鹏程：您一直都在跟我们混淆一个大家都知道的一个观念，安全意识它就是要用来执行安全制度，他为什么不执行呢，问题出了，安全意识淡薄了，您为什么不敢承认呢，这是常识啊！

郭　慧：正是因为没有执行安全制度，所以才出现了惨剧，难道安全制度还不重要吗？

徐　添：对方辩友，还是再问一句：他为什么不执行呢？

刘　明：因为他觉得他自己的安全意识太对了，铃声响了几十次，他觉得现在很安全，我们不必遵照安全制度啊！对方辩友，怎么样，凭借安全意识，出事了吧？

戴也淞：这是一个很简单的道理——这到底是安全意识淡薄呢，还是安全意识强的表现，我相信大家自有公论，因为结果太明显了嘛！症结就在于有人耍小聪明，钻制度的空子，心存侥幸嘛！

刘殿然：钻制度的空子，那是我们制度不健全，但是并不能够说明我们制度不重要啊，人人都凭着安全意识去做，也不一定带来安全的结果啊！请问，安全意识的表现又是什么呢？

苏鹏程：当然是安全行为了！您说遵守安全制度，又有了安全意识，他却不安全的，您给我举个例子嘛？

郭　慧：对方辩友，是不是有了安全的行为，您才能说您的这个安全意识是对的呢？

边　斌：我们看到了啊，如果说今天你告诉我，你很有安全意识，但你就是不执行，这叫什么样的安全意识啊？

刘殿然：而我们的制度恰恰是规范了人的行为，人的行为是不是能够直接作用于安全生产呢，请问对方辩友？

徐　添：对方辩友为什么没有看到我方的一再的提问呢，制度是有，是规范，制度是重要，可就是有人不遵守，您告诉我这是为什么，第N遍了呢！

刘殿然：我认为那是因为他不想安全嘛！

戴也凇：哎，对了，这就承认了嘛！不想安全是什么，没有把安全意识放在首位嘛，所以才出了事故，这才是问题的结症啊！

刘殿然：但是意识是人的本能，安全意识也是人的本能啊，有这样一方面的人就会自然而然地遵守这些制度，你过马路的时候，你不会看红绿灯吗？

苏鹏程：哎，对方辩友您给我们混同了一个概念，说“意识是人的本能，安全意识也是人的本能”，恐怕这不是吧？安全意识是对理性客观的一个反映啊！

刘殿然：意识是对客观存在的一个反映，为什么安全意识就是对客观理性的反映呢？这个“理性”不就是我们安全制度吗？

徐　添：对方辩友，你不要在逻辑上纠缠，您方显然犯了概念偏颇的错误。我们来看食品安全，从苏丹红到地沟油，从瘦肉精到假牛肉，食品卫生安全事故频发，到底是因为黑心商人不受法律约束还是因为他们毫无安全意识可言呢？

刘殿然：那为什么我们国家不发布一个提高安全意识的文件，而是要制定更严格的食品安全标准呢？

边　斌：为什么会重视？以前不重视，现在重视了，这体现了什么？这不是体现了国家安全意识增强了吗？

刘殿然：可是在这种情况下为什么不是要提高安全意识，而是要加强我们的制度建设呢？

苏鹏程：我们说国家制度有明文的规定说要提高安全意识，《安全生产法》第11条就明文规定了，所有的人都要有安全意识啊！

郭　慧：对方辩友，仅凭您的安全意识，您能不能判断您的餐桌上的东西里面有没有苏丹红，有没有地沟油，有没有三聚氰胺啊？

戴也凇：哎，这是一种缺失性的比较嘛，把制度放在一边只凭意识来做！我们说制度和意识都很重要，对方辩友要明白今天的辩题啊！

刘　明：对方辩友刚才说了，法律里规定了每个人都要有安全意识，是不是您说的安全意识要靠我们的制度来制定呢？

边　斌：您方的制度也需要我们的安全意识来落实啊！还想请问您，为什么赚钱的买卖有人干、亏本的买卖无人干呢？

刘殿然：那是他们趋利避害，那是他们要寻求利益的最大化，就是他们意识在作怪啊！说得对！把利益放中间，把安全放一边，这恰恰是安全意识淡薄啊！（掌声）

苏鹏程：所以才需要安全制度的规范啊！

郭　慧：没有，这正好体现了安全意识不够啊，这才是我们今天问题的结症所在！

戴也凇：安全制度放在那儿，没人会执行才出了事故，为什么？根源就在于安全意识淡薄！

刘　明：对方辩友，我们反复强调他不是因为安全意识淡薄他才出事的，他是因为太相信自己的安全意识了，他觉得我的安全意识可以保证我的安全所以才出事了啊！

边　斌：他认为他的意识强就出现了事故，对方辩友，您这分明是强词夺理，他既然意识到自己安全意识强，那为什么偏偏就不遵守那些制度呢？

刘　明：正是他意识强，他觉得我的经验、我的能力，我可以完全规避这些危险，所以我才会漠视制度，所以怎么样，出事了嘛！

徐　添：对方辩友说他漠视制度，请问漠视制度还有安全意识吗？其实我们从海事灾难到煤矿事故，从交通悲剧到食品安全，现阶段我们身边安全事故的真正原因不是安全事故管得不够严，也不是安全制度的缺失，而是我们心中的安全意识之绳拉得不够紧啊，各位！（掌声）

刘殿然：漠视制度就是说明了他没有安全意识，那是不是安全意识还要依存于我们的安全制度呢？对方辩友刚才谈到了“酒驾”，为什么针对“酒驾”现象，我们出台的是一个加强更加严格的制度去制约，而不是号召要提高你们的安全意识呢，对方辩友显然忘了制度的重要性啊！我们认为安全制度更重要，因为它产生了安全意识啊，对方辩友！

徐　添：对方辩友，刚刚已经说了，我们国家重视了，所以完善了制度。重视是什么，还是安全意识提高了啊！对方辩友也说了，我们安全意识，有了安全意识才能遵守安全制度，谢谢对方辩友与我方达成共识！

主　席：正方时间到！反方还有70秒！

郭　慧：所以我们说安全制度比安全意识更加重要嘛！在交通安全制度针对酒驾问题中，全国人大刚刚出台了新修订的《道路安全法》，如果一旦出现酒驾现象，一律吊销驾驶执照，限五年之内不得重考。这么严厉的交通制度，听着都"肝儿颤"，谁还敢冒天下之大不韪？

刘殿然：所以正是有了《船检条例》，我们才能科学地消除在船舶航行过程中所发生的不安全的因素啊！

郭　慧：正是有了《交通安全法》，我们的三江四海的航运才得以健康有序的发展嘛！

孙　超：正是有了《内河交通安全管理条例》，像我们长江、黑龙江这样的内河水系才能有法可依。

刘　明：正是因为有了《防止船舶污染海洋环境条例》，我们的海洋才能永葆清洁。

郭　慧：白居易曾有言"仁圣之本，在乎制度而已"。

孙　超：邓小平爷爷说"制度问题不解决，思想问题也解决不了"。

刘　明：台塑创始人王永庆说"制度第一，总裁第二"。

刘殿然：《易经》有言"节以制度，不伤财，不害民"。

郭　慧：我方说安全制度比安全意识更加重要，因为安全制度是安全意识产生的重要前提。安全制度是强化安全意识的有效保障。

孙　超：安全制度比安全意识更重要，是因为安全

刘　明：制度比安全意识更具现实意义。

是因为安全制度直接规范了我们的行为，

刘殿然：而我们的行为更容易导致了安全的结果啊，对方辩友。

主　席：好，时间到。非常精彩！那么下面呢，就进入最后的总结陈词阶段。首先有请反方四辩做总结陈词，时间是三分钟。有请！

刘殿然：谢谢主席，对方辩友风度翩翩，偏颇之处也在所难免：

首先，对方辩友说安全意识是我们安全制度的本源和目标，那么唯物论告诉我们，意识是人脑的一种机能，是对客观存在的一种反映，这种反映怎么能产生制度呢？而我们的目标是什么？是为了安全嘛！我们制定制度的目的就是为了实现我们的安全生产，并不是提高我们的安全意识啊！

第二，对方辩友说安全制度作为一种外因，不如安全意识作为一种内因更有利于我们实现安全。什么是内因？内因是一切内部综合因素的结果，光有意识就有内因了吗？而在外因中，制度作为中很重要的一个部分，它更能够效规范指导我们的行为，因为它是从实践中得来的，是科学的、系统的、全面的呀！

第三，对方辩友说与人性更加贴合，要以人为本。难道我们现在这个社会不是在以人为本吗？我们现在这个社会以人为本，没有在加强制度建设吗？所以说安全制度的目的就是为了更好地保证以人为本嘛！自律和他律，他律是自律的前提啊，没有很好的他律，我们又能够怎么自律呢？就像法律与道德一样，没有法律作为一个标准和准绳，那么道德也是没有基础的啊，所以我们应该形成这样的共识：安全制度比安全意识更重要。

因为一实践出真知，安全制度来源于实践并作用于实践，它是我们在实践中总结的，是科学的、规范的；而意识仅仅是意识到了安全制度的重要性啊；第二因为决定安全与否的是行为而不是意识，"心动不如行动"，意识作为一种心动，永远不可能带来安全的结果；三是因为安全制度恰恰规范了我们的安全行为，这个行为更有利于我们直接带来安全的结果。

举例来说，贵局针对长江流域所存在的安全隐患制定了很多科学合理的制度，这些制度规范了人的安全生产行为，只要大家都按照制度去做就能最大限度地避免不安全因素，这就是安全制度的重要作用啊！

而现实来看，很多责任事故都是因为人为过分相信自己的安全意识而导致的：有的认为目前的安全水平很高了，就不需要遵守安全制度了；有的认为自己经验老道、技术高超，就把技术放到一边了等等，就是为了避免意识的这些消极影响，我们更呼唤科学合理的制度，更呼唤遵章守纪的行动！

对方辩友，贵局的“十二五”规划就明确指出：要健全执法机制，完善执法规范，全面加强执法规范化建设，使海事行政执法依据更加充分、标准更加明确、程序更加规范。这些都是通过制度来体现的呀！

各位同仁，安全监管、制度先行，依法行政、执法必严！只有这样才能让我们的行政执法这面旗迎风飘扬，只有这样才能切实为我们水运经济保驾护航，只有这样才能保证我们的事业在不断的发展中创造辉煌！谢谢大家！（掌声）

主　席：谢谢反方四辩。下面请正方四辩做总结陈词，时间是三分钟。有请！

徐　添：谢谢主席！对方首先进入了一个缺失性比较，他告诉我们不重视制度，可是我们没有啊，可是我们现在看到的是安全制度明明摆在那儿，按照制度明明是加大了执法力度，可是为什么就是有人不遵守呢？究其原因，是安全意识淡薄啊，您却把这归咎为个人安全意识很高，这显然是挑战常识嘛！

对方辩友他又怀疑了安全意识的科学性，请问一句话叫“小心驶得万年船”，这“一万年”的作用是科学还是不科学呢？安全意识是内化于心的对安全的理性反映，请问它又是科学还是不科学的呢？

对方四辩刚才又承认了，说安全意识是我们的内因，安全制度是外因，请问内因不是决定外因吗，内因难道不是比外因更重要吗？

反观我方的全场论证，其实主要说明了两个问题：

首先，从两者关系看，安全意识是安全制度的出发点和落脚点，并贯穿安全制度的制订、执行、落实整个过程。我们安全意识提高了，我们才会去完善安全制度；我们安全意识上重视了，才会遵守和执行安全制度；而安全制度内化于心了，才真正的是落到实处啊！

其次，我们来看现实。现实中安全事故频发，往往不是没有制度，为什么屡禁不止？制度的惩罚措施不可谓不严，为什么总落不到实处？上有政策，下有对策；道高一尺，魔高一丈；有人心存侥幸，总有人想钻空子。出了安全问题，究其原因，是安全意识淡薄啊！“解铃还须系铃人”，“心病还需心药医”，这意识层面上的问题，还得靠我“意识”来解决啊！

徐祖远副部长3月14号说：总结我们海事这些年安全管理上的经验和教训，重点是安全管理的“人为因素”，而人为因素中，意识又占最主要地位。找到了问题的关键所在，我们才能“对症下药”，把“安全意识”摆在更重要的位置上，才是负责任的解决问题的态度啊！

“铁人”王进喜为安全生产提出了“四一样”原则：领导在不在一个样，有没有检查一个样，白天晚上一个样，好坏天气一个样。这四个“一样”是安全管理的最强劲保障，而它的实现要靠的不是外在强制的行为规范约束，而是每个生产者内化于心的安全意识。早在2006年，李盛霖部长就指出：“交通文化”所倡导的价值理念要得到普遍认同和真正的落实，首先要“内化于心”，才能“外化于形”。

海事同仁们，安全工作只有“起点”，没有“终点”；只有“不足”，没有“满足”。让我们携起手来，牢筑“安全意识”的铁壁铜墙，变“要我安全”为“我要安全”，共同建设一个“本质型”安全的中国海运业！谢谢！（掌声）

主　席：好，谢谢正方四辩。那么到现在为止呢，本场辩论赛的所有环节就全部结束了，下面请评委打分。（打分阶段）

主　席：我来宣布一下本场比赛的最后成绩：本场比赛的胜出方是正方长江海事局代表队。恭喜进入最后的决赛，恭喜长江海事局！那么本场的优秀辩手是反方一辩郭慧。恭喜郭慧！

特殊[道具]

黑龙江海事局辩论赛代表队初赛的观点是：当今社会，应当提倡干一行、爱一行。在准备过程中，一名队员在网上发现了一本书《干一行，爱一行》，他像发现了新大陆一般向所有队员报告了这一好消息：“若是能在辩论赛现场将这本书拿出来，那将是多么有力的论证啊，而且绝对是一个“出彩”的机会！”所有队员一致通过了这个提议。

可是问题接踵而来——此时距离队伍出征青岛只有不到两天的时间，这书怎么淘？去书店买恐怕没有，在网上淘又怕时间不够。于是他们发动全局的年轻人参与到“淘书战役”中，兵分两路，一伙人利用午休时间到哈尔滨大小书店，展开地毯式搜索，另一伙人在网上选择距离较近的卖家淘书。由于这本书发行的日期较久又不是热门书籍，所以市面上很少有这本书的踪影，他们把全部希望都聚焦在了网购上。

由于快递原因，队伍出发后书还是没有到，参赛队不得不放弃这个方案，带着些许遗憾踏上了机场的路。就在队伍前往机场的路上，一个快递员推开了黑龙江海事局的大门，他的包裹里静静地躺着那本让人日思夜想书——《干一行，爱一行》。局里的同事带着书立即动身，终于在机场把书交到了参赛队员手上。

辩论赛上，黑龙江海事局代表队在总结陈词中将这本书作为一个礼物送给了对方辩友，当把这“特殊道具”亮相的一刹那，全场响起了热烈的掌声。大赛主席还玩笑道：怎么就给了一本书，怎么也得每个队员一人一本啊。可是她却不知道这小小一本书的来之不易……

（任晶惠）

SPECIAL PROPS
Value-Added SELLING
REILLY
“青春杯”海事青年辩论赛

CHINA MSA

北方片区

半决赛第二场

正　方：山东海事局

辩　题：诚信重在自律

反　方：河北海事局

辩　题：诚信重在他律

主　席：让我们掌声有请参加本场辩论赛的双方代表队入场。他们是山东海事局代表队和河北海事局代表队。有请！

主　席：2011年“青春杯”海事青年辩论赛北方赛区半决赛第二场比赛正式开始。今天正方的辩题是“诚信重在自律”，反方的辩题是“诚信重在他律”。首先请双方代表队做自我介绍。有请正方山东海事局代表队。

李　玮：海事本一家，何必分山东河北；

张鹏举：赛场如战场，需分出胜负输赢；

王洪亮：诚信为目的，何必问自律他律；

尹静静：辩题如人生，要分个是非分明。

四人合：还是自律更重要！

李　玮：正方一辩李玮，

张鹏举：二辩张鹏举，

王洪亮：三辩王洪亮，

尹静静：四辩尹静静，

四人合：向大家问好！

主　席：请反方河北海事局做自我介绍。有请！

李　娜：反方一辩李娜，（掌声）

李恒蔚：反方二辩李恒蔚，（掌声）

夏遥非：反方三辩夏遥非，（掌声）

梁　萌：反方四辩梁萌。（掌声）

主　席：比赛正式开始。首先进入第一阶段立论陈词。请正方一辩做立论陈词，时间三分钟。有请！

李　玮：谢谢主席，尊敬的评委、对方辩友，大家好！

我方认为“诚信重在自律”。古语有云“人无信不立，业无信不兴，国无信不强”。诚信是指诚实守信的品质，它是立人之本，齐家之道，为政之法；它是一切道德规范的基础，是公平机制得以顺利运行的前提。所以，我想提醒大家注意，诚信所代表的不单是不去做坏事，更是强调要做好事、做好人。所谓自律是指人们用内化的道德原则对自己的思想及行为进行自我约束和自我调解，它尊重人的价值，重视发挥人的主观能动性。而他律是指外界约束个体不诚信行为的一种手段。诚然，自律和他律对诚信体系的维护都至关重要，但请大家注意的是，只有通过自律才能实现内在观念和外在行为的统一，达到真正意义上的诚信。我方认为“诚信重在自律”，理由有三：

第一，从内外因关系上看自律是实现诚信的根本。我们都知道内因是事物自身发展的源泉和动力，是根本原因，外因只能通过内因来起作用。自律源于人对社会道德规范及各种法律法规的自觉认识并直接作用于内心，是内因。而他律作为外因只能从外部影响和制约人的行为。

第二，自律是他律的基础和前提，自律的程度制约着他律实现的程度。对于海事，正是广大执法者在工作中坚持立党为公、执政为民，实现执法部门内部的自律，才能保障他律的实现。由此可见，他律者必先自律！不能自律者谈何律人？

第三，诚信问题归根结底是人的问题。从个人的角度出发，自律更为积极、主动，而他律则是消极和被动的。自律作为一种自我约束，尊重人的价值，重视发挥人的主观能动性，提倡诚信友爱，体现的是以人为本的核心价值观。而他律是来自外部的一种约束，具有惩罚性和补救性的特点，它的优势在于惩恶，但对于引人向善方面往往显得无能为力。

我们从不否认他律的保障及辅助作用，但保障无法取代本源，辅助无法代替重要。我们要的是不仅仅是暂时的消肿止痛，而是国家的长治久安，只有诚信内化于心才是我们最终追求的目标。综上所述，我方认为“诚信重在自律”。 谢谢！

主　席：感谢正方一辩。有请反方一辩做立论陈词，时间三分钟。有请！

李　娜：谢谢主席，大家好！没有规矩，无以成方圆，没有他律，无以得诚信。我方观点是诚信重在他律。

首先，对方一辩陈词中存在两点错误。一是因果关系理论运用错误，错误地把自律看成内因，他律看成外因。实际上对于“诚信”而言，主体对诚信的需求才是内因，而他律和自律都是实现诚信的手段。按照对方的逻辑，是不是就是“主观决定客观”呢？二是对他律的理解存在偏差。他律不是囚禁，也不是惩罚，而是按照社会普遍认同的准则对利益关系进行调整，最终实现社会诚信有序。

下面阐述我方观点：“诚信”即诚实守信，是处理人际关系的基本伦理原则和道德规范。“他律”是指主体受制于外力的道德实践，即对道德行为的外在约束力，包括来自法律、道德、宗教、制度、风俗习惯、社会舆论等方面的约束。我方认为，在实现诚信的过程中，他律比自律发挥更加重要的作用。原因如下：

一、人性决定了自律具有局限性。人具有趋利避害的天性，在利益诱惑面前，人的自律难免会波动，会被放弃。人思想的复杂性和差异性决定了自律的主观性、模糊性、多变性和暂时性。近期恶性食品安全事件表明诚信的缺失、道德的滑坡已经到了何等严重的地步！企业的自律又是多么的苍白无力呀！

二、他律明确了诚信评判标准，并对诚信起了引导和激励作用。诚信的评判标准是客观的，是否诚信要由社会来判断，实践来检验，而不是个人主观认定的。而他律为诚信的评判提供了社会普遍认同的客观标准，明确何为诚信，何为失信。同时，他律为社会提供了诚信的评价奖惩机制，为个人行为提供了正确的引导，强化诚信行为，促进诚信实现。

三、他律具有内化作用。在他律的长期作用下，人们养成了自觉思考行为后果的习惯，主观思想也会发生潜移默化的改变：从惧怕惩罚到勉强接受，再到主动迎合，直至诚信融入生活，最终转化为诚信行为。由此可见，他律是诚信的根源，他律是诚信的基础，他律是诚信的途径。

我们海事事业正是靠着不断完善的法律体系、良好的职业道德、铁的纪律、公众的期盼、强大的舆论监督，提高海事部门的公信力和信誉度，实现海事事业科学发展。综上所述，我方坚信：诚信重在他律。陈述完毕，谢谢！（掌声）

主　席：好，谢谢反方一辩。下面有请正方二辩做补充立论，时间两分钟。有请！

张鹏举：谢谢主席，大家好！我将继续阐述我方观点。自律是指自我建立约束机制并主动执行的行为。对方提到了“规矩”、“法律”，其实根本不是“他律”；如果把这些“规矩”、“法律”内化于心，自我约束的话，还是一种“自律”，所以说对方显然把“律”和“他律”混为一谈。对方辩友还刻意夸大“他律”的作用和范围。在这里，我必须明确告诉对方辩友，他律要通过自律起作用，没有自律根本无法实现真正的诚信。

天津海事局的王炳交同志34年以岛为家，忍住寂寞，耐住寒暑，践行“献身灯塔服务永不放弃”的誓言，用强烈的责任感延续对事业的诚信，试问这种坚守誓言的精神是“他律”能够换来的吗?面对76台有瑕疵的电冰箱，海尔的张瑞敏毅然选择在全厂职工面前将其砸毁，试问这种诚信立业的企业是“他律”能够造就的吗？2010年，部海事局授予11家航运公司为安全诚信公司、120艘船舶为安全诚信船舶，这难道不是我们海事部门引导行业自律、保障航安水洁的有效途径吗？

再让我们再来看辩题的深层意义！吴邦国同志在2011年人大会议中宣布中国特色法律体系已经形成。在这样的背景下，我们倡导以德治国、社会主义荣辱观、提倡八荣八耻、以人为本究竟是为了什么？正是因为在市场经济大潮的冲击下讲求诚信的中华传统美德正在逐渐迷失。而现在我们要做的就是唤醒我们内心的诚信本质，唤醒我们的自律精神。自律诚信对于一个国家来说，更体现的是一种治国的智慧，展现的是一种大国的风采。因此，我方认为诚信重在自律。谢谢！（掌声）

主　席：感谢正方二辩，下面请反方二辩做补充立论，时间两分钟。有请！

李恒蔚：谢谢主席，大家好！刚才对方辩友说诚信重在自律并展开了论证，我方认为对方辩友在论证过程当中有三点最重要的错误。

第一，对方一辩和二辩说了很多很多，但一直没有告诉我们自律到底有没有一个统一的标准？我们知道，哪怕是同一个人就算他在一件事上做到自律，但他在另外的事上未必能达到自律；就算他今天能做到自律，明天他也未必能做到自律，所以说自律的这种固有缺陷导致了自律不可能在社会诚信构建当中发挥重要的作用。

第二，对方辩友还说自律作用于人的内心，自律制约他律。恰恰相反啊，人的内心所有的内容都来源于外界和社会。我们知道诚信也是建立在社会规则之上的诚信，客观他律才是基础和本源，决定了您内心所有的想法。

第三，对方二辩还说他律就是强制的手段，但是您是否知道法律在强制极少数人的同时，也使整个社会大众不去效仿他们，这正体现了法律对整个社会的约束力，而绝不是您指的只针对一两个人。并且法律之外还有伦理道德，还有舆论监督等等，我们每个人无时无刻不在呼吸着他律的空气，而您还在说空气也并不重要吗，这是什么道理啊！

“自古圣人屈指数，当今法制立风潮”。放眼世界，具有发达文明的民族无一不是法制健全、诚信有序的，而这无一不是他律构建的。在实现社会诚信的过程中，他律作为最主要的社会关系调整手段，能够使诚信者得到诚信的利益，而不诚信者得到不诚信的惩罚。我们知道，客观科学的他律比主观模糊的自律基础更牢固、途径更可靠、保障更有效。所以，我方认为诚信重在他律。陈述完毕，谢谢！（掌声）

主　席：第一阶段立论陈词先到这里告一段落。下面比赛进入攻辩阶段。攻方只提问，辩方只回答，辩方需正面回答攻方提出的问题，时间是一分三十秒。首先有请正方三辩提问。有请！

王洪亮：谢谢主席！请问对方辩友，诚信是不是一种美德？

夏遥非：我想诚信不光是一种美德，更是我们社会的一种行为模式；诚信不光要内化于心，更是我们要做的一个行为准则。您将诚信仅仅等同于美德，我想这有失偏颇，我们要按照诚信的行为模式来约束自己的行为，这正是诚信的社会作用。

王洪亮：好，对方辩友也说了诚信不仅仅是一种美德，那就是说它至少是一种美德。那请问，通过他律如何实现这样一种美德呢？

夏遥非：我们说他律是一种机制，他律是一种约束手段。通过他律，可以使诚信者得到诚信的利益，使不诚信者得到诚信的惩罚，这正是利用了人们趋利避害的本性；我趋利避害，我为了自己的利益去诚信，这不也是内化于心吗？我想对方辩友说自律能够让诚信内化于心，这也是有失偏颇的！

王洪亮：对方辩友说了外力强迫我，这是他律；那当我们被强迫做一件事的时候，这还是美德吗？

夏遥非：我说他律并不等同于强迫，人是趋利避害，利用和引导人的这种本性才是他律的作用机制。人的本性并不是用来泯灭的，而人的本性是用来引导和疏通的，您所谓的惩罚和约束，那可是古代人像朱熹所说的“存天理，灭人欲”的结果。您认为这种说法是对的吗？我想不是的。

王洪亮：好，那再请问对方辩友GMP制度，即药品生产质量管理认证制度属不属于他律？

夏遥非：这些制度正是他律，来约束我们这些企业、我们的行业、我们的运行机制，而且提供了一种标准，规定了我们的行为机制，我想这正是他律啊，您所谓的自律在哪里呢？

主　席：下面请反方三辩提问。有请！

夏遥非：我想请问对方辩友，你所说的自律是与生俱来的，是您一出生就有的吗？

王洪亮：我们说自律是什么，是我们内化于心的一种对道德、对法律、对各种规则和规矩的认同，当这些内化于我们内心的时候，它就是我们的行为标准，所以我们现在提倡社会主义荣辱观，这是我们内化的标准。

夏遥非：请对方辩友正面回答我，您生下来是否就有自律？您不用害怕，您就明说了吧，您生下来是不懂善恶的。

王洪亮：生下来不懂善恶，那我现在懂不懂善恶呢？我们最终的目的不就是培养自律的人吗！

夏遥非：看来你善恶的标准还是由外界而来。再请问对方辩友，没有他律的引导，您怎么知道什么叫做自律，您又怎么知道自律的标准呢？

王洪亮：对方辩友的意思是只有他律才能形成我们的自律吗？那请问我们“五日三省吾身”，我们每天的自我学习、自我反省，这是不是自律的体现呢？

夏遥非：五日三省吾身，不正是用我们他律的道德规范来“省”吗？我想说这句话是孔子说的，孔子还说“七十而从心所欲，不逾矩”，像孔子这样的圣人到70岁才做到自律，难道您要所有的人都到七十岁才做到自律吗？

王洪亮：对方辩友是说孔子年轻的时候就不自律吗？他不是圣人了吗？海事靠什么？靠我们主动执行我们的使命，执行我们的职责，那这需要什么，需要我们的自律啊。假使我们都不自律，我们怎么做到秉公执法、执法必严、有法必依呢？

夏遥非：我们海事部门正是一个他律部门，实现整个交通运输行业的诚信。您既然这样说已经承认了我方观点，我们攻辩的目的已经达到，谢谢对方辩友配合。

王洪亮：大家请注意，我们需要自律激发我们的……(时间到铃响) 好，谢谢！(掌声)

主　席：时间到，请坐。接下来进入激烈精彩的自由辩论阶段。时间十分钟，双方各五分钟，首先有请正方发言。

尹静静：请问对方辩友，部局“十二五”规划中指出要加强诚信管理，加强自律。对方辩友怎么理解呢？

梁　萌：诚信管理靠的就是我们客观的他律的标准来实现，我想我们的部局也是这个意思。那么请问对方，基于人的主观性、模糊性，请您论述一下自律的可靠性、可行性，谢谢。

王洪亮：对方辩友难道不知道，所有的他律都是人来执行的吗？试问我们作为执法者，如果我们不自律的话，就会失信于民，还有比这个更大的不诚信吗？

夏遥非：我想告诉对方辩友，他律并不是由个人来执行的。我们说他律包括法制建设，包括道德理念，我们所说的“三权分立”正是权力制衡的结果，这是由个人来执行的吗？我再想请对方辩友正面回答我方问题，您能论述一下自律的可靠性和可行性吗？

张鹏举：自律怎么不具有可靠性、可行性？对方辩友，您说法律、道德都是他律，可以吗？这是律啊！我们用法律、道德来约束自己，这不是自律吗？请问对方辩友，贵局自建局以来有多少人是主动的自律，还是说他们受到违法惩戒之后才自律的呢？

李　娜：您说法律不是他律，那请问他律是什么呢？

李　玮：请对方辩友回答我方二辩的问题，贵局整个的执法人员队伍里，究竟是自律、秉公执法的多呢，还是受他律约束、被处罚的多呢？（掌声）

梁　萌：我们局自建局以来，大家都是诚信的。我们靠的有自律，也有他律，而我们主要靠的是这种客观的制度机制来约束我们。那么再请问对方，你们的可行性究竟在哪儿？请正面回答，谢谢。

张鹏举：谢谢对方辩友承认我方观点，自律更重要。对方、贵局都是自律的，这不是说明自律更重要吗？我想请问对方辩友，如果我们这些执法人员不自律，怎么做到秉公执法、执法必严呢？

夏遥非：我们想说的是，我们自律的结果并不像对方辩友所说的是生而有之的，我们正是通过不断的他律，通过制度让我们不敢去做，从而达到让我们主动去做，这正是他律的内化作用，这正是我们立论所提的观点啊。对方无法论证自律的可行性，也无法论证自律的可靠性，我想您的自律是模糊的，是不清楚的。我想再请问您一个问题，你所说的“砸冰箱”，这不正是对职工的他律吗？您所说的“以德治国”、“八荣八耻”，这都是我们国家对公民提出的他律要求啊！

张鹏举：对方辩友，您的意思是说贵局的职工是在这种制度的约束下才进行自律的，他们根本就不愿意自律，对不对啊？

李　娜：我们从来没有否认自律。那请问贵局有没有执法督查，有没有强化政务公开呢？

李　玮：这正是我局自律的结果啊，对方辩友。我们在立论中已经说过了，自律是什么，是立人之本，是为政之法。为政者也有他的自律。请对方辩友不要“只见树木，不见森林”啊！（掌声）

李恒蔚：海事执法人员的行为是在我们制度建设的条件下进行的。您说的一个人的自律，那您是如何判断一个人是如何自律的呢？

尹静静：他律很重要，但他律者一旦不自律的话，就会出现执法者知法犯法，是不是他律者本身也需要自律呢？

梁　萌：您这到底是“依法治国”还是“以人治国”呢？在我们依法治国下不存在您说的终极的执法者，所以说我们不能光凭自律和道德，而我们靠的就是他律客观的制度。谢谢！

李　玮：对方辩友提到“依法治国”，那对方辩友知不知道还有“以德治国”呢？（掌声）

夏遥非：我们说“依法治国”、“以德治国”，这不正是他律吗？难道您只凭自己的道德理念就能把自己治理好吗？再请问对方辩友，您自律能约束到他人吗？

张鹏举：对方辩友知道什么是“依法治国”吗？依法治国是让我们人人自觉守法，而不是让人人自觉犯法呀！（掌声）

梁　萌：法律既有惩恶，又有扬善。请对方不要光盯着我们的“惩恶”，看看我们“扬善”，好不好！请您心里阳光一点儿，好不好呢？

尹静静：惩恶扬善都是他律，那我们的主动性何在，我们为人的尊严何在？

夏遥非：我们并没有否认思维的重要性，我们承认人是有主动性的，我们承认要发挥我们的主观能动性，但是这是在我们他律的基础和前提下进行的。对方辩友，您抛开他律的前提来谈自律，这是不是有失偏颇呢？

王洪亮：对方辩友说了，要发挥人的主观能动性，这不正是自律吗，这不正是内因呢？对方辩友为什么要否认这一点呢？

梁　萌：主观能动性就是自律吗？请问对方，如何判断一个人是否自律呢？

尹静静：全国十大诚实守信模范徐丽珍，一个18岁的农村女孩，拾得价值1300万元的财物归还失主，是自律还是他律？

李　娜：看来对方无法回答我方刚才提出的问题。那么我想请问对方，2010年上半年，我国领域拖欠农民工工资共计334亿元。请问，自律如何解决这些黑心老板的不诚信问题？

夏遥非：对方辩友，现在的数据能说明什么？这些数据无论是是哪一年的，都是社会问题，您如何解释自律能解决这些问题，难道对方辩友要告诉那些黑心老板都靠自己的自律慢慢去还拖欠农民工的钱吗？

王洪亮：对方辩友只看到这些黑心老板拖欠农民工的钱，却没有看到我们真正诚信的人是怎么做的，河南的诚信叔侄在账单被毁的情况下依然把工资送到了农民工的手里，请问这是不是诚信，这又是法律或者规矩能做到的吗？

李恒蔚：您说的典型是自律，但这对他之外的13亿人来说，就是13亿人的他律啊！（掌声）

尹静静：那他们是慑于法律的制裁才还的钱吗，才被评为道德模范呢？那按照对方的逻辑，他不该是道德模范，而是守法模范啊！

夏遥非：我想说的是，道德模范是自律，我们承认自律的作用；但是，他为什么会成为模范，在座的有没有想一想，正是因为太稀少了啊。对方辩友，您的自律作用这么少，出现的例子那么多，数量又那么低，您难道还要说自律重要吗？

张鹏举：对方辩友说道德模范少、好人少，我想请问对方辩友了，您能不能站在一个更高的平台、站在我们整个社会的高度上，请你想一想是道德沦丧的人多，还是有良心的人多呢？（掌声）

梁　萌：当然是有良心的人多了，我相信在座的各位都是诚信的，但你能说诚信都是自律吗，我想他们都是既是自律，又是他律的结果，而重要的就是他律，因为他律是客观的，而自律是主观的，您难道不承认这一点吗？

张鹏举：对方三辩说好人少、好人非常少，对方四辩又说好人非常多。对方辩友，你四辩是否认你方三辩观点，还是否认整个的观点呢？（掌声）

夏遥非：对方辩友，我没有说好人少，我只是说树立的楷模非常少，难道您认为不是楷模就不是好人了吗，对方辩友？

尹静静：对方辩友一直在质疑人的思维，殊不知诚信本身就是人的创造，诚信本身就是人们自律的标准吗？

李恒蔚：您刚才说是道德模范，不是守法模范，请问哪个道德模范不是守法模范呢？

王洪亮：好了，对方辩友是要告诉我们，我们要学习徐丽珍同志就是学习她慑于法律的尊严而去归还别人的财务吗？不是学习她的自律精神吗？（掌声）

李　娜：对方辩友是以道德和法律为标准，这不正是自律对他律的推崇吗？我想请问，您靠自律如何判断一个人是否诚信呢？

梁　萌：我的人生准则来自于我们社会的准则，这说明是我们他律内化作用的结果，对方正视这一点，好不好？

李　玮：对方辩友啊，正是内化，所以才让人有了诚信的行为；没有了内化，您的他律又能做些什么呢，我想请问对方辩友，什么是社会主义荣辱观？

李恒蔚：我们刚才已经说过了“你今天诚信，不代表你明天诚信”。我们知道，安全诚信船舶依然在我们的监管范围之内，请问能解释一下这是为什么？

李　玮：对方辩友告诉我们“今天诚信，不代表明天诚信”，这不是典型的唯心主义的观点吗？对方辩友，请您辩证一点儿看问题，好不好？请回答我方观点，什么是社会主义荣辱观？

梁　萌：社会主义荣辱观就是我们国家一个普遍的道德观，是我们国家对我们全社会的一个道德他律，请问对方能否认这一点吗？谢谢。

王洪亮：我们说的“社会主义荣辱观”不正是我们内化于心，形成自律的过程吗？

夏遥非：我想说对方辩友，您一直在强调内化，您说的内化过程到底是什么样子呢，机制到底是什么样子呢？您像做广告一样说自律就像女人的美，由内而外，冰清玉洁，惹人怜。我想请问您，自律是药吗，能治病吗？关键还是要靠他律的机制起作用嘛！

尹静静：荣辱观就是要唤醒我们的自律精神，要唤醒我们的诚信本质，这才是我们今天辩题背后深层次的意义。对方辩友，您又肤浅了，连荣辱都不分，怎么分诚信？

夏遥非：对方辩友在一辩当中说了，自律是一种自我要求和约束的机制，而对方又说了自律是一种精神，我想请问，自律到底是精神，还是机制呢，对方辩友？

张鹏举：对方辩友连自律是什么都没有搞清楚，这实在是太遗憾了。我再想请问对方辩友，我们这个国家、这个社会，到底是自律的人多还是迫于他律而自律的人多呢？

夏遥非：我想请问对方辩友，您四辩说自律是精神，一辩说自律是机制，您反过来要说我自律没有弄清楚，您怎样解释自律和精神、机制之间是否矛盾呢？

李　玮：对方辩友，您还是没有听清楚我的立论啊，建议回头我们到台下再好好交流一下。我想请问对方辩友，马克思说过“道德的基础是人类精神的自律”，请问对方辩友如何理解？（掌声）

李恒蔚：您在这个问题上是自律，但道德对于每一个人来说都是他律啊，难道不是这样吗？

张鹏举：对方辩友又错了，您认为道德是他律，难道是吗？我们拿着道德约束自己，这是自律啊！（掌声）

夏遥非：您用别人的标准来约束自己，您还说这是自律吗？您用别人的东西过来约束自己，您还说这是自律吗？您一直在强调社会的作用，一直在强调他人的作用，反过来您把所有的功劳都归结于自己身上，说这是我自律，这真好笑啊，对方辩友！

王洪亮：难道对方辩友没有听说过“公道自在人心”吗，我心中就是有这样的“公道”啊！

李恒蔚：您谈自律，主体成了社会；您谈他律，主体又成了个人。请问您的标准到底是什么呢？请正面回答我，自律的标准到底是什么？

李　玮：对方辩友有没有听过这样一句话——所谓国者，人之基；人者，心之器。这才是我们今天辩题背后的深层次意义啊。我们每个人的心都是呼唤自律的精神，难道对方辩友连这点都看不清楚，就事论事，就能辩清今天辩题的意义吗？（掌声）

夏遥非：我们说自律和他律都是通往诚信的途径，一个右手，一个左手。他律是我们常用的右手，对方一直在取左撇子的例子，我想请问对方辩友，您加强左手的能力，就能否认右手的重要吗？

张鹏举：对方辩友，为什么他律是右手，而自律不是右手呢？（掌声）

李恒蔚：正是因为我们社会绝大多数都是他律啊，法律、道德观念，无所不是他律啊！

王洪亮：那我们说了，我们到处都可以看到的无人售报亭，它体现的是什么，不是我们的诚信吗？这有他律的半点影子吗？

夏遥非：我们说他律立竿见影，我们说了“竿”，我们说了“影”；您的自律的立竿见影，“竿”在哪里，“影”又在哪里啊？
(反方时间到铃响)

张鹏举：对方辩友，我们谈什么，我们谈整个社会，整个社会什么样的人多，有良心、自律的人多，对方辩友片面了；您说什么样的人多，您说不自律的人多，对方辩友，您是不是太狭隘了，还是阳光照不进您的内心啊！（掌声）

李　玮：对方辩友啊，他律的确很重要，我方也充分考虑到这一问题；但我们与对方辩友的不同之处在于，我们不会因为自律运行机制的困难就抛弃自律，恰恰相反，我们要更进一步地重视自律、呼唤自律，这才是一个乐观主义者和对方辩友的区别啊！

尹静静：自律和他律，一个是内在的，一个是外在的；一个是主动的，一个是被动的；一个是积极的，一个是消极的。哪个更重要，不就一目了然了吗！

王洪亮：诚信和自律就是我们民族的优秀品质，我们要做的是呼唤它、唤醒它，所以我们现在就做一个自律的人，让这种品质发扬光大！

主　席：双方时间到。下面进入本场比赛的最后一个阶段——总结陈词。首先有请反方四辩做总结陈词，时间三分钟。

梁　萌：谢谢主席！首先我要指出对方辩友在自由辩论中的几个问题：

首先，对方一直在执行一个双重标准，说社会上诚信的人多，却将出现的诚信缺失的问题统统归结为他律的失效，而将诚信的人都归于自律的功劳。我想他律并不是一个垃圾桶，希望对方能正视他律在诚信构建中的重要作用。

其次，对方在自由辩论中一直在回避这样一个问题，基于人的主观性，您自律的可靠性和可行性到底在哪？如我方一辩所述，人趋利避害的本性决定了自律具有局限性，而他律的客观性更能保障诚信。

再次，对方为我们描绘了一个人人自律的诚信的桃花源，却对如何去实现避而不谈。这样的桃源是否存在，我想我们尚且不知，即便有也需要我们脚踏实地，解决眼前的问题，通过我们的他律建立一个诚信的体系来实现。

最后，对方试图将自律描绘成一种优良的内在品质，甚至将其等同于诚信本身，我们说他律与自律一样，都是实现诚信的方式，没有高低贵贱之分，只是他律更能满足社会对诚信的现实性、时效性的需求。

对方辩友一直在强调靠他律使我们不能实现心口统一，那请问对方辩友，我们是“心中有鬼”还是“心中有佛”呢？我们的行为不正表现着我们的诚信吗？所以基于对方的这种错误，我们认为诚信还是重在他律的。

首先，今天我们所讨论的是“诚信”这个现实问题。当前，市场经济深入发展，随着时代的变化，自律对诚信的调整明显陷入困局，传统的伦理形态需要向现代的法律形态转换，我们要根据时代做出应有的调整。今天我们更加急需的是什么，更加急需的是在全社会建立这种他律的客观体系，来完善各种诚信规则，构建完善的诚信体系。

其次，人的自律并非是统一的，一千个人心中也会有一千个诚信的标准。我们说无以规矩不以成方圆，没有统一的度量衡，我们何以判定一个人是否诚信呢？而他律恰恰为我们提供了一个统一的、可量化的标准。通过法律、道德、宗教、规范等他律形式，人们知晓了何为“诚信”，何为“失信”。而通过法律的评价、引导、激励，人们明白了应该诚信，而不应欺诈。可见，诚信的判定标准、实现动力都源自于他律。

再次，他律对诚信的实现有更强的保障性。今天，社会上诚信的缺失着实令人困扰，对此，我们要先用社会的基本规范来引导、规范人的行为，如果还无法纠正，我们还有法律这个终极的他律手段来强制其执行，形成“守信获利、失信失利、守信光荣、失信可耻”的良好导向和社会环境，树立以诚实守信为荣、以见利忘义为耻的社会主义荣辱观，实现社会的诚信，构建我们国家的和谐。最后，我们强调，我们海事部门本身就是一个实施他律的部门，所以，我方坚信“诚信重在他律”。

主　席：下面有请正方总结陈词，时间三分钟。

尹静静：首先我就要指出对方辩友犯了两个根本性的错误，那就是说他律是受制于外在的规范，受制于外在的规范然后实现了诚信，这是真的诚信吗？第二点、对方辩友一直说人是趋利避害的动物，通过他律，诚信者得到了利益，那我想请问对方辩友他律者得到什么利益呢？

下面，我要重申我们今天的辩题：诚信重在自律或者重在他律，都必须围绕“诚信”二字，对方辩友你们显然冲破了“诚信”二字的约束，将一切外部因素都等同于他律，把他律说得是上天入地无所不能。而事实上，他律只能监督惩戒，却无法从根本上实现诚信，因为作为人的道德问题，只有通过自律才能使人认同诚信，他律再复杂，再精细，管的了一时，管不了一世。

第二，对方辩友并没有真正理解和把握“律”和“他律”两个概念。法律法规和道德规范等标准，本身并不是自律或他律。作为外界的、客观存在的约束，由外界强制执行时，是他律；而当我们认同法律并自觉守法时，这就是自律了呀。所以请对方辩友务必深刻理解我们辩题中的概念啊。

下面重申我方观点：诚信重在自律。

第一，自律与他律一个是内因，一个是外因，有主次之分。自律是个人对自己的约束，而他律是他人对自己的约束。诚信作为一个道德范畴，必须通过个人对自我的约束才能真正实现。所以，自律是主要的、内在的、根本的，他律是次要的、外在的、从属的，他律最终只能通过自律来起作用，没有了自律，何来诚信？

第二，自律与他律产生的效果是不完全相同的。我们都知道“人之初，性本善”，忠厚是我们的传家之宝，诚信是我们与生俱来的优秀品质，诚信的人们流着自律的血液，可以让自己主动的、积极的遵守法律和道德规范，而他律是来自外界的约束，虽然也能够制止不诚信行为的发生，但只是消极的、被动的接受，未必能让不诚信的人改邪归正。自律，发乎于心、至乎于行，能够成就表里如一、言行相符的诚信君子！所以，律言律行贵在自律，唯有自律才能最终达到“慎独”的最高境界！

第三，深入分析提倡自律还是提倡他律，不仅体现了一种价值判断，更是两种管理理念的比较。提倡自律就是要培养自律意识、弘扬自律精神，就是要充分尊重和发挥人们的主观能动性，是一种以人为本的管理艺术，体现了更高的管理境界。海事执法人员作为他律的执行者，只有在工作中严于律己，才能打造出一支立党为公，执法为民的高素质海事队伍！

综上所述，我们不难看出，树立诚信重在自律！谢谢大家！（掌声）

主　席：好，感谢正方四辩。我们精彩的比赛先暂时告一段落，下面请评委为双方代表队打分。

主　席：我宣布：本场获胜队是正方山东海事局代表队。本场比赛的优秀辩手是反方三辩夏遥非。

寻师记

2011年4月1日是个星期五，河北海事局团委书记刘力军对此印象极为深刻。那一天上午，在北京开会的刘力军得知了辩论会的日程有点发懵。4月10号河北海事局就要参加首场比赛，而整个辩论队还只有他一人——领队，名副其实的光杆司令，而他本人参与辩论赛也是新媳妇上花轿——头一遭。

几分钟发懵之后，刘力军变得异常清醒——先要找指导老师。刘力军匆匆赶回秦皇岛，寻遍河北海事局无果后，他开始通过电话和网络寻找。

“整整一个下午，我就像热锅上的蚂蚁，四处打探。后来从东北大学秦皇岛分校学生处老师处找到了吉羊老师的住址，吉羊曾经执导秦皇岛市参加河北省辩论赛。”刘力军说。

当即，刘力军登门拜访。他的诚意感动了已经60多岁的吉羊老师，吉羊老师不仅答应自己出山，还介绍了曾与他合作的燕山大学、秦皇岛日报、自来水厂的3位老师。河北海事局辩论队指导团终于成功组建。

（任晶惠）

CHINA MSA

正　方：长江海事局

辩　题：创造一流业绩，执行力比创新力更重要

反　方：山东海事局

辩　题：创造一流业绩，创新力比执行力更重要

主　席：让我们请出本场比赛的双方代表队入场。他们是长江海事局代表队和山东海事局代表队。有请！

（双方代表队入场，向现场敬礼）

主　席：下面让我们以热烈的掌声有请担任本场辩论赛的各位评委入场，大家欢迎。请双方代表队做自我介绍。首先有请正方。

戴也凇：孔孟之乡，齐鲁大地，好客山东摆战场；

苏鹏程：钟灵毓秀，源远流长，万里长江来拜访。

边　斌：现场观众为主队加油，是情理之中，执行力是重心所在；

徐　添：现场观众为客队加油，是意料之外，是创新力锦上添花。

戴也凇：正方一辩戴也凇，

苏鹏程：正方二辩苏鹏程，

边　斌：正方三辩边斌，

徐　添：正方四辩徐添，

四人合：问候大家下午好！

主　席：下面有请反方山东海事局做自我介绍。

李　玮：海事重任在肩；

张鹏举：吾辈奋勇当先；

王洪亮：创新勇立潮头；

尹静静：敢换日月新篇。

李　玮：反方一辩李玮，

张鹏举：二辩张鹏举，

王洪亮：三辩王洪亮，

尹静静：四辩尹静静，

四人合：向大家问好！

主　席：尊敬的各位领导、亲爱的朋友们，比赛正式开始。首先进入第一阶段立论陈词。请正方一辩做立论陈词，时间三分钟。有请！

戴也凇：谢谢主席，大家好！古语有言：“不积硅步，无以至千里，不积小流，无以成江海。”我方认为：创造一流业绩，执行力比创新力更重要。理由有三：

第一，从二者与创一流业绩的逻辑关系来看，执行力的联系更直接，更紧密，因而更重要。创一流业绩，指一个组织高效利用已有资源来达成较高的组织目的，是一个动态的、实践的过程。所谓执行力，指的是贯彻战略意图，完成预定目标的操作能力，是利用资源实现组织目标的必备环节和直接要素。正如联想总裁杨元庆所说：制定正确的战略固然重要，但更重要的是在于战略的执行。而创新力，本身并不能直接推动组织创造一流业绩，只有最终回归执行力，转化为实践，才能创出一流业绩。

第二，从工作重心来看，坚持以执行力为重心，才更能实现共赢共荣，因而更重要。一个以执行力为重心的组织，执行力到了尽头会自然而然地产生创新的要求；执行力到了精熟会自然而然地产生创新的能力。我们知道，创新存在于人类的意识脑海之中，我们从来都不缺创新，只缺靠谱的创新。而只有能被执行的创新，才是靠谱的创新，否则只能是胡思乱想，异想天开。因此，执行力决定了要不要创新，要怎样的创新，怎样去检验创新。创新力，也只有围绕执行力，方能实现共赢共荣。相反，如果以创新力为重，组织在“公说公有理，婆说婆有理”的创新中，在朝令夕改、不断尝试的过程中耗费了大量资源。一切不以执行力为工作重心的组织，创新力做得再好，如果得不到落实，也只能是无源之水，无本之木。

第三，从价值观念来看，执行力倡导的普惠价值更有现实意义，因而更重要。提倡以执行力为重心，对个体来说，倡导的是每个人通过脚踏实地，一步一个脚印实现自我价值，如许振超、姚泽炎一样，几十年如一日，在完善执行力上精益求精，在平凡中实现伟大。对组织而言，倡导的是每个人围绕组织战略并肩战斗，团结拼搏，在团队中实现自我价值，体现了凝聚力。而提倡以创新力为重心，其倡导的标新立异，另起炉灶，挑战风险和其发散性，都与集体需要的凝聚力大相径庭，也与当前海事队伍提倡的加强半军事化建设背道而驰。

综上所述，我方坚信，创造一流业绩，执行力比创新力更重要！谢谢大家！

主　席：下面有请反方一辩做立论陈词。

李　玮：谢谢主席，尊敬的评委、对方辩友：大家好！对方一辩一上来给我们一个哲学定义，他说执行是实践而创新是意识，但是我想提醒对方辩友注意的是，哲学上“意识”是相对于“物质”的，您做这样的类比，到底是有意识的还是无意识的呢？我方认为：创造一流业绩，创新力比执行力更重要。

首先，我们来明确几个概念。所谓创新力，就是创造新生事物的能力，是人类特有的认识能力和实践能力，是人类主观能动性的高级表现形式，是推动民族进步和社会发展的不竭动力，它不止包括产生新想法的能力，还包括把这种想法实现的能力。而创新不仅包含科技创新，还包含了思维、文化、机制和制度的创新。执行力，是完成预定目标的操作能力，只能保障完成本职工作。只有充分发挥创新力，才能打造出一流团队，创造一流业绩！

第二，从国家战略上讲，党的十六大报告讲得非常深刻：创新是一个民族进步的灵魂，是一个国家兴旺发达的不竭动力，也是一个政党永葆生机的源泉。历史和现实告诉我们，我党领导革命、建设、改革取得的伟大成就都与高度重视理论创新和实践创新密不可分。一部中国共产党的历史，就是不断在实践的基础上进行创新的历史！

第三，回到海事，回顾海事的发展，创新力正是海事事业实现跨越式发展的源泉。交通运输部李盛霖部长指出，建设创新型交通行业，既是建设创新型国家战略的客观要求，也是行业自身发展成功经验的总结，更是交通实现又好又快发展的需要。当前，部局提出要推进“四型海事”建设，构建创新型海事，做到在创新中发展、在发展中创新。这正是今天辩题背后的现实意义与深刻内涵。

因此我方认为，无论是一个国家，还是一个行业，创造一流业绩，创新力比执行力更重要！

主　席：好，谢谢反方一辩。下面有请正方二辩做补充立论，时间两分钟。有请！

苏鹏程：谢谢主席！非常感谢对方辩友的精彩立论，但是我们要看到对方辩友在立论中告诉我们一个什么样的逻辑。对方辩友说我党取得了伟大的成就，它靠的仅仅是创新力吗？恐怕不是！它其中暗含着伟大的执行力啊。对方辩友又告诉我们创新包括想法又包括实现，那么我想请问在座各位，实现是什么，实现靠什么？实现靠的还不是执行力吗？再者，对方辩友告诉我们十六大提出创新是灵魂，我们从不否认，但是我们应该看到，灵魂从何而来，什么决定灵魂，怎样去创新，如何去创新，创什么样的新，恐怕还要归结到执行力上来。对方辩友又告诉我们说执行力就是墨守成规，难怪对方辩友认为执行力不重要了，难道墨守成规就是执行力吗？在座各位恐怕心里都明白。

再看我们今天中国的现实：中国2010年的专利量有220多万件，世界第三。但是真正落实到生产上的有多少件，不到1%！问题的根源在哪里，症结在哪里？我们说当前中国正处于一个转型期，人人都在喊创新，创新似乎是一个很“潮”的词，对于创新每个人有着不同的理解，但是我们要看到，创新不是想要就能要的，想得到就能得到啊！如何创新，向哪个领域创新，怎么创新，创新之后好不好、妙不妙，它的归根原因在哪里？就在于执行力。正所谓执行力和创造一流业绩，它们之间的关系才更为本质、直接和必然。正如我们熟悉的海尔，大家或许以为是创新成就了海尔，但我们更应该看到海尔追求一流业绩，执行力的内涵，“马上行动”就是它的执行力嘛！再者我们看到双星，它之所以进军轮胎业，那是因为它在橡胶业有强大的执行力作为保障，它才敢进军轮胎业，并且取得了一流的业绩。

我们说海事理念提得好，但是仅把海事理念放心间，那是不行；海事理念放心间，执行才能去体现，我们说全国劳模苏永贵，风雨不变坚守灯塔35年，那是对党和人民的信任和期望的忠诚的执行。综上所述，我方认为执行力是创造一流业绩更重要的条件。谢谢！（掌声）

主　席：感谢正方二辩的发言，下面请反方二辩做补充立论，时间两分钟。有请！

张鹏举：谢谢主席，大家好！对方辩友不要着急，站稳了慢慢讲，让大家听清楚才是关键。对方辩友说很多创新是不靠谱的，那我请问对方辩友了，贵局的创新哪一个是不靠谱的呢，还是根本都不靠谱呢？在这里，我再进行一下补充立论，大家请听清楚。什么是创新力？创新力是人类特有的综合能力，它的最大特点是有意识、有目的的对世界进行开拓性的研究、实践，创新力也是一种实践能力。只有充分发挥创新力，才能打造世界领先、国内领先、行业领先的业绩，这就是“一流业绩”。我们呼吁创新力，反对的是按部就班、墨守陈规，提倡的是在“今天”开拓着“明天”。对于社会进步、组织发展和个人成长来讲，创新力是灵魂、是源泉、更是根本动力！

创造一流业绩总是与创新力形影不离。如果没有解放思想、改革开放的创新就不会有中国特色社会主义事业的蓬勃发展；如果没有“我们一切都在变，唯有创新不变”的海尔文化，就不会有从无到有，从小到大，从中国走向世界的海尔品牌；长江海事局如果没有勇于探索、敢为人先的创新精神，怎么会有姚泽炎、郑启湘这些创新的典范呢？长江海事局的发展史正是一部创新史！

二十一世纪是创新的世纪。创新力是我们创造一流业绩的不竭动力，是优秀组织实现超越与自我超越的力量源泉。在这样的背景下，构建创新型海事正是推进海事科学发展的持久动力。我方的观点正是紧扣时代的脉搏，用创新力敲响海事发展的最强音！只有坚持改革创新，才能创造出无愧于人民、无愧于时代的业绩，尽情挥洒海事青年的激情与澎湃！谢谢！（掌声）

主　席：好，感谢反方二辩。下面比赛进入攻辩阶段。攻方只提问，辩方只回答，辩方需正面回答攻方提出的问题，时间一分三十秒。首先有请正方三辩提问。有请！

边　斌：请问是不是所有的创新都能创造出一流的业绩？

王洪亮：我可以告诉对方辩友你犯了一个什么样的错误，刚才对方辩友说了执行力很重要，我方从来没有否认这样一个观点啊！执行力确实很重要，但我们现在的辩题是什么，是一流业绩靠什么？一流业绩靠什么呢，靠创新。为什么靠创新呢，因为创新力才是真正让我们做得更好的源泉，做到卓越的源泉。

边　斌：对方辩友您说的很好，可您有没有听清楚我的问题呢，我问是不是所有的创新都能创造出一流的业绩，请正面回答。

王洪亮：对方辩友，您有没有好好听我方一辩的陈词呢。我方一辩已经说了，创新力是什么，创新力是我们认识世界、实践创新意识的一个力量、一个源泉；那么我方说了，创新力是什么，不是随随便便、胡思乱想的创新，而是我们结合实际、结合现实，达到最佳、最好、最优的一种行为。

边　斌：对方辩友不敢回答，可见是没有嘛！那我再想请问对方辩友，如何判断创新力能否达到一流业绩呢？

王洪亮：对方辩友，既然你来到了我们青岛，那我建议您等一下辩论赛结束以后到我们的前湾海事处去看一看。在那里，您一定能看到什么叫一流的团队，什么叫一流的业绩，它靠的是什么，是执行力吗，没错！但是我们还有很多的海事处，比它的执行力更好，但是它有一点，它的创新力在我们全山东海事局是最好的！

边　斌：大家可以听清楚，我问了对方辩友两个问题，对方辩友始终没有正面回答。我问的是创新力的判断标准，那理应是执行力，而且创新力只有执行下去才有一流业绩。对方辩友怎么不敢正面回答呢？

王洪亮：我已经正面回答了对方辩友的问题，为什么对方辩友只讲执行不讲变通呢！

主　席：好，时间到。下面请反方三辩提问。有请！

王洪亮：请问对方辩友，长江海事局创新管理理念，牵牢客渡船安全管理这个“牛鼻子”，实现辖区事故数、死亡人数创20年来最低，请问这是不是一流业绩？

边　斌：对方辩友，这当然是一流业绩。但是我们要看到长江海事局正是基于我们已经有强大执行力的情况下，我们才进行创新。为什么我们在70年代、80年代不创新呢？因为我们在70年代、80年代还没有那个能力，没有那个能力你让他去创新，又怎么能创新的来呢？

王洪亮：好了，对方辩友说了是创新才带来了一流的业绩。那么如果不是创新性地牵住了“牛鼻子”，牵的是“牛尾巴”，请问执行力再好，牵的动牛吗？

边　斌：对方辩友，您这个类比有问题吧，我告诉您的是为什么长江海事局以前没有，现在有了呢？关键是我们的执行力有了保障嘛。70年代的时候没有，现在有了，说明什么？这不正说明执行力到了，您的创新力才能有条不紊地进行下去嘛！

王洪亮：人还是那帮人，难道创新了之后，执行力就更好了吗？我再想请问对方辩友，长江海事局网站上写到，长江海事局的发展史就是一部创新史，对方辩友如何理解？

边　斌：长江海事局的发展史的确就是一部创新

史，但是我们就能否定执行力的重要吗？我们来看看对方辩友今天一辩告诉我们什么，她告诉我们因为创新是灵魂，所以就更重要。那我想说了灵魂更重要就说明更重要吗？

王洪亮：灵魂不重要，难道肉体更重要吗？（掌声）对方辩友，我想请问“发展史是一部创新史”他体现的是什么？为什么不是“执行史”呢？

边　斌：那么我来告诉对方辩友，今天执行决定你创新的方向和创新的好不好，这是不是也是灵魂？对方辩友，您在今天论证您方观点的时候，是不是……（时间到铃响）

主　席：好，感谢双方三辩，请坐。接下来进入精彩激烈的自由辩论阶段。时间十分钟，双方各五分钟，首先有请正方发言。有请！

徐　添：先看个体，是什么样的创新力让“红海湾不落的北斗”苏贵聪风雨不变守卫灯塔35年呢？

王洪亮：对方辩友只看到了执行，却没有看到创新。如果没有我们的创新的话，现在他还得天天苦守在那里，现在已经有了太阳能的灯标灯塔，这样的灯塔是不是能够更好地指引船舶呢？请问对方辩友，贵局领导明确指出：长江海事发展的30年，是不断创新的30年。对方辩友对此如何理解呢？

边　斌：看看对方辩友给我们一个什么样的逻辑，在有执行力的情况下，有创新力比没有创新力更重要。您有没有比较过执行力和创新力哪个更加重要呢？还是请您正面告诉我，是什么样的创新力让他坚守了35年呢？

尹静静：对方辩友说灯标，我们就来说灯标。您一定知道贵局的郑启湘同志吧！他研制了“太阳能一体化航标灯”，他为什么研制出来“太阳能一体化航标灯”呢？是因为他是创新的楷模啊，您可否介绍一下他的事迹呢？

苏鹏程：您说的对，他是创新的楷模，更是我们长江海事局执行的模范啊！还是请问对方辩友，到底是什么样的创新让苏贵聪坚守岗位35年？

张鹏举：对方辩友还是不敢回答我方问题，您不能介绍一下郑启湘同志的业绩吗？对方辩友，我们都在学习他勇于创新的精神，为什么不学习他勇于执行的精神呢？

戴也淞：对方辩友，您没明白郑启湘的精神所在，郑启湘是有了想法、有强大的执行力去保障，才出了成果啊！对方辩友其实没有回答我方为什么苏贵聪风雨不变坚守灯塔35年，其实劳模的精神很简单，就是坚持不懈、执行下去、脚踏实地、做到极致嘛！你不愿意回答，那再请问对方辩友，您平时完成领导交办的任务，是以创新力为主还是执行力为主呢？

王洪亮：完成一件事情当然靠执行力，但要把它做好、做到卓越的话，靠的是什么，靠的是

创新力啊，对方辩友！我已经正面回答了对方辩友的问题，请不要再纠结了。我还是想问一下对方辩友，为什么我们长江海事发展的30年是创新的30年呢？

徐　添：对方辩友，您知不知道我们长江海事局的口号是什么，是务实创新、追求卓越，首先是务实啊，务实是不是执行呢？对方辩友，刚才领导交办的问题，您也已经承认了创新最终也是为了做好嘛，最终还是执行，那创新是不是为执行服务？请教对方辩友了，到底执行还是创新呢？

张鹏举：你们的“务实创新”，是“务实地创新”嘛，还是创新啊，对方辩友！你还是不敢回答我方问题，贵局书记说了你们的发展史是什么，是一部“创新史”，为什么不是“执行史”呢，难道贵局领导都说服不了你们吗？（掌声）

边　斌：对方辩友，您说的很好，我们局的领导的确是这样说了。但是如果没有执行力作保障，您的话根本就是“无源之水、无本之木”嘛！还是再请教您了，我们在水上交管的过程中，到底是以执行力为主呢，还是我们要加以创新、创新法规呢？

张鹏举：贵局的领导说是一部“创新史”，而您说是“执行史”，您的意思是对这30年的理解，您比您的领导还要深吗？

苏鹏程：我们局领导说了要创新，可没说不要执行啊，对方辩友！还是请您回答，我们的水上交通执法工作，我们的工作重心是在执行还是创新？

王洪亮：我可以以我自身的经历告诉对方辩友，我们在管理通航秩序方面已经有了很多创新，而且有了很好的成绩。如果没有创新的话，我们现在可能还停留在没有AIS、没有VTS、没有CCTV的年代，做不好这份工作啊，对方辩友！（掌声）

戴也淞：我用徐部长的一句话来反驳一下对方辩友，徐部长在3月14号指出：“过去20年，船舶技术发展上突飞猛进，先进的技术水平接二连三地被应用到船上，例如GPS、AIS、电子海图等等；即使这样，船舶仍然发生重大事故，我们不要埋怨船舶技术，而应该检讨我们的执行力是否跟得上。”徐部长原话啊！（掌声）

张鹏举：对方辩友，你又错了！当前是一个什么样的社会，是技术创新、理念创新、管理创新，让事故率直线下降，而对方辩友却说了你们的事故频频发生？

徐　添：对方辩友，不要污蔑我方，不要污蔑我们长江海事局，我们可是担当不起啊，不要这样嘛！还请对方辩友告诉我们，回到现实吧，您执行法规，是执行还是创新呢？

李　玮：法规确实需要执行。我们从来没有否认执行力的重要性，但是对方辩友有没有看到创新力发挥的重要作用呢？对方辩友说执行力差，那有没有透过现在看本质，为什么执行力会差，那是因为管理观念的落后，所以我们要创新管理的观念啊。我想请问对方辩友，贵局在“十二五”人才发展规划中第一条就指出人才创新意识和创新能力还不强，对方辩友怎么看待？

戴也淞：对方辩友说了法规是要执行，谢谢对方与我方达成共识，这就表明了我们的工作重心是要放在执行上，因为执行才能创造一流业绩啊！再请教对方辩友，海事队伍提倡半军事化管理，是重在执行力的建设还是创新力的建设呢？

张鹏举：对方辩友说半军事化管理，我告诉您一个军队，一个没有创新力的军队绝对不是一支有战斗力的军队。对方辩友，请回答我方问题：您怎么看贵局人才发展规划中第一条就指出人才缺的是什么，是创新啊！

苏鹏程：军队靠什么，靠的是服从加执行，这才是一流的军队。还是请您正面回答我，半军事化管理的重点在执行还是创新？

王洪亮：好了，对方辩友，我们难道不知道半军事化管理就是我们一种创新型的管理模式吗？难道您想说这个创新力能更好地提升我们的执行力吗？那我们不应该更好地追求创新力吗，对方辩友？（掌声）

边　斌：对方辩友，如果今天的创新落实不下去，它能是一个好的创新吗？创新都不是好创新，您还论证什么？还是请您正面告诉我，到底这个时候我们应该重在执行力建设还是创新力建设，第三次问您哦！

张鹏举：对方辩友，您说创新落实不下去，贵局哪项创新没有落实下去，您给举个例子？

戴也凇：正是有了执行力的保障，才确保了我们的创新落实下去。其实对方还是没有回答我方的问题，至于半军事化管理，您认为是理论创新，没有问题，我们姑且承认；这个创新是为了什么，是为了培养我们的执行力啊；为什么要培养我们的执行力，因为只有我们执行力提高了，才能创造一流业绩。再请教对方辩友，看完海事我们再来看两会，好不好？两会刚刚落幕，从中央到地方，十二五的规划已悉数出台，当前我们要把工作重心放在抓落实上，抓落实主要靠执行力还是创新力呢？

王洪亮：好，对方辩友说了创造一流业绩要靠执行力，那我想在这里请教一下对方辩友，我来自石岛海事处，石岛海事处渔商船众多，渔商船事故多，我们海事处的人兢兢业业、任劳任怨、执行力非常好，我们怎么解决这个问题呢？对方辩友，你能告诉我吗？

边　斌：对方辩友，我来告诉你啊，我们就看到劳模苏贵聪30年如一日坚守岗位，他就创造出一流业绩，这可是我们的张德江副总理亲自表扬的，说“立足岗位、争创一流”，对方辩友，您不认可吗？

王洪亮：对方辩友，我们的执行力已经很好了啊，您告诉我怎么办呢？（掌声）

苏鹏程：对方辩友，您所在的海事处执行力好了，难道没有做出一流的业绩吗，这个我可不相信啊！

李　玮：对方辩友，难道不应该在创新中去落实，在落实中不断地创新吗？我再想请问对方辩友，在当今世界多极化、经济全球化深入发展的今天，综合国力竞争和各种力量较量激烈竞争的今天，请问对方辩友在这种情况下，我们要寻找出路，怎么办？

戴也凇：其实对方辩友还是向我们论证了一个逻辑，大家仔细分析一下，就是在已经有了执行力的情况下，有创新比没创新好，它怎么能证明有创新比执行好呢，对不对？刚才两会的问题对方没有回答，我给你一个答案。胡锦涛总书记在两会上也强调了各级政府要严格执行党风廉政建设责任制，成为我国现阶段的工作重心，执行是不是比创新更重要呢？

李　玮：对方辩友有一个很奇怪的逻辑，他一定要让我们论证：没有执行力，创新力更重要。那我现在请问对方辩友，按照您的逻辑，您是不是要论证：没有创新力，执行力更重要呢？

边　斌：对方辩友，我们可没有这么论证。刚才是您方二辩到一辩一直告诉大家，没有创新力怎么样，没有创新力怎么样，这是你们的逻辑吗？在有执行力的情况下，有创新的确比没有创新更重要。您是否也给大家论证一下执行力和创新力哪个更重要呢？

尹静静：对方辩友一直在讲逻辑，那我们也来讲逻辑。您一直在说执行力是一个自然而然的过程，是创新力的一个保障，那执行力为什么要形成创新力呢？您是不是承认我方观点：创新力是实现真正一流业绩的关键一步和最重要的一步呢？（掌声）

苏鹏程：对方辩友，您还是没有理解我方的观点，我们说执行力是什么，它是保障，是落实的最后一步，它是灵魂所在，这是按照您方观点论证来的。那么，还是请问对方辩友，我们一流业绩的取得，“十二五”制定的规划，到底落实在执行还是创新？

王洪亮：我可以告诉对方辩友，我认真地翻阅了我们的“十二五”规划，发现有10点是关于执行力的，但是有17点是关于创新的啊！

徐　添：对方辩友，您知不知道我们“十二五”规划的原则是什么，是制定的科学性、落实的可行性啊，这是“十二五”规划执行的大前提，您为什么忽略了呢？

尹静静：落实的可行性，执行要想不墨守成规，应该怎么办呢？是不是要进行创新呢？

戴也凇：错了，应该是“空谈误国，实干兴邦”。国家“十二五”蓝图已经绘制，我们的工作重心就在于执行、执行、再执行。其实，无论从个体到组织，从行业到国家，无论在哪儿，只有以执行力为重心，才能促进个人、组织、团队乃至整个国家的双赢，创造出一流的业绩。

（正方时间到铃响）

李　玮：我方已经反复告诉了正方辩友，执行力和创新力都是有实践的，创新力不仅包括一种意识上的实践，还包括一种在实践中创新的能力，但对方辩友始终要把创新力等同于空谈，我实在不知道对方辩友要执拗到什么程度！我想再请问对方辩友，梁启超说过“变者，天下之攻利”，如何理解？

张鹏举：对方辩友，我们现在最缺的是什么，是创新力，而不是执行力啊！我们中国如何腾飞，我们如何立于世界民族之林，靠的是什么，是创新啊，对方辩友！

尹静静：创新是动力、是源泉、是灵魂，没有了动力，还谈什么发展，谈什么重要呢？

王洪亮：君不见，不能创新的已被雨打风吹去，大浪淘沙，唯有创新才能永立时代潮头。对方辩友，不要再执迷不悟了，让我们正视现实，做好创新吧！

主　席：双方时间到。精彩激烈、机智灵活的自由辩论先告一段落，下面进入本场比赛的最后一个阶段——总结陈词。首先有请反方总结陈词，时间三分钟。有请！

尹静静：尊敬的主席，评委，各位观众，对方辩友：大家好！首先我必须感谢对方辩友与我们一起将真理越辩越明。下面我将继续论证我方观点：

唯物辩证法告诉我们：全面的、联系的、发展的看问题才能得出正确的结论，而掌握了唯物辩证法的原理才能分清主次矛盾，才能抓住事物的本质，牵着牛鼻子走，否则，像对方辩友这样片面的、孤立的看问题，就会被表象所迷惑，被牛牵着走啊！

社会上确实存在少量的执行不力，但是更多的人却在坚定执行国家的大政方针，中国海事的十年发展证明了海事人具有卓越的执行力！执行力是海事工作有效运行的基础，但是，要创造一流业绩，我们更呼唤创新力！创新力才是我们海事事业的灵魂，是我们干事创业的不竭动力！

长江海事局的发展史充分证明了这一点。在客渡船管理方面，面对复杂多变的监管形势，贵局大胆改革、积极创新，牢牢把握主要矛盾、紧紧抓住关键环节，将监管中的新问题出现一个、解决一个，创出二十年来最好业绩！贵局的“航标灯王”郑启湘，埋头苦干学本领、锐意进取搞改革，创造了23项技术革新，填补了国内航标领域多项空白！

今天，我们深深感受到了科技的发展、社会的进步，以及创新带给我们的震撼！科技的创新方便了我们的生活，服务了我们的海事。我们的设备由老、笨、重到现在的高、精、尖。AIS、GPS让我们有了千里眼、顺风耳，让海事监管如虎添翼。这是个瞬息万变的时代，这是个急需创新力的时代！“沉舟侧畔千帆过，病树前头万木春”，固步自封必然落后，创新不力也会落后！

作为新时代的海事青年，我们生逢一个伟大的时代，肩负着海事超越的职责、中华腾飞的重任，我们一定要锐意进取、开拓创新，将自身的知识与才华转化成永不枯竭的创新力！做时代发展的引领者、“弄潮儿”，向涛头立！”

一个国家，一个单位，一个人最可悲的是观念落后，最可怕的落后是意识不到观念的落后，最可笑的落后是持有落后的观念不仅不觉悟，还认为具有先进观念的人是错误的。长江局和山东局亲如兄弟，我们有义务提醒对方辩友，不要忘记你们走过的创新之路，不要忘记你们通过创新所得来的荣誉，不要忘记“逆水行舟，不进则退”的古训，提高和重视创新力吧，让我们携起手来，一起谱写海事事业新篇章！

主　席：好，感谢反方四辩的精彩总结。下面请正方四辩做总结陈词，时间三分钟。有请！

徐　添：谢谢主席，大家好！对方辩友说的真的很漂亮，她为我们描绘了一幅美丽的蓝图。但是，我想用三个字总结对方辩友全场的观点，那就是“想当然”。

第一个“想当然”就是比较标准上的想当然。对方辩友说要立足现实、立足国情，要看到现阶段缺乏创新，所以“创新力”更重要，还举出了我们长江局的例子，其实您无非是在论证在“执行力”做得够好的情况下，我们有创新比没有创新好，您又何尝论证过“创新力”比“执行力”更重要呢？

对方辩友的第二个“想当然”是在作用上的想当然。她告诉我们创新包含了实践，实践包含了创新，大家心里都有数，实践到底是执行还是创新呢，恐怕不是您说的吧？对方辩友又告诉我们说实践是墨守成规，一成不变，还冤枉我们说创新是空谈，您怪不得觉得实践不重要啊，原来您认为实践是这样不动脑子的吗？对方辩友错，错，错啊！

对方辩友的第三个“想当然”是事实层面上的想当然。对方辩友在自由辩论的时候告诉我们说中国就是缺乏创新力的国家，这样下结论，其实根据国际知识产权保护协会统计：2010年，中国的专利发明数量排名世界第三位，而将专利应用于“执行”的不到1%。可见，我们缺少的根本不是“创新”，而是将“创新”落到实处、用到点上的“执行力”啊！

对方辩友第四个“想当然”是定义上的想当然。认为“创新”能够事半功倍，说创新能够解决我们的交通问题等等，还说创新是我们的“灵魂”，这些我方从不否认。但是我们想，您这“创新力”从哪里来，到哪里去呢？决定我们该不该创新的是“执行力”；决定我该如何创新的是“执行力”；评判这个“创新”到底靠不靠谱的还不是执行力；让这个“创新”投入生产、最终给企业带来效益的依然是“执行力”！我们是不是可以说“执行力”是“创新力”的灵魂呢？！请问“执行力”是不是比“创新力”更重要？

反观我方论证，就是在“创一流业绩”的前提下，我们该“怎么创”，应该把何者作为我们的“工作重心”。作为海事，我们鼓励“创新”，但更强调“务实”，在“执行力”基础不牢固的前提下去谈“创新力”，只能是空中楼阁、镜花水月。“十二五”规划首要强调的是“规划的科学性，落实的可行性”，请问可行性是不是要落到执行力上呢？对方辩友又说了李盛霖部长的话，那李盛霖部长刚刚在3月31日强调：发展现代交通运输业的第一点是“从实际出发，扎实工作，主动作为”；对方辩友说党的十六大，可党的十七届五中全会精神是“强调实干、注重落实、切实把各项工作抓到实处”！回归价值，我们知道，是豆腐没做好我们才把它做成臭豆腐，苹果没种好我们又把它做成苹果酱。对于执行力不好的组织，“创新”往往成为掩盖其执行力不到位的“遮羞布”！我们不否定创新，但我们反对的是将“创新”当作工作重点的态度！我们都是普通人，但我们一样能够创造一流的业绩，只要我们踏实工作，兢兢业业。

主　席：好，时间到，感谢正方四辩。精彩的比赛暂时告一段落，下面请评委为双方代表队打分。（打分阶段）

主　席：尊敬的各位领导、亲爱的观众朋友们，下面，我荣幸地宣布：2011年“青春杯”海事青年辩论赛北方赛区决赛的获胜队是反方山东海事局代表队。北方赛区最具风采奖为反方三辩王洪亮。

输液室里的模拟赛

时间：2011年4月17日

地点：青岛市某医院

人物：长江海事局辩论队队员

赛前损将乃兵家大忌，可这个“幸运蛋”却不偏不倚地砸在了长江队的脑门上。明天就是与辽宁队的生死对决了，也许是因为连续22小时的长途奔波，全队的重要火力点苏鹏程一下火车就发起了高烧，不得不进了医院。

“大夫，什么药能快点好就给我用什么！”

“你们都回去准备吧，我一打完点滴就跟你们汇合。”

“其他队员都赶紧回酒店休息！”

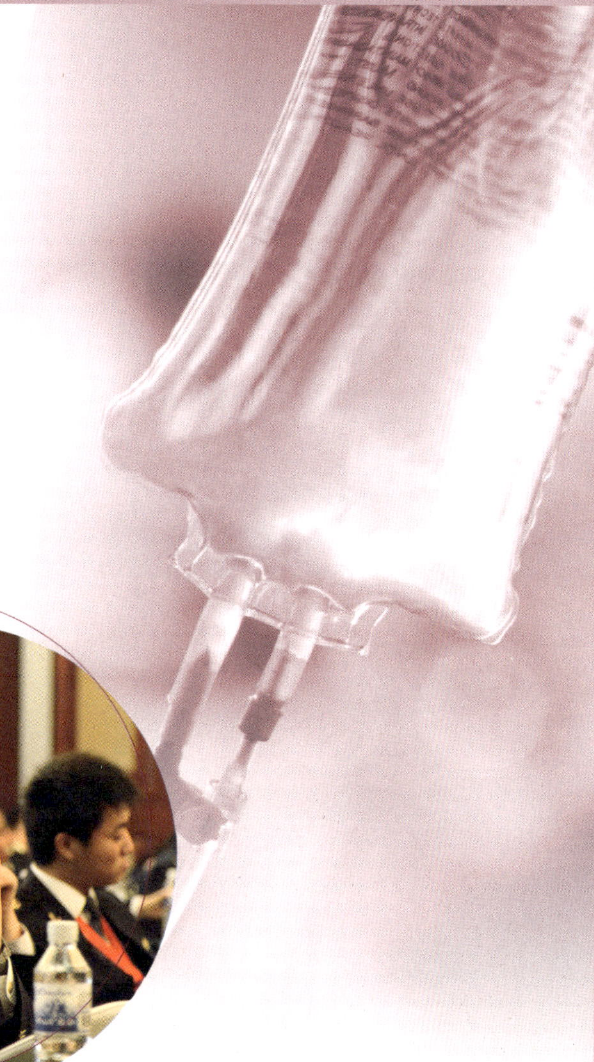

领队和小苏的“旨意”一点效果也没有，队员们在输液室里团团地围着小苏，开始了难忘的“输液室模拟赛”。模拟一遍，发现漏洞，再来一遍，大家小心地压着嗓子，不敢大声，也顾不得其他病人的异样眼光，打着激素的小苏也坚持跟大家一起进行模辩。

天色逐渐暗了下来，日间输液室要关门了，长江队的模拟赛只好转移到夜间输液室进行。模辩中情绪和嗓门都上来了，其他病人有意见了，队员们只能一再道歉并一再压低声音。在医院输液的四个小时里，长江队共进行了四次模辩，还顺带着总结了十来条“临战锦囊妙计”。

尾声：长江队取得次日比赛胜利

苏鹏程荣获当场比赛“最佳辩手”

（杨姣姣）

CHINA MSA

南方片区

第一轮第一场

正　方：广东海事局

辩　题：提升监管服务水平，专才重于通才

反　方：深圳海事局

辩　题：提升监管服务水平，通才重于专才

正　方：广东海事局代表队
一　辩：李隽枫
二　辩：姚萍萍
三　辩：赖　晶
四　辩：赛军杰
反　方：深圳海事局代表队
一　辩：赖小妹
二　辩：葛志远
三　辩：邹　虎
四　辩：李振明
主　席：下面请正方一辩进行开篇立论，有请！
李隽枫：各位评委、对方辩友，大家好！

我方认为，提升监管服务水平，专才重于通才。《汉语大字典》告诉我们，“专才”就是精通某一学科的专门人才，是指在拥有广阔知识的基础上，在某一领域具有专业知识或熟练技能并有较高造诣和成就的人才。而“通才”是指知识广博、具有多种技能的人才。监管是政府的一项重要职能，它的最终落脚点是服务。提升监管服务水平，通才与专才都在其中发挥着各自重要的作用。衡量何者更重要，就要看谁更能够促进专业化队伍的建设、提升专业水平，谁更能够实现优势力量整合的效率最大化，谁更符合社会的科学发展、和谐发展的要求，从而提供给人民群众更专业的、更高水平的、更令人满意的服务。由此，我方认为，提升监管服务水平，专才重于通才！理由有三：

首先，专才更能促进专业化队伍建设，提升专业水平。社会发展造成了社会分工的进一步细化，而社会分工细化的直接需求就是大量适应某一分工领域的专才。培养和使用专才更能促进监管服务工作专业化队伍建设，提升专业水平。而通才在监管服务的层次、水平和专业化程度上均无法与专才相比。

第二，专才队伍更能够实现优势力量整合的效率最大化。提升监管服务水平需要通过一个着力点、突破点以点带面，通过个别带动全体，从而整体提升监管服务水平。这个突破点和着力点就是那些“术业有专攻”的专才。一批拥有高专业素养、高专业水平且同时具备了岗位基本素质的专才，通过优势互补，毫无疑问地将迸发出巨大的合力，从而实现“一加一大于二”的效率最大化的作用。通才虽然也能进行协调整合，但由于处于专业水平较低的层面，其效率和效果远不及专才。

第三，专才符合社会的科学发展、和谐发展的要求。“科学发展观”和“和谐社会”都强调“以人为本”。现代社会是一个知识大爆炸的社会，专业领域知识也在不断深化，让人才适应社会、服务社会就需要让人才在通识教育的基础上，让个人的专业化发展与社会的专业分工相协调，从而实现个人目标与社会目标、个人价值与社会价值的相统一。而通才看似广泛的适应性在一个专业化的监管服务体系中往往显得无所适从，个人价值难以实现。

综上所述，我方认为，提升监管服务水平，专才重于通才！（观众——掌声）

主　席：下面让我们听听反方就此辩题有何看法。
赖小妹：谢谢主席，谢谢各位！对方辩友，你错了！

第一，你错误地理解了定义。试问，如果不能正确地理解什么是通才、什么是专才，我们该怎么探讨在提升监管服务水平的前提下，通才和专才孰轻孰重呢？第二，你没有给出判断的标准。提升监管服务水平的标准有三个，就是看谁能更好地满足行政相对人的需求、能更好地依法行政全面履职、谁能更好地应对突发事故和应急事件。基于以上三个标准，我方认为，提升监管服务水平，通才重于专才！理由如下：

首先，从满足行政相对人需求的角度来看，行政相对人的需求具有多元性、多层性、多变性等特点，通才比专才能够更好地运用综合知识和类比思维，为行政相对人提供全面、高效、差异化的监管服务，从而更好地提升监管服务水平。

其次，从依法行政、全面履职的角度来看，我们是行政执法部门，通才能够比专才更好地做到“权为民所用、情为民所系、利为民所谋”。我们的使命是“让航行更安全，使海洋更清洁”，我们都知道，安全监管是一项系统工程，要加强源头管理，形成安全管理工作的闭环。通才比专才具有更丰富的知识、更开阔的视野，能更好地依法行政、全面履职，从而更好地提升监管服务水平。

再次，从应对突发事故和应急事件来看，通才比专才做得更好。举例而言，海事部门是上海世博安保的重要成员单位，需要加强和其他各部门之间的沟通和协调，这是展示我们海事监管服务水平的重要时刻，恰恰是在这个时候，通才比专才发挥了更重要的作用。

通，就是通晓、精通和渊博；专就是专一；才是才能。在日常工作中，我们经常会用到两个与通有关的词语，一个是触类旁通，另一个是融会贯通。一专多能的人就是通才，通才能够更好地提供监管和服务。因此，在我看来，提升监管服务水平，通才重于专才。谢谢！

主　席：让我们来进入补充立论环节，有请正方二辩，时间是两分钟，请。

姚萍萍：谢谢主席，对方辩友：

首先，我们非常同意对方辩友关于行政管理重要性的陈述，行政相对人的要求是多样化、专业化，这更需要我们提供更为专业的监管服务。其次，全面化的监管服务只需要一个通才就能提供吗？这不是需要越来越多的专才通力合作才能提供吗？我们认为专才更能促进专业化队伍建设，提升专业水平。

从我们海事系统来看，随着海事的发展，危管防污、船舶检验、船舶管理等领域都更需要专业性人才发挥关键性的作用。事实上，也正是大量专业人才，比如深圳局的洪汇勇、上海局的张良、长江局的孙玉国等同志在专业领域上发挥了关键作用，才促进了海事监管服务水平的不断提高。

专才队伍更能够实现优势力量整合的效率最大化。在广州亚运珠江巡游花船改造过程中，部分花船达不到规定航速。众人一筹莫展，最后是广州海事局张雨中同志凭借他的专业能力，完美地解决了这个问题。正是多个领域多个专才发挥自身的专业优势，互相配合，解决了一个又一个的问题，最终为亚洲人民递交了一份亚运水上监管“零污染、零事故、零伤亡”的完美答卷。

专才符合社会的科学发展、和谐发展的要求。每年海事系统都要特招一批甲类船长、轮机长，正是他们在相关领域的专业贡献对提高监管服务水平起到了关键性的作用。

所以，我方认为，提升监管服务水平，专才重于通才。（观众——掌声）

主　席：感谢正方二辩的补充立论，让我们看看反方又有什么要补充的呢。现在有请反方二辩进行补充立论，时间同样是2分钟，请。

葛志远：谢谢主席，大家好！对方辩友一错再错，从错误的定义又得出了错误的评价标准。

我方从未否认专才可以把一项工作做的很好很专，但这就是提升监管服务的全部要求吗？显然不是，我方认为，在提升监管服务水平上，通才与专才的比较应包含三方面的内容：

首先，是要看谁能更好地完成使命。依法行政、全面履职，不仅仅是对整体的要求，更是对个体的要求。当我们穿上这身制服，面对行政相对人我们是服务者，面对岗位职责我们是监管者，面对社会媒体我们是新闻发言人，通才因为具有全方位的履职能力而高于专才。

其次，要看通才与专才的对比，更重要的是看谁更符合监管服务对象的需求。当今社会为我们提出了更高的要求，即综合性的全面监管、全方位的安全保障以及协调高效的应对措施。通才相较于专才，考虑问题更为全面、处理手段更为多元、协调应急更为及时，无疑更胜专才。

在通才与专才的对比上，最为重要的是看在重大事件应急处置中谁更能有效提升水平。当千钧一发之际，各种专业因素交错纵横，牵一发而动全身，此时通才因具更宽广的全局眼光，能更快地找到问题的症结，给出更为科学均衡的决策。可见在重大事件应急处置中，通才具备无可替代的优越性。

综上所述，通才重于专才。谢谢。

主　席：下面进入攻辩环节，在这个环节由一方进行提问，一方进行问答，提问方只问不答，回答方只答不问，提问时间不得超过10秒，回答的时间不得超过20秒，现在有请正方三辩。

赖　晶：谢谢主席，请问对方辩友，服务地方经济对我们海事提出各种专业性的要求，那么专才在其中是不是发挥了更为重要的作用呢？

邹　虎：对方辩友，面对地方经济服务，通才能融会贯通、触类旁通，把岗位知识和相关知识结合在一起，更好服务地方经济，这不是更加说明了通才比专才更加重要吗？

赖　晶：请问对方辩友，在亚运水上安保中，花船巡游是交给我们海事部门来负责的，这是不是因为我们海事部门具有专业优势呢？

邹　虎：对方辩友，正是因为海事既懂船舶、又懂船员、又懂通航，还懂证书，这正不是说明了我们海事的重要性嘛！

赖　晶：一艘船舶建造下水，是不是主要靠我们船舶检验工作的专才去进行呢？

邹　虎：对方辩友，船舶检验不仅仅是单一的知识，还包括对船舶的构造、对电气的知识，对船员技能多方面考虑，这正证明通才更重于专才啊！

赖　晶：无论是服务地方还是船舶检验，关键时刻都需要我们专业人才对口处理。请问对方辩友，如何解释这一现象呢？

邹　虎：对方辩友，你也说了在紧急时刻，在紧急时刻要懂搜寻、救助、船舶、船员、气象、水文，这不是更证明了通才更重于专才吗？

赖　晶：以上问题您方都不能论证，我想请问您方通才重于专才的标准又在哪里呢？

邹　虎：对方辩友，我方刚才一辩已经说得非常清楚，我们从三个方面证明通才比专才更加重要。

赖　晶：但是您方说的三个方面都是没有一个具体的……

主　席：正方时间到，现在请反方三辩对正方三辩进行提问。

邹　虎：面对紧急情况的时候，我们要考虑船舶、船员、证书、国际公约，这不正说明了通才比专才更重要吗？

赖　晶：很简单啊，对方辩友对专才和通才的界定是错的。无论是《辞海》、《词源》，还是《现代汉语大辞典》的解释都证明我的界定是正确的，对方辩友您使用的是不是盗版的呢？是盗版的，是不是因为盗版的人不具有专业水准呢？

邹　虎：我不太了解，对方辩友！《易经·系辞》上指出，“专”是指专一、专注，一专多能是通才，对方辩友您是如何理解这个问题呢？

赖　晶：很简单啊，一专多能，还不是突出了“专”嘛，重点还是在于“专”嘛，感谢对方辩友对于我方观点的承认，谢谢。

邹　虎：一专多能，在我们王力老先生的定义中明确指出，“通”通晓、通达、渊博三个定义是非常权威的。请问如何理解？

赖　晶：可是我们也说了，我们的定义来自于《辞海》、《词源》、《汉语大辞典》。在对方辩友眼里把我们的专才理解为“书虫”、“宅男”、“腐女”，而对方辩友的通才就是八面玲珑百家爱，请问如此片面的理解对我们的专才公平吗？在座的各位能接受这样的观点吗？

邹　虎：我们频繁的轮岗交流不更是证明了通才更重于专才吗？

赖　晶：对方辩友，您错了——轮岗交流是以我们具备一个专业技能为支点，而这个正是我们双方论证的交汇点，所以这个不能论证您方观点。（观众——掌声）

主　席：感谢双方的精彩攻辩，下面就让我们进入到辩论赛最为精彩的环节——自由辩论。在这个环节，双方交错发言，每队有总计5分钟的发言时间，由正方先开始。

赛军杰：谢谢主席，首先我想指出对方一点，对方一辩站起来就说我们的标准是错误的，好，我们引用《汉语大辞典》的是错误的，但是对方在接下来并没有给出一个明确的标准，我请问对方，你们的标准具体是什么？

赖小妹：我们的标准，就是刚才提出三个标准，一专多能具有多项才能，难道它不是通才吗？

赖　晶：我刚才已经回答了，一专多能核心是“专”，难道不是专才吗？您方这不是对我方观点的承认吗？对方您的标准倒是有还是无？比如我们说男人说男人很苦，女人说女人很苦，但是男人再苦也没受过女人生孩子的苦，女人再苦也没受到过男人怕老婆的苦，到底谁苦呢？没有标准能比较吗？（观众——掌声、欢笑）

葛志远：对方辩友说在《汉语大辞典》上找到了标准，我想《汉语大辞典》顶多给了你一个定义，我想请问标准是如何找到的呢？

姚萍萍：对方辩友一直将海事整体专业性与通才做等同，一再强调我们海事的服务就有一个通才就可以全部来提供，一再强调通才的协调整合能力，我想请问您一下，按照您的逻辑是作为通才，人人参与协调、人人整合的效率高呢，还是有专门的管理人才进行协调整合的效率更高呢？谢谢！

邹　虎：对方辩友犯了两个错误，第一无限扩大"专"的范围；第二对方辩友需要注意在某个专业岗位上，因为专才的触类旁通、融汇贯通，所以可以更好地将本岗位知识和其他相关岗位知识进行创新、提升。因此在我们海事系统既不缺乏专才也不缺乏通才，但是通才更有利于提升监管服务水平。

李隽枫：对方辩友刚才说道，我们的《现代汉语大辞典》的定义不正确，我想请问对方辩友了，您的标准又是如何定义出来的呢？看来对方辩友仍然是"一叶障目不见泰山"啊！我就想问一下，您的这个通才之路怎么就体现个人的价值呢？

李振明：对方辩友请注意，提升监管服务水平重点在"通"不在"专"，关键问题是把思想搞通，把事情做通，让老百姓畅通啊！

赖　晶：哎呀！"把事情做通，把思想搞通"是不是需要在这个领域具有专业水平的专才去做呢？

赖小妹：我方并没有否认专才的重要性，而是一个人他首先要是人才，然后他才是专才，再然后他才可能是通才。简单而言，踏上岗位你是人才，奋斗五年你是专才，再干五年你就可能是通才了。

赛军杰：对方辩友，你们的标准是来自哪里呢？我们的定义来自《现代汉语大辞典》，我们从定义衍生出来了我们的三条标准，而对方您没有确定出一个明确定义而自己就制定三条标准，我想说从理论上说对方辩友是无法自圆其说的！那我们从现实来看，面对现代的立体巡航，是不是需要更加精通业务的专才呢？

葛志远：对方辩友，一辩、二辩多次提到"专业"、"专业队伍"、"专业岗位"这些概念，我想对方辩友是在偷换概念，我想一个人在特定时期内必须是身处一个岗位、一只队伍，难道这就说明他们是专才吗？

赖　晶：对方辩友，无论是专才也好，通才也好，我们有一个前提，就是提升监管服务水平。就好比说我们要喝这样一瓶水，我们这样打打打（做出敲击瓶底的动作），水是会出来的，但是我们要找到最重要、最根本、最有效的方法是什么？就是拧开这个盖子，就这样喝到水了。

邹　虎：对方辩友，你的比喻正好论证是通才啊——既懂得如何敲打它，又懂得如何打开它，这不是多项技能，这不是通才吗？在座的每一位海事局工作人员既要做到业务素质高，又要做到文化水平高，还要思想道德高，这样的复合型人才难道不是通才吗？

姚萍萍：对方辩友，按照您的逻辑，我们只有懂得开瓶盖才是专才啦，您将专才的定义定义得如此狭隘，请问您还能举出一个专才的例子吗？谢谢。

李振明：对方辩友，你注意到没有，从学有所长到术业有专攻，再到融汇贯通，这是不断学习、不断提高的过程，也是专才到通才的过程，通才重于专才是符合人才发展规律的呀！

李隽枫：对方辩友不断说"我们认为所有人都是通才"，我们也承认啊。对方辩友，你又会辩论又懂海事业务，当然是通才啦，但是您的最终目的是什么呢？当然是成为海事业务的专才嘛，那您如何看待这个问题呢？

赖小妹：不，首先，你不用杞人忧天，专才比比皆是。其次，我们的通才是专才的持续升级版本，就是这样。

李隽枫：对方辩友说海事业务有可能成为新闻发言人，有可能成为一个服务者，但是我想请问这都是同一个人吗？这正是不同的专才构成了我们这个海事队伍，从而提升整体海事监管水平啊！

葛志远：对方辩友让我举例子，我举广东海事局杨庆文同志，他是轮机长，又是外企的高管，同时他又是我们海事法律法规的“活字典”啊，这样的人都不是通才吗？

赖　晶：这不是我方的定义，我方的定义是什么，他是海事PSC检验的专才。

邹　虎：对方辩友，你不要一叶障目，只见树木不见森林啊，难道您能认为杨庆文做过海事PSC就否认杨庆文做过轮机长，做过外企的高级管理人员吗？这种复合型人才就是我们海事的所需要的通才啊。

赖　晶：那对方辩友，您帮我论证下他怎么只做过“金森”的轮机长呢？

李振明：对方辩友刚才讲到分工，分工越细就要求各个岗位更要融汇贯通，这难道不正是通才的要求吗？

姚萍萍：我们已经回答过这个问题了，融汇贯通的重要性我们承认，但是我们认为能做好融会贯通的正是融会贯通的专才，就是管理型人才。对方辩友一再执着于一个全方面人才的培养，那么我想问什么都学的通才对于监管服务的意义到底是什么呢？

赖小妹：所谓技多不压身嘛！多学一点儿知识，多一些为人民服务的本领，成为一名通才对于对方辩友而言就这么困难吗？

赖　晶：所谓“火车跑得快，全靠车头带”，没有我们这个专才的“火车头”，我们监管服务的列车又将驶向何方呢？搞不好就会出轨的哦。

葛志远：对方辩友，广东海事局在工作报告中指出，要抓安全因素的共性，请问对方辩友，抓共性是专才重要还是通才重要？

李隽枫：对方辩友，您说的很对啊，谁来抓这个共性呢？当然是我们专才啊。对方辩友总是一厢情愿的认为什么都学、什么都懂就好，可是我想问一下，在北京奥运会和广州亚运会上，水上安全保障工作为什么要首选海事部门呢？

邹　虎：对方辩友，通才不是全才！为什么选择我们海事部门，恰恰是因为我们海事部门既懂珠江水域的水文情况，又懂船舶、又懂船员、又懂指挥、又懂协调，正是这样才选择我们海事部门啊！

李隽枫：请问对方辩友，这是你们一个人懂得吗？这正是不同的专才拥有不同的专业水平，所以才能做出这样伟大的成绩啊。

李振明：对方辩友一直在回避我方观点，请对方辩友正面回答，当遇到重大问题和突发事件时候，通才的全面协调应变能力不是能够更好地解决问题吗？

姚萍萍：我想请问对方辩友，一人如果没有对专业的自身知识，没有对重大事件专业性、深入性的专业了解，怎么去实现你所谓的沟通协调呢？谢谢！

赖小妹：一个危防岗位专才轮岗到法规处，他对法规业务知之甚少，连基本的监管服务水平都把握不了，谈何提升啊？

赖　晶：就是因为对方辩友认为的我们的专才就是你们所认为的“书虫”、“书呆子”、“腐男”、“腐女”，对方辩友从来没有正面回答我方提出的问题，专才在提升海事立体监管方面，他是怎样体现呢？

葛志远：对方辩友一直纠结在通才与专才的关系上，没有考虑我们今天讨论的前提就是提升监管服务水平，那已经跑题了啊！

李隽枫：我方观点正是充分论证了只有专才更能够提升服务监管水平，对方说到了如果一个危管防污的专家轮岗到其他岗位，那么这不正是证明了如果他继续在危管防污专业上发展的话，就能够达到我们的专才吗？

邹　虎：对方辩友，我们之所以把危防专家轮岗到其他岗位，正是为了让他具有全面、综合、服务相对人的能力，这不正是证明通才更重于专才吗？

姚萍萍：这只是才的基本能力，并不是通才和专才的区别啊，对方辩友。

赖小妹：我方从来没有不承认专才的重要性，但是要全面提升我们海事服务监管水平，通才重于专才。

赖　晶：海、陆、空立体巡航模式是不是需要业务专才？第三次提问了！

葛志远：海、陆、空立体巡航不正是需要协调、高效的通才吗？

李隽枫：这不是正好证明我方观点？协调人才嘛，不正是协调的专才吗？谢谢对方辩友。

邹　虎：按照对方辩友的逻辑，是不是认为通才就不需要懂协调啦？海、陆、空是什么概念呢？“海”需要懂航海、船员、船舶，“陆”需要懂得各方面的监管，“空”需要懂飞机、需要懂驾驶，这难道不是对于通才的需要吗？

赖　晶：哦，我明白了，您的意思是今天我要开轮船，明天我要去操作VTS，后天我开直升飞机，这样合理吗？

（正方时间到）

赖小妹：俗话说的好——提升厨房水平，大厨重于刀案；提升清洁水平，毛巾重于手绢！提升监管服务水平，通才重于专才。

葛志远：对方辩友提到了，我们每年选派大量的专业人才去随船学习、见习，去船厂实习，这不正是培养通才的途径吗？

邹　虎：对方辩友，我们宣传弘扬杨庆文这样的通才，这不正是证明通才在我们海事系统更为重要吗？

主　席：感谢双方在自由辩论期间的精彩表现，现在有请反方四辩对他们的观点进行总结，时间为3分钟。请。

李振明：谢谢主席，大家好！纵观刚才的辩论过程，对方辩友一直在将错就错。

一开始定义就错了，汉语泰斗王力教授认为：“通”是通晓，精通；“专”是专注，专一；“才”则是才能。相比较专才，通才更善于触类旁通，融会贯通。对方辩友如果不明白“通”的含义，再华丽的辩词也是站不住脚的。

判断的标准也错了。要判断提升监管服务水平的高低，就是要看是否能更好地实现有效监管和优质服务，更好地依法行政、全面履职，更好地应对重大问题和突发性事件。而这需要管理的统一、信息融汇和行动的协调，通才在这些方面具有明显的优势。

首先，我们从成才过程来看，从学有所长到术有专攻，再到融会贯通，这是不断学习的过程，也是专才到通才的过程，通才重于专才，是符合人才发展规律的。

其次，从工作能力上看，通才能够运用丰富的知识和多项技能，从事全面、综合的监管服务；而专才只能在某一专业领域从事专项监管服务工作。通才相对于专才，具有更广阔的视野、更丰富的知识和更好的协调应变能力。

当然，通才不是全才，他仍有缺陷和盲点。但是，他在业务上一定是一专多能甚至是多专多能，在管理实践中，他视野开阔，与时俱进；在服务意识上，他执法为民，勤劳为民；在道德操守上，他更是经得起风浪的标兵。通才比较专才而言，思考更周全、协同更有效、处置更果断，更能提高监管服务水平！

时代在发展，监管在进步，服务在提升，人才的标准也水涨船高。专才向通才的发展是时代的要求，形势的需要，是国家中长期人才发展规划的核心指标，也是海事人才发展战略的最终目标。

“我劝天公重抖擞，不拘一格降通才”，让我们加强通才的队伍，让全系统职工的队伍素质、精神风貌和社会形象得到全面提升。

（观众——掌声）

主　席：谢谢反方四辩的总结陈词。下面有请本次辩论赛最后发言的正方四辩对他们的观点进行总结，请。

赛军杰：谢谢主席！各位评委：

首先，对方在通才和专才的定义解释上是完全错误的，引用某个专家的解释断章取义，借而开展论述，错在根本，而我方定义出于权威的《汉语大字典》，解释更有说服力。

其次，对方一辩站起来后第一句话就是我方的观点是完全错误的，殊不知我们双方观点的第一点是不谋而合的，也就是公众对服务的需求方向，这是不是可以说明对方辩手的理解错误呢？

再次，杨庆文是一个专才而不是一个通才，因为我跟他就是同事，而且有着一定的工作接触，他所具备的英语等才能都是他成为船舶管理岗位专才的一些必备才能而已，而不是对方辩手所说的通才。

我们这场辩论赛是为建党九十周年和海事发展献礼，有着重大的现实意义，就是为了给我们海事青年探讨成才的方向。我方认为：

首先，公众对服务需求的专业化和海事监管领域的专业化决定了我们更需要专才，而不是全而不精的通才。

其次，分工合作更需要专业的统筹规划人才，也就是管理人才。通过这样专才的整合，达到以点带面的效果，比“人人都在协调，人人都在整合”的通才统筹效率更高，效果更好。

最后，人不是上帝，精力时间有限，过分追求全必将不精。要实现个人价值和监管服务水平二者的和谐统一，就必须科学发展、以人为本，将有限的时间和精力放到某一专业领域上，致力于成就专才。以我的同事海事英雄杨庆文为例，他20多年的精力完全集中在航海事业之中，最终在船舶安全检查岗位成为了一个专才，实现了人生价值；再比如贵局的洪汇勇，他用十几年的努力使自己成为LNG船舶安全监管专家。

我们没有否认过通才的作用，相反我们非常希望海事系统的每一个青年人都能通过自己的不懈努力，在一定的基础上发展成“术业有专攻”的专才，成为一个真正在某个领域能够引领发展的人。正如贵局所倡导的“建设一流的PSC检查官专业队伍、一流的海事调查官专业队伍、一流的危管防污管理人员专业队伍”不也正是说明了专业才是我们需要努力的方向吗？我们每一个青年人都应该珍惜有限的青春，在提升监管服务水平上贡献自己的力量。谢谢大家！

（观众——掌声）

主　席：感谢双方辩手的精彩表现，下面进入本场评委评定时间，有请评委评定。

（评委进行评定中）

主　席：经过评委评定，本场比赛的获胜队伍为反方深圳海事局代表队，让我们以热烈掌声表示祝贺，同样感谢正方广东海事局代表队。

本场比赛的优秀辩手为反方三辩——邹虎，让我们也为他表示祝贺。（观众——掌声）

TEACHER

三易其师

广东海事局辩论队首战告负，这多多少少让很多人意外了“一把”。领队林逸章在总结时用了八个字：技不如人、甘拜下风。然而，他在讲述时语气中多少有些不甘心，于是我们知道了失败背后的一些“苦闷”。

孔子说：三人行，必有我师焉。可有时候啊，这老师多了，也未必是件好事。在辩论赛的准备过程中，踌躇满志的广东队从中山大学请的辅导老师曾经带队参加过国际大专辩论赛，在辩论中强调条理清晰、言辞犀利，极具进攻性。一堂辅导课下来，队员们都受益匪浅，信心满满。

但是天有不测风云，这位辅导老师第二天就因急事去了外地出差，眼看比赛临近，等不起也耗不起的林逸章只能无奈地“临阵换师”，而且这一换又换了两次。三个辅导老师风格截然不同，或强调进攻，一往无前；或强调防守，见招拆招。一来二去，队员们纠结了，多少都有些无所适从，甚至开始质疑自己的风格是否正确，在辩词的准备过程中摇摆不定，自己和自己打架……

没有谁是永远的成功者。林逸章说：“有些时候失败会比成功获得更多。”成功或失败其实都只是一种表面，更重要的是这个过程能够丰富我们的人生，并从中汲取有益的经验。

（成瑛）

CHINA MSA

正　方：福建海事局

辩　题：评价青年职工应优先考量业务能力

反　方：海南海事局

辩　题：评价青年职工应优先考量道德水平

主　席：曾经听过这样一个比喻，说工作绩效像一个水桶，而职业道德是桶底，业务能力是桶壁，这个水桶能装多少水是由这两个因素共同决定的。那么在评价一个职工尤其是在成长期的青年职工，这两个因素到底谁起到优先考量的作用呢？一直是引发人们思考的问题，今天我们就此话题来引发大家的一场辩论，下面由我来介绍下比赛双方的阵容，在我右手边是正方福建海事局参赛队，请队员做一分钟自我介绍，有请。

施文韬：汉室江山德治为先，然而却王莽篡权、董卓横行。

崔　舰：赵室宋朝倡行仁义，然而却秦桧为相、岳母蒙尘。

袁小亮：洪武明朝八股取士，然而却宦官当朝、贤达悲惨。

王　文：纠结，道德与能力究竟谁主沉浮且看今日之辩论。

施文韬：正方一辩施文韬。

崔　舰：正方二辩崔舰。

袁小亮：正方三辩袁小亮。

王　文：正方四辩王文。

四人合：福建海事局代表队向大家问好！

主　席：在我左侧的是反方海南海事局代表队，请队员做自我介绍，总计时一分钟。

周　婕：我对白云说应优先考量业务能力，白云被清风带走了。

葛丽巧：我对落日说应优先考量业务能力，落日被黑夜带走了。

常　成：我在城市每个角落里写下了，应优先考量业务能力，我被城管带走了。

欧　刚：我深深的忏悔我错了，应该优先考量职业道德，我被真理送来了，海南海事局四辩欧刚。

常　成：反方三辩常成。

葛丽巧：反方二辩葛丽巧。

周　婕：反方一辩周婕，海南海事局代表队，

四人合：向大家问好！

主　席：谢谢各位队员。我们很期待在接下来这场比赛中双方队员的精彩表现。为保证比赛的顺利进行，我们现在还是来试听一下提示声音。（放提示音）请选手们注意比赛时间。

好的，本场比赛正式开始，下面进入立论阶段，有请正方一辩。

施文韬：人类全部文明的历史证明了“唯才是举”，“才”是评价专业人才的唯一科学的考量方式。

所谓业务能力，是一种专业能力；所谓职业道德，是指与职业相关的道德品质；所谓评价，其主要目的在于专业分工，选拔奖励；而所谓优先考量，是指评价青年职工优秀与否。业务能力与职业道德可以并举，但必须偏重考核衡量业务能力。

第一，从历史来看，不同文明的竞争从来都是科学技术和人才的竞争，而不是道德的竞争。十八世纪以后，西方社会凭借其人才济济的科技力量把中国这个道德的礼仪之邦打得体无完肤！铁铮铮的历史证明了在这个落后挨打的竞争世界之中“道德至上、仁者无敌”的梦想不过是天方夜谭

第二，从现实来看，当今不仅是一个竞争无处不在的时代，更是一个瞬息万变的时代。面对难以预料的迅速变化，唯有不断学习、不断提升业务能力，才能立于不败之地。管理学家彼得·圣吉提出了“学习型组织”的概念，当今世界已经进入了一个“学习型社会”时代。党中央不失时机地提出了建设“学习型政府”的战略，提出领导要不断学习提高创新能力、执政能力、管理能力、监督能力等能力，这是人才科学评价方式的大势所趋！

第三，从人力资源理论来看，社会分工要求根据一个人的业务专长而不是职业道德来分配岗位，才能扬长避短、才尽其用，这就是为什么招考公务员的时候要划分不同的岗位分别考试，这就是为什么我们大学教育要划分不同的专业而不是统一进行职业道德教育，这就是为什么对方要根据4位辩手的能力专长分配一辩、二辩、三辩、四辩的位置。

主席、评判、在座各位，钱钟书先生说：“上帝如果要惩罚人类，有时来一个荒年，有时来一场温疫或战争，有时就会产生一个伦理道德学家”。中世纪教会以违反道德的名义将布鲁诺烧死，封建中国以道德伦理压制科技人才。铁铮铮的事实向我们证明——让道德反客为主，成为衡量人才的主要标准，必将阻碍中国的发展！今天中国的崛起要靠创新人才，经济的发展要靠管理人才，社会的和谐要靠公务人才，而海事的监管要靠业务人才！谢谢！

主　席：感谢正方的精彩立论，现在有请反方进行开篇立论。

周　婕：尊敬的评委、观众朋友，大家好！

很高兴今天在这里为了促进海事系统的风清气正、社会的和谐发展与对方辩友共同探讨“评价青年职工应优先考量职业道德还是业务能力”的问题。

开宗明义，我们先来明确几个概念：职业道德是道德在职业行为中的反映，它既是职业对从业人员行为的要求，又是职业对社会的责任与义务，体现为爱岗敬业、诚实守信、服务群众、奉献社会等。而业务能力指熟知与掌握业务的能力。司马光曾说：“才者，德之资也；德者，才之帅也。”我方认为评价青年职工应优先考量职业道德，标准就在于其更有利于青年职工的健康成才，促进组织和社会的和谐发展。我方观点理由有三：

第一、从个人来看，职业道德是青年职工正确有效发挥业务能力的保障。

青年职工是组织发展的关键，社会发展的希望。他们思维活跃、勇于创新，具备一定的业务能力；但同时由于世界观、人生观、价值观尚未成熟，易受社会不良形象的影响。而职业道德恰恰能端正青年职工的职业态度，维护职业纪律，引导青年职工融入组织，使他们刻苦钻研、提高业务能力，精益求精、实现个人价值。

第二，从组织来看，优先考量职业道德更有利于组织的可持续发展。

职业道德可以转化为职工的内心信念，引导他们改善工作态度、提高服务水平，形成团结协作、诚实守信的良好氛围，增强组织的凝聚力，促进组织的可持续发展。

近年来，海事系统水上安全监督管理卓有成效，文明程度、社会影响力和公信度大幅提高，不正是部海事局着力构建以职业道德为主的海事核心价值体系，内强素质、外树形象的结果呀！

第三，从社会来看，优先考量职业道德对构建和谐社会至关重要。

当前我们正在建设和谐社会，职业道德要求青年爱岗敬业、奉献社会，促进组织诚实守信、热情服务。优先考量职业道德有利于调整职业利益关系，形成良好的社会风气，维护社会生产和生活秩序，从而推动国家可持续发展、社会和谐。我国开展的全国职业道德“双十佳”先进个人和先进单位的评选，目的就在于突出职业道德的导向作用，倡导组织加强职业道德建设，促进社会和谐发展。

我方认为在评价青年职工时职业道德和业务能力均应考量，但从更有利于促进青年职工健康成长、组织可持续发展和社会和谐的角度来看，我方坚定认为，评价青年职工，应优先考量职业道德。谢谢大家

主　席：下面有请正方二辩补充立论时间两分钟。

崔　舰：谢谢主席！对方辩友今天一再给我们举一些有才无德的极端例子，试问对方辩友，是不是所有的青年职工都是有才无德的呢？恰恰相反，当今社会绝大多数青年职

工都是既有一定的职业道德又有一定的业务能力，这也是我们今天辩题“优先”二字的一个含义。对方辩友试图用一些极端的事例就得出社会青年职工的普遍性结论，偷换概念，以偏概全！请对方辩友再次将辩题回到职业道德与业务能力共存的基础上，不要将二者割裂开来。

第二，对方辩友今天讲了一大堆考量青年职工要以德为先的道理，一味强调职业道德的重要性，如果职业道德真的那么重要的话，您又如何解释在18世纪以后，我们这些道德礼仪之邦，却被一些能力优先的强盗所蹂躏、瓜分，当今社会纷乱复杂、社会科学技术发展日新月异，作为当今社会的一份子，青年职工如果一味追求职业道德，不努力加强业务能力的学习，迟早要落后挨打，被社会淘汰。

第三，对方辩友没有充分理解职业道德考量的局限性，我方认为职业道德考量具有不可靠性，即不易操作性。所谓“路遥知马力，日久见人心”，职业道德的考量不是一朝一夕就可以完成的。而诸如道德考试这种道德考试速成法，并不能可靠地反应一个人真实的道德水平；相反，考量业务能力具有较强的操作性及可靠性。

我方认为，在当今社会中，社会的发展速度并不是仅靠职业道德就能赶得上的，竞争的激烈程度也不是靠职业道德就能够解决的；优化人力资源配置，唯才是举，人尽其才，才尽其用，才是社会发展的必然要求，所以我方认为评价青年职工应优先考量业务能力。谢谢！

主　席：让我们来看看反方二辩是怎么样反驳的。

葛丽巧：谢谢主席，评委，大家好！

非常感谢对方辩友的精彩陈述，但是我不得不指出对方辩友的几点不妥之处。

以偏概全，只看到业务能力对青年职工的促进作用，殊不知业务能力是一把双刃剑啊，正所谓“君子挟才以为善，小人挟才以为恶”。而我方一辩在立论中已经指出业务能力只有在职业道德的指引下才能发挥正确有效的作用。

逻辑错误，对方辩友说业务能力容易考量所以应该优先考量，优先的标准是谁更容易，那对方辩友是不是告诉我们在工作时也应该挑肥拣瘦，容易的工作优先做，重要、紧迫的任务却拖延推后呢？

下面我将进一步阐述我方观点：

第一，从本质上看，我方承认业务能力确实很重要，它是个人、组织生存发展的基本条件，但业务能力是一把双刃剑。而职业道德是一种积极进取、求真务实的工作态度，是我们开展一切工作的前提，为业务能力指引方向。只有端正了工作态度，我们的业务能力不断提高、精益求精，实现个人价值与社会价值的统一。倘若离开了这一前提，后果将不堪设想。亚洲金哨陆俊正是运用其高超的“业务能力”在众目睽睽之下徇私舞弊，不仅让自己锒铛入狱，更让已经声名狼藉的中国足球雪上加霜。

第二，从现实来看，现如今商业界的欺诈行为屡禁不止，学术界的抄袭之风愈演愈烈。2011年，我国质量信用白皮书指出，我国每年因失信造成的经济损失高达5855亿元。种种现象和数据都告诉我们职业道德缺失的隐患和职业道德建设的紧迫。因此我方坚定认为评价青年职工应优先考量职业道德。谢谢！

主　席：感谢反方二辩，刚才双方辩手都用流畅、锋利的语言向大家展示了他们的本方观点，下面我们将进入一个更为激烈的环节——一对一攻辩环节。一对一攻辩的规则我想再重申一下，攻辩双方每轮总计时是1分30秒，攻方只能提问，用时为10秒以内，辩方只能回答，用时是20秒以内。现在有请正方三辩选择反方三辩进行一对一攻辩，现在有请。

袁小亮：谢谢主席，有请三辩！请问对方辩友，清朝科举的时候考的是《天工开物》的科技著作呢，还是《四书》、《五经》这类的道德文章？

常　成：科举制度是两种都要考啊，就像清朝时候，闭关锁国、不思发展、不体谅民间疾苦，那是因为那些皇帝、大臣没有遵守他们的职业道德，才导致清朝的没落，最后在18世纪末被西方的列强侵略。

袁小亮：好，这样的科举举得出诗人与政客，却举不出达尔文和瓦特；没有了进化论和蒸汽机，又凭什么去抵挡帝国主义的坚船利炮呢？

常　成：刚才我已经强调了，正是因为当时清朝政府的闭关锁国，使当时科举选拔出来的人才不思进取，一味地局限于我们这些小圈子里，而没有看到世界的发展、人类的发展。这正是他们……（回答时间到）。

袁小亮：这种以道德为主要内容的考量评价体系将中国引向何方？是挺立于世界还是被列强所瓜分？

常　成：正如我们胡锦涛总书记所说，我们选人、用人要德才兼备、以德为先，我们更要以德治国，所以我们的道德必将使中国走向繁荣、走向昌盛啊！

袁小亮：请问对方辩友，如何解释清朝龚自珍那句“我劝天公重抖擞，不拘一格降人才”？

常　成：就这是要提高那些皇帝和大臣的职业道德啊！

主　席：下面有请反方三辩选择正方三辩进行一对一的攻辩。有请。

常　成：请问对方辩友，对方辩友很喜欢谈战争，我就想请问对方辩友，共产党是如何用“小米加步枪”打败了国民党反动派的机枪大炮呢？

袁小亮：我可以告诉在座各位，共产党之所以取得胜利是因为他们选择了科学的马克思主义。针对资本主义或者是半封建、半殖民化的中国，马克思主义是科学的。科学是什么？科学就是第一生产力。

常　成：对方辩友也承认，我们遵守的是马克思主义啊，请问对方辩友，你们一直在说“唯才是举”，那么又将如何理解胡锦涛总书记提出的“德才并举、以德为先”呢？

袁小亮：在不同时期，人才发展战略更有不同。在建国时候，毛主席说过我们需要大量人才、科学家；改革开放时候，说过科技是第一生产力，要不断的解放生产力、发展生产力；当今社会第一要务是发展。请问推动发展的不正是社会生产力的提高吗？

常　成：请问对方辩友，我们海事人用的誓词又是什么呢？

袁小亮：请对方告诉我。（观众——掌声、笑声）

常　成：告诉你，我们首先要强调忠于祖国、服务人民，这是为什么呢？

袁小亮：我可以告诉大家，或许我的确说不出海事的誓词，但是我心中有祖国，我说不到并不代表我做不到，正因为我能做到这一点，才使我今天能够站到这里。

常　成：难道不正是爱岗敬业的职业道德，才促使苏贵聪同志坚守航标灯塔34年吗？

袁小亮：我认为对方辩友对灯塔工作的认识有偏颇，灯塔孤悬于海外，守塔人需要怎样的判断力与忍耐力才能完成工作？

主　席：谢谢双方辩手。比赛场上的火药味顿时上来啦，下面我们将进入到自由辩论的环节。每方有5分钟的辩论时间，正反方是自由轮流发言，当一方入座后，另一方便可发言；如果一方时间已经用尽，另一方可以选择继续发言或放弃发言。

常　成：对方辩友，16个类别啊，到底哪个更高？哪个更低呢？我们职业道德是不是可以更好地来区别这16个类别哪个更有利于发展呢？请问对方辩友，中国青年裁判陆俊32岁就成为世界级裁判，先后执法世界杯、奥运会，我们要不要向他学习呢？

袁小亮：对方辩友，前半期的陆俊是一个业务能力出色的陆俊，大家称赞他；后半期的陆俊道德败坏。请对方辩友再回答我们的问题，为什么A类的PSC检查官可以签署PSC报告，为什么B类的却不可以，难道是A类的职业道德会更高吗？

葛丽巧：对方辩友，是要根据业务能力来分配业务岗位！但是你们却忽略了，是职业道德促使职工要自觉摆正自己位置，让个人利益服从组织利益，才使组织可以实现可持续的发展啊。我想请问对方辩友，北大毕业的“范跑跑”既能教历史、政治，又能教英语、语文，但是他却被学校解雇了，您能解释吗？

王　文：他的那些工作能力只是他的基本业务能力，我们在这里说的是在考量的时候，是考虑更加优秀的业务能力还是更加优秀的职业道德。看来对方辩友也认为A、B之分不是道德之分。下面我想问对方辩友，在世界海事大学入学的时候，为什么要优先考量他的英语能力呢？

周　婕：对方辩友，我们从来没有否认业务能力的重要，但是我们要强调职业道德是一个人正确、有效发挥其业务能力的保障。对方辩友刚才提出，我想请问对一个刚刚考入海事系统的职工，却因为在试用期收取“好处费”被开除海事系统这种现象，您如何解释呢？

袁小亮：对方辩友跟我们谈到了“道德补齐论”，根据马克思主义政治哲学，社会存在决定社会意识，经济基础决定上层建筑。我们通常说“仓廪足、知廉耻”，试问如果没有社会生产力提高，你们如何保证道德，道德又从何而来，道德将去何方呢？

常　成：职业道德能够指引员工自觉摆正位置，服从组织安排，更有利于组织的发展啊！这难道不是职业道德更应该优先考量的原因吗？请问对方辩友，4月11日发布的中国质量体系白皮书指出，我国每年因为道德缺失而损失5855亿元人民币，其中因制假、造假、产品质量问题损失高达200多亿元，请问对方辩友，如何解释？

王　文：我们相信监管业务能力如果足够的话，这些行为也不会出现了！我想说的是，为什么今天对方辩友要把我们的辩题与今日社会的特征分开呢？今日的社会是个知识飞速更新的时代，如果今天不把自己的业务能力不断提高的话，我相信最后被带走的是那些业务能力不足的人，而不是对方辩友所说的白云、清风啊！

欧　刚：对方辩友刚刚说到，我们将职业道德和业务能力割裂开来，我方一辩陈词并没有割裂开来，而是详细地描述了他们之间的关系，对方辩友强行给我们这个帽子，我们实在是戴不起啊！那我就想请问对方辩友了，您评价今天辩题的标准又是什么呢？

施文韬：对方辩友既然说你们承认业务能力重要，那么为什么您方三辩说“在你们业务能力重要的时候，我们职业道德可以引领方向啊。”请问这个（不）互相矛盾吗？再有，对方辩友我请问，我们能成为IMO A类理事国，是因为我们道德突出呢，还是因为我们海事业务实力在不断地增强呢？

周　婕：对方辩友，我方一直在陈述，请千万不要把职业道德与业务能力割裂开来，我们说两者都重要，而且对方辩友也提出了职业道德对其有引导作用。刚才对方辩友指出，现在是一个知识更新的时代，那么我想请问对方辩友，现在深圳某医院有一个医学博士、副主任医师，但是却伙同黑社会研发冰毒，我想请问对方辩友，对这种现象您又如何解释呢？

崔　舰：我觉得副主任医师没有高超的医学技能的话，他也不可能跟别人去伙同冰毒，对吗？

葛丽巧：原来对方辩友在鼓励大家，要向医学博士学习做冰毒啊！那么我想请问对方辩友，据中国消费者协会统计，医疗纠纷有80%以上不是医疗技术的问题而是职业道德的问题，对方辩友作何解释？

施文韬：我们的对方辩友非要把我方立论往没有道德方向去考虑，试问要是这个医生没有业务能力做冰毒，即使是犯罪也不会去请他。那么我第三次请问对方辩友，作为IMO的A类领事国，到底是因为我们道德好还是我们实力雄厚？

常　成：是因为我们道德和实力都很好！（观众——笑声）请问对方辩友，如何理解李素丽同志所说的“公交车是有终点的，为人民服务是没有终点”的呢？

王　文：请问对方辩友，你们认为评价的根本目是什么？评价的根本目的不是为了实现人力资源的合理分配的话，那李素丽是不是还应该被迫去学习开高铁呢？

欧　刚：我方认为，评价青年职工的最终目的是促进青年职工、组织、社会的可持续发展。那么请问对方辩友，陈爱平局长提出的对于“吃、拿、卡、要”损害行政相对人利益的行为，我们要采取“零容忍”的措施，对方辩友如何解释呢？

袁小亮：对方辩友说到“零容忍”，那说的非常好。请问，您说指导青年职工是要靠自觉，恰恰我是一个不自觉的人，也可以说道德约束不了；道德的重建也不能依靠道德，只能依靠制度的完善和上级部门的监管。请对方辩友向我解释一下，如果我不道德了，用道德如何约束我？

欧　刚：如果你不道德了，那我们只能用制度规章来约束您，因为制度规章是我们道德的底线，绝对的底线。

崔　舰：对方辩友已经承认了，道德的规约作用并不是那么强大。我再问对方辩友一个问题，如果一个人想偷懒，但是单位的监管很严格，偷懒就会被抓甚至被开除，那么这个人作为有理性的人，他还会偷懒吗？

常　成：对方辩友，法律、规章是事后的惩戒，而道德是事先的预防，为什么对方只求治标而不求治本呢？

王　文：对方辩友说，您的标准是促进青年职工的健康成长，而我方标准是推动社会的快速高效发展，我感觉我方标准更加高于对方标准啊！我想问对方辩友的是，我们与国际接轨，到底是道德接轨还是业务能力接轨呢？

常　成：发展是全面、协调、可持续的发展，而优先考量职业道德正是科学发展观的内在要求！请问对方辩友，掏粪工人时传祥是因为他业务能力最好才成为全国劳模的吗？

袁小亮：那我告诉对方辩友，科学发展的核心要务是发展。再问对方辩友一个问题，为什么海事的“十二五”规划中通篇讲的是人才的构成、人才的培养，却很少提及到职业道德呢？

周　婕：对方辩友，我们现在所说的人才是德才兼备的人才，胡锦涛总书记说“德才兼备、以德为先”。我想请问对方辩友，如何理解“君子挟才以为善，小人挟才以为恶”呢？

崔　舰：对方辩友没有理解到我方今天是在职业道德与业务能力并存的基础上，小人也好，君子也好，都是有才无德、有德无才的极端情况，我们不予讨论。对方辩友，您刚才说到道德是治本，我们业务能力是治标，那我想问对方辩友，道德是怎么样来治本，你以什么来考量呢？

常　成：我从来没有说过道德治本、业务能力治标，我方承认的是法律是事后的惩戒，道德是事前的预防，法律是治标，道德是治本啊，对方辩友也请听清题啊！

施文韬：按照对方辩友的意思是说，道德可以治本，那么考入海南海事局是一年的道德还是两年的道德可以去呢？

欧　刚：恐怕对方辩友考入公务员的时候，第一条您同意的是什么呢？那就是职业道德的要求啊。那么请问对方辩友，对高分考入海事系统却在录用期内被辞退的现象是如何看待呢？难道不是因为他收取“好处费”被辞退的吗？

袁小亮：我告诉对方辩友，对方辩友说“把职业道德考量作为一个青年进入海事职业的第一门槛”是存在内在逻辑错误的，因为职业道德考量需要一个长期的过程，相反业务考量直接可见，正所谓“没有英语四、六级，就报考不了海事局”。

欧　刚：对方辩友看到了你们的业务能力，却忽视了我们的职业道德，对于职工因为收取“好处”被开除的现象，请问您如何看待呢？

王　文：对方辩友举得的都是些没有道德的例子，我现在来举个例子，某部分职业道德优秀的老员工无法适应无纸化办公的新时代，怎么看待呢？

周　婕：对方辩友，我们说职业道德和业务能力都是可以考量的。如果说职业道德不能考量，那么我们今天辩论的意义又何在呢？而且我想请问对方辩友，业务能力的考量就是这么真的科学可靠吗？那么现在的学术造假又如何解释？

袁小亮：刚才对方二辩已经明确强调了道德的不易考量性，试问一个连基本操作都无法保证的考量体系又如何去执行，又如何保证他的公正性和科学性呢？

葛丽巧：对方说的业务能力考量的客观性是建立在每个考量主体的职业道德都是很高尚的基础上，可是“理想很丰满，现实很骨感”，您怎么解释学术造假、数据造假？

袁小亮：今天这些造假统统都被发现了！为什么？因为我们的监管体系完善、强大、无微不入！相反，对方辩友只强调道德建设而忽略了制度建设，没有相应能力的发展，又如何表现出社会的进步？

常　成：谢谢对方辩友，正是因为我们有了很多的、强大的、有高尚道德的监管人员才使我们的监管更加有力度啊！请问对方辩友，为什么海事核心价值体系要着重强调道德呢？

袁小亮：那我告诉对方辩友，海事最核心的工作是“让航行更安全，让海洋更清洁”。

葛丽巧：正是有了职业道德的保证，才能让海洋更清洁……（反方时间到）

施文韬：是什么让海事青年脱颖而出，是业务能力！

崔　舰：是什么让海事系统快速发展，是业务能力！

袁小亮：是什么让航运市场兴兴向荣，是业务能力！

王　文：是什么让伟大祖国复兴昌盛，还是业务能力！

主　席：感谢双方选手的精彩表现，下面有请双方的四辩对本方的观点进行一个归纳总结。

首先，有请反方四辩对本方观点做总结陈词，有请，时间为3分钟。

欧　刚：谢谢主席、各位评委、观众朋友们，大家好！

对方辩友用了一系列华丽的语言来夸大业务能力的作用，为我们描绘了一幅业务能力无所不能的愿景，有那么几秒钟我甚至陶醉在这美好的童话里，然而我们生活之处并非乌托邦。纵观整场辩论，对方辩友犯了以下几点错误：

第一，立场偏僻。对方辩友只看到了业务能力的优点，但是殊不知业务能力是一把双刃剑。根据我方立论第一点，业务能力的有效发挥需要职业道德的正确引导。

第二，对方辩友主观割裂了业务能力与职业道德之间的联系。我方认为在评价青年职工时，二者均应计入考量。但从更有利于青年职工、组织以及社会的可持续发展来看，应优先考量职业道德。山穷水尽之时，便是柳暗花明之处。现在回到我方观点，评价青年职工应优先考量职业道德。原因有三：

第一，优先考量职业道德更有利于青年职工的健康成长。海事青年正处于人生观、世界观、价值观形成的重要时期，面对着比一般行业更为艰苦的工作环境，更为巨大的工作压力。所以，只有凡事坚持以职业道德为优先考量，才能使我们在面临困难时依然坚守岗位，才能使我们在面对诱惑时依然保持清正廉洁。

第二，优先考量职业道德更有利于组织的可持续发展。组织是由诸多个体构成的。所谓“千里之堤，溃于蚁穴”。面对全国水上交通安全监管重任，我们身上的责任重大啊！怎样摒弃不正之风的影响，怎样抵制利益的诱惑？许如清书记在多个场合多次为我们做出了回答：要着力构建以职业道德为重要内容的海事核心价值体系啊！只有坚持以职业道德为优先考量，才能不辱我们海事的光荣使命，才能不断推进海事事业科学发展。

第三，优先考量职业道德更有利于和谐社会的建设。和谐社会不仅是法治健全的社会，更是道德崇高的社会。改革开放新时期，针对我国出现的一系列不和谐现象，胡锦涛总书记提出了以“八荣八耻”为主要内容的社会主义荣辱观。而优先考量职业道德正顺应了这一时代潮流，能更好地促进和谐社会的建设，更好地实现为人民服务的宗旨。

今天，我们站在这里，不仅仅是为了胜利而辩，也是为了300万平方公里海洋上的海事青年而辩，更是为了树立“德才兼备，以德为先”的人生标尺，推动海事事业的科学发展而辩，这是我们评判优先与否的全部标准和根本目标，那些游离于真相之外的而又似是而非的观点在这对比之下只会黯然失色。综上所述，我方坚定认为，评价青年职工应优先考量职业道德。

谢谢大家。

主　席：谢谢！现在有请正方四辩做总结陈词。

王　文：评判、在座各位，对方辩友说青年职工一进入海事就有一些犯罪的现象，而对方辩友又说青年职工在进入海事之前优先考察的是道德，这样的矛盾不正好说明了我们的道德评价是不可靠、不易操作的吗？

对方辩友又说今天是和谐社会，我们要大力发展道德，但是我们的和谐社会是哪里来的？难道不是靠我们的优秀政治家的业务能力保障而来的吗？

今天对方辩友洋洋洒洒大谈仁义道德，但整个乌托邦之幻想却是建立在几大错误之上：

第一错：完全放弃考虑评价体系的根本目的。评价体系的根本目的就是为了考评、奖惩、提拔青年职工，简而言之就是为了实现人力资源的优化。如果不以业务能力为优先考量，体育总局中四十年如一日勤恳奉献的扫地老伯能当局长吗？真诚微笑、待人友善的模范空姐能开飞机？全国劳模李素丽能够去开高铁吗？这样的分配合理吗？这样的社会还能正常运作吗？

第二错：完全放弃考虑当代青年所处的社会环境，当今社会是一个信息爆炸、知识飞速更新的社会。对方辩友一直回避回答部分职业道德优秀的老员工为什么无法适应突如其来的无纸化办公的新时代，这不正说明了业务能力才是适应社会发展的根本需求嘛？

第三错：完全无视职业道德评价的不可靠性、不易操作性。今天对方辩友一再歪曲我方立论，我们今天绝不是说因为职业道德难以考量就不要考量。同样是考试复习资料，一份是对方四辩给我的，一份是我的导师提供的，在复习时我难道不优先复习更加可信、更加客观准确的官方资料吗？

第四错：对方辩友对于人自我规约的理解过于狭隘。对方辩友说“小人挟才以为恶”，但是对方辩友没有考虑到人是一种社会动物，除了发自内心的道德感对自我的主动规约，我们必然还要被自己的个人利益以及自己所担负的家庭责任、社会责任所规约。一个人也许并不喜欢自己的工作、自己的同事，根本谈不上爱岗敬业的职业道德，但他也深深地明白自己的工作来之不易，不能够轻易放弃。这样的规约，对方辩友为什么就不考虑呢？

评判、在座各位，人力资源的合理分配是评价的根本目的，学习型社会也已经是历史发展的必然，对职业道德的客观评价也只是对方辩友的一厢情愿。“唯才是举，人尽其才”的理念必然会成为推动社会发展的原动力，唱响人类进步的主旋律。

主　席：谢谢双方的精彩表现，下面有请评委团进行评审，大家稍作休息，比赛结果稍后揭晓。

主　席：经过评委评定，本场比赛的获胜队伍为正方福建海事局代表队，让我们以热烈掌声表示祝贺，同样感谢反方海南海事局代表队。本场比赛的优秀辩手为反方一辩周婕，让我们也为她表示祝贺。

串场的准新郎

说起辩论赛，海南海事局的辩论队员们异口同声地说：要说我们这个队最后能确定下来，真不容易。队员们所说的不容易内容很丰富，有人专门从集训的大连赶回来，这是路途遥远的不容易，也有人专门从婚纱照拍摄现场跑回来，这是身兼多职的不容易。这个当时的准新郎叫常成，海南海事局辩论队的幸福三辩。

辩论队集训开始的时候正值常成筹备婚礼拍摄婚纱照的阶段，各种繁琐的事情都需要常成去协调。拍婚纱照重要，比赛也重要。怎么办？常成和未婚妻商量后，把原定的婚纱照拍摄时间一再更改。“我也不知道什么时候有空，那段时间，时间都不是自己的。”常成说。

一次，终于有半天时间空下来可以拍照了，常成刚到拍摄现场就接到了电话，海南海事局辩论队的领队突然有了灵感，马上要开会讨论，需要紧急赶回去。常成赶紧匆匆收拾，抛下未婚妻，西装革履赶回去讨论。未婚妻开玩笑地说：“你这个准新郎就是来串场的，辩论赛才是你的主业。”

（陈桂娟）

CHINA MSA

南方片区

第二轮第一场

正　方：上海市地方海事局

辩　题：工作中，合作比竞争更能促进发展

反　方：湖北省地方海事局

辩　题：工作中，竞争比合作更能促进发展

主　席：各位领导、各位嘉宾、观众朋友们，大家下午好！这里"青春杯"海事青年辩论赛南方赛区第二轮第一场的比赛现场，我是本场主席眭贞燕。本次辩题是"在工作中，究竟是竞争还是合作更能促进发展"。我想下过跳棋的人都知道，6个人互相为竞争对手，都很想把自己的6个玻璃球放到预定的位置，但是如果只讲究合作不讲究竞争，那么你只一味地为别人铺路最终不能取胜；但是如果你只讲究竞争而不讲究合作的话，最终你也不能取胜。由此可见，我们的竞争与合作是相辅相成的，是缺一不可的，下棋是这样，在生活中同样是这样，所以今天这个辩题啊，具有时代意义和现实意义。本次辩题的正方为上海地方海事局，请队员们做自我介绍。时间为一分钟，有请。

（上海地方海事局队员依次起立）

沈　佳：如果你们想跟我们比高，我们有二辩。

姜　皓：如果你们想跟我们比胖，我们有三辩。

顾佳晶：如果你们想跟我们比帅，我们有四辩。

李　蒙：如果你们想跟我们比美，我们有一辩。

沈　佳：如果你们想跟我们比实力，我们有——

三人合：团队！

沈　佳：因此我们坚信在精诚合作面前——

三人合：什么竞争都是浮云！

沈　佳：上海市地方海事局沈佳，

姜　皓：姜皓，

顾佳晶：顾佳晶，

李　蒙：李蒙，向大家——

四人合：问好！

主　席：好的，谢谢各位队员，请坐。坐在我左侧的是反方湖北省地方海事局，有请队员们做自我介绍。总计时间一分钟。

（湖北省地方海事局队员依次起立）

吴　优：谢谢主席，大家好，反方一辩湖北省地方海事局吴优。

李东艳：二辩湖北省地方海事局李东艳。

杨　娴：三辩湖北省地方海事局杨娴。

万平原：四辩湖北省地方海事局万平原，湖北省地方海事局向大家问好！

主　席：谢谢各位队员们，为了保证比赛的顺利进行，我们下面试听比赛提示声音，有请工作人员。（放提示音）

请各位队员在比赛中认真聆听。好的，现在我们双方队员已经严阵以待，我们的比赛正式开始，首先有请正方一辩进行开篇立论。

沈　佳：谢谢主席！评委，大家好！

发展是当今时代的主题。工作中，合作与竞争都能促进发展。那么，谁更能促进发展呢？没有规矩，不成方圆。比较合作与竞争谁更能促进发展，我方认为主要要考量以下三个标准：一、谁更符合科学发展观的要求；二、谁更符合时代的要求；三、谁更有助于取得发展中的重大突破，解决发展中的重大问题。那么，到底合作与竞争哪个更符合上述标准呢？让我们共同思考。

第一，谁更符合科学发展观的要求。我们都知道科学发展观的根本方法是统筹兼顾。那么，合作与竞争谁更符合这一根本方法呢？竞争中，竞争者都是为了胜出，两虎相争、必有一伤，无法统筹、更难兼顾，显然不符合这一根本方法。再看合作，合作者出于共同的目标，团结在一起，统筹各方资源，兼顾彼此利益，携手迈向胜利，达到双赢甚至多赢的效果，符合科学发展观统筹兼顾的根本方法。正因为此，海事系统"十二五"规划才明确提出：水网与非水网地区、直属与地方、沿海与内河，要统筹兼顾、优势互补，建立长效交流合作机制。

第二，谁更符合时代的要求。经历了三次社会化大分工，人类迈入了社会化大生产时代。社会化大生产的基本特征就是分工合作。大到单位之间，小到个人之间，想要做到分工协作，无疑需要彼此合作。可见，合作比竞争更符合社会化大生产的时代要求。在这方面，湖北海事无疑为我们做出了典范。2009年6月23日，湖北与安徽两省在合肥签订了港航海事工作交流与合作协议，建立了港航海事协调合作机制。在这里，我不禁想号召大家共同学习湖北与安徽两省的合作精神，也希望对方一辩稍后能与我们共同分享这一宝贵的合作经验。

再来看第三个标准，谁更有助于取得发展中的重大突破，解决发展中的重大问题。海事"十二五"规划中这样总结"十一五"期间的工作：各部门顾全大局、团结协作，在南方雨雪冰冻灾害、汶川大地震、北京奥运会、上海世博会、广州亚运会期间做出了重要贡献。这无疑为我们揭示了一个事实：合作更能集中力量办大事！毛主席说：团结就是力量。俗话也说：兄弟齐心、其利断金。可见，合作更有助于凝聚力量，在发展中攻坚克难！

综上所述，合作更符合促进发展的三个标准，是促进发展的主要矛盾。因此，我方认为，工作中合作比竞争更能促进发展！

主　席：现在有请反方进行立论。时间为三分钟。

吴　优：谢谢主席，大家好！对方辩友对于合作重要性的阐述固然精彩，但有两点不得不问：其一，您方的合作从哪里来又到哪里去，最终是不是要复归于竞争才能促进发展呢？其二，您方片面我们竞争的概念，是不是偷换了辩题，变成了消极竞争与合作的比较呢？

其实，今天的讨论有一个前提，那就是承认竞争与合作均是促进发展的途径，关键就在于何者在发展外部环境的优化、内在核心的推动、主体能动性的发挥上起到根本性、决定性的作用。

基于此，我方认为，工作中竞争比合作更能促进发展。理由有三：

第一，发展离不开外部环境，竞争的外部环境比合作更能促进发展。众所周知，个人处于不进则退的社会之中，单位处于你追我赶的比拼之中，国家处于落后挨打的定律之中。事实更是一再向我们表明，抛弃竞争的人终将被竞争所抛弃。我们不防扪心自问，不是今天激烈的竞争环境，又是什么在推动着我们海事事业突发猛进、破浪前行？

第二，发展的关键在于创新，竞争比合作更能激发创新、促进发展。发展不是简单的推进，而是质的飞跃与提升。创新，从来没有在合作的温床里自然诞生，它们无一例外不是竞争催生的结果。正是创先争优的竞争意识，驱动我们海事人在激烈的博弈中推陈出新，革故鼎新。正如伟人列宁所言：竞争在相当广阔的范围内，培植进取心和大胆首创精神。离开了竞争与创新，发展也便丧失了灵魂。

第三，发展终究取决于主体能动性，竞争比合作更能催人奋进，更能促其发展。不管是要实现全面协调可持续的发展，还是要推动更好更快的发展，归根结底离不开人的主观能动性。社会学告诉我们，人是理性而自觉的动物，更是惰性而被动的动物。主观能动性的发挥受限于外力的压迫。合作只能形成合力，唯有竞争催人前行！

离开竞争的合作是没有动源的合作，不讲竞争的合作是不顾实力的合作，脱离了动源与实力的合作，其实质只能是也必定是合而不作。面对日益加速变化的工作环境，除了勇于竞争，我们别无选择！

综上所述，我方坚信，工作中竞争比合作更能促进发展。谢谢！

主　席：谢谢反方一辩！下面有请正方二辩补充立论，时间为两分钟。

姜　皓：谢谢主席，大家好！首先请允许我指出对方辩友发言中的几点问题：

一、对方辩友今天和我们谈论发展，却始终没能用发展的眼光来看待发展，对于发展的理解也仅仅停留在表面，试问您将要促进怎样的发展呢？

二、对方辩友还说竞争能够激发人的主观能动性，因而就产生了前进的动力。那么我想请问，那些生产三聚氰胺、人工鸡蛋、染色馒头的企业同样具备主观能动性啊，但是这又促进了谁的发展呢？

竞争是把双刃剑，没有合作这只有力的手，很有可能将会伤到自己。几年前，上海浦江游览市场由于游览公司间竞相争利，发生过黄牛拉客、违法倒票、公司宰客等现象，不但扰乱了市场秩序，还造成了大量人力、物力的浪费。然而我们上海市地方海事局通过与公安、城管等多个部门的通力配合，对市场进行了综合整治，促使了企业间的合作，不但优化了资源配置，还实现了多方的共赢。

合作的力量是巨大的，在整体中占据着主导地位。湖北省交通厅马立军副厅长在总结湖北“十一五”水运发展成绩时，将成绩归功于省委省政府的正确领导与干部职工的团结合作。胡锦涛书记在刚闭幕的金砖五国会议中，大谈能源合作、经济合作、贸易合作、金融合作、卫生合作、环境合作、科技合作、地区事务合作等16种合作，表达了中国坚持和平发展，共建和谐亚洲的心声。

综上，我方认为，工作中合作比竞争更能促进发展。谢谢！

主　席：谢谢！有请反方二辩进行补充立论。

李东艳：谢谢主席，大家好！对方辩友试图泛化合作的重要性，弱化甚至丑化竞争的合理性从而强调合作的意义，问题是从合作重要就直接能导出合作比竞争更能促进发展吗？发展是事物间矛盾不断解决的过程，要讨论发展就离不开制约发展的诸多矛盾。

我方一辩已经从外部环境塑造、内在创新激发、主体能动性有效调度的三个层面论述了我方观点。下面，我将通过对竞争与合作在解决发展三大核心矛盾的比较中进一步论证。

第一，竞争比合作更能解决丰富的人力资源和有限的机会之间的矛盾。机会永远只给有准备能力的人，这些人就是有竞争意识和竞争能力的人。今年公务员招考最热岗位报考比例高达5000：1。这个1，可不是合作出来的呀！在注定竞争的年代，唯有竞争才能突破，唯有超越才能发展。

第二，竞争比合作更能解决稀缺的资源与不断扩大的需求之间的矛盾。资源的有限性已经越来越成为制约发展关键要素，对有限的资源进行合理配置是促进发展重要前提。合作只能对资源实现简单共享，竞争才能使资源得以最优配置。港航海事建设中，资金有限、项目众多，唯有竞争才能人尽其用，唯有竞争才能物尽其用。

第三，竞争比合作更能解决不断向上的发展要求与平台制约之间的矛盾。无论是个人、单位、行业，发展到一定阶段必然遭到平台制约。面对这种制约，合作只能形成合力，竞争才能突破瓶颈。唯有创新才能把握核心，唯有竞争才能突破发展，在一定的高度就难以突破，这就是平台制约。综上所述，我方坚信，在工作中竞争更能促进发展。谢谢！

主　席：在刚才的一轮辩论中，双方的观点都已经非常鲜明了。正方看中的是合作，而反方看中的是竞争，那么谁更有说服力呢？我们接着往下看。下面一个环节是一对一攻辩环节，每轮攻辩总计时是1分30秒，攻方只能提问，用时为10秒以内；辩方只能回答，用时是20秒以内。现在有请正方三辩选择反方三遍进行一对一攻辩，有请。

顾佳晶：谢谢主席！首先我想请教一个常识性的问题，我国的政党制度是什么？

杨　娴：我国的政党制度虽然有合作，但是以共产党为领导，共产党是有竞争力的。虽然我们没有排除合作，但是最终的结果是双方都有竞争力啊。我们还是要看到，竞争才是主流啊。

顾佳晶：对方的选手只要正面回答我的问题就行了，我国政党制度是共产党领导下的多党合作制。那么再请问能否说出日、美、西欧任意一国的政党制度呢？

杨　娴：对方显然是有备而来，但是我们要看到合作只是一个表面，实质还是一个竞争的问题，而且对方辩友这不是一个简单的合作的问题，我们要看到多方面，如政治、经济各方面的影响啊，这个不能说明它只是单纯的合作吧？

顾佳晶：对方的老问题又来了，他没有正面回答我的问题，其实很简单嘛！日、美、西欧，有的是使用的两党竞争制度，有的是使用多党合作制，那么按照对方观点，我党今天为什么……

杨　娴：我党的确是合作，我们中国共产党可是在历史长河中竞争得来的啊。脱离了竞争的合作，只能是合而不做啊。对方辩友，我们要看到主流还是竞争，社会的发展是竞争啊，我们中国共产党也是因为她有竞争力才能取得国家的政权啊！

顾佳晶：请问对方辩友，结合我国发展实际，是否应该把我国多党合作制改为多党竞争制？请正面回答！

杨　娴：多党合作制不等与多党竞争制，但是我们没有否认合作的重要性，而是竞争更能促进发展。（第一轮攻辩时间到）

主　席：请停止回答。

杨　娴：谢谢！

主　席：下面有请反方三辩选择正方三辩做一对一攻辩。

杨　娴：谢谢主席，有请对方辩友。我方二辩提出了三对矛盾，显然您方都没有能够正面解答，再请问您方为什么要合作，合作之后是不是要去同其他对象竞争呢？

顾佳晶：这正是对方今天立论的一个误区所在，对方将外部环境独立出来。看看今天的辩题我们说的是什么，我们说的是工作中，我们没有说工作之外啊，所以对方立论点就出现问题，提出这个问题只能是错上加错啊！

杨　娴：对方辩友再怎么绕，也不能否认我们合作终究还是与其他对象做斗争嘛。请问您方挑选合作对象有哪些标准呢？

顾佳晶：我方领导跟我说竞争上岗是个形式，大家不要伤了和气，工作中团结合作才是第一位的，我就不知道贵局是怎么说的，难道贵局说的是大家要拼破头、挣破头、你死我活才能激发我局单位的活力吗？

杨　娴：对方辩友没有正面回答我的问题，对方解释很多，但是标准只有一条，那就是选择有竞争力的合作伙伴啊！请问创先争优事例告诉我们“先”和“优”来自“创”和“争”，为什么不是合作呢？

顾佳晶：对方辩友，我想问一句了，难道不争不比，您就不“优”不“先”了吗？事实上我们说竞争力也好、实力也好，到底是从何而来呢？难道是竞争争出来吗？竞争只是体现出了这个实力，但是竞争实际没有产生这个实力啊，我们认为合作更多地产生了这个实力。（回答时间到）

杨　娴：只有你比我、我比你，才能在竞争中脱颖而出啊！请问我国公务员领导干部竞争上岗这种促进公务员队伍发展的方式有何不妥呢？

顾佳晶：这个问题跟上个问题实际上是一样的啊！

主　席：下面我们将进入到最为激烈及精彩的自由辩论环节，每方各有五分钟的发言时间，双方轮流轮流发言，一方时间已经用尽，另一方可以选择继续发言或放弃发言。首先有请正方。

姜　皓：你我双方都在讨论“发展”，请问对方辩友究竟要促进什么样的发展呢？

万平原：我们要促进科学的发展。要谈发展就先谈谈发展的内涵，发展的本质是新事物代替旧事物。请问对方辩友，靠的是竞争还是合作呢？

沈　佳：感谢对方辩友支持我方观点，确实要促进发展就是科学发展，当然就要符合科学发展观啦。

杨　娴：新的代替旧的，难道还不是竞争，难道是旧的主动合作吗？请问对方辩友，发展是物质向前、上升的进步运动，靠的是竞争还是合作？

顾佳晶：对方辩友，新事物代替旧事物是竞争吗？我告诉你，新事物代替旧事物绝对不是竞争。为什么？如果旧事物与新事物竞争的话，旧的细胞不死亡，就会产生癌症，癌症就是这么来的，因为旧细胞死不了啊！

李东艳：没有新旧交替的过程，谈什么发展呢？发展是事物由小到大、由简到繁、由低级到高级的过程，靠的是竞争还是合作？

李　蒙：对方辩友，你只说了一个发展的定义，那我们说科学发展，什么叫科学发展观？您告诉大家吧！

吴　优：科学发展观就是全面协调可持续的发展，全面就是百花争艳，协调就是你追我赶，可持续就是通过竞争不断向前。请问发展的本质运动过程无一体现着竞争，您方如何解释？

李　蒙：对方也说了，科学发展观要求我们全面发展，而“二虎相争，必有一伤”，如何全面呢？

万平原：对方辩友难道是否定竞争吗？竞争就等同于二虎相争吗？

沈　佳：对方辩友，我们从来没有否定竞争的必要性，我们今天要谈的是哪一方更能促进发展，对方辩友请不要偏题啊！

杨　娴：对方辩友对发展及其核心无可否认，我们再来看看发展的外部环境好啦，没有“四比”活动激烈竞争，就没有六破记录的“振超精神”，为什么？

李　蒙：对方辩友，我什么时候没有否认，我一直在否认你们啊！你也说二虎相争不一定必有一伤，那么他们俩是什么呢？难道是一起结亲家吗？

李东艳：“二虎相争，必有一伤”，那么请问两方队伍如果输了的就是“伤”了吗？没有本次大赛的激烈角逐，就没有本次比赛的精彩竞技，为什么？

沈　佳：那么请问，QQ和奇虎之间的竞争难道双方都得利了吗？不是两败俱伤吗？

吴　优：广东港和海南港通过合作促进了双赢，这样也是通过竞争得到啊！

李　蒙：对方辩友，这是通过合作而达到的这又是在证明谁的观点，大家都看到了吧。

万平原：我方什么时候说是合作，合作只是我们事业竞争、事业发展的一部分而已嘛。我还请对方辩友回答我方一辩、二辩的问题。

李　蒙：对方辩友，您不要紧张，您能重复一下您方一辩的观点吗，她刚才说的不是合作吗？

李东艳：没有海事行业的激烈角逐就没有海事事业突飞猛进，为什么？

李　蒙：我们不要这么笼统，我们直接问你一个问题吧，我们海事发展到今天，到底在跟谁竞争，竞争总需要一个对手吧？

吴　优：我们海事在跟国际上海事竞争！请问对方辩友，无论是个人、团队还是事业发展都离不开竞争的外部环境，你们如何解释？

李　蒙：对方辩友，我们海事是在跟国际竞争吗？你什么时候跟国际海事竞争过呢？

万平原：如果我们不去跟国际海事竞争，我们的话语权怎么能够提高呢？

沈　佳：对方辩友您忘记啦，我们海事“十二五”规划中提出要与国际进行交流合作，到底是你们的竞争占到了主导优势，还是我们的合作占到主导优势呢？

吴　优：对方辩友，我们要看到，我们每个海事人都是在竞争中脱颖而出的。如果没有我们每个海事人的贡献，我们如何去发展，如何去与外部竞争呢？我想请问对方辩友，如果不是凭借创新产品的竞争，麦当劳与肯德基如何抗衡？

顾佳晶：看来对方辩友根本没有理解麦当劳与肯德基，肯德基现在是通过与百盛集团合作，通过复制本土的产业供应链，这比麦当劳要好的多，麦当劳只有1000多家分店，而肯德基有2000多家啊，这说明合作胜于竞争！回到海事工作，我想请问对方辩友，“统筹规划、合力共建”能否作为海事工作的主导思想？

李东艳：没有竞争意识主导的合力共建，它有什么力量呢？

沈　佳：那么作为海事系统的一员，2006年交通部海事局提出“全国海事一家人、水上监管一盘棋”，请问对方辩友如何解读呢？

李东艳：这句话后面还有一句，叫“行政执法一面旗”，那么“一面旗”是怎么体现的呢？

李　蒙：“一面旗”是通过大家合作体现出来的嘛。

吴　优：“一面旗”就是通过竞争，选拔出最好的才是“一面旗”的概念啊！不是不断创新设备与技术竞争，中国的海事如何与国外海事抗衡呢？

顾佳晶：对方辩友没有回答我刚才的问题，“统筹规划、合力共建”是贵局在今年年初港航工作会议上，在保障贵省水域规划中提到的基本思路，对方如何理解？

李东艳：“统筹规划、合力共建”为什么要提出，因为我们要提高我们的竞争力嘛。

沈　佳：对方好生奇怪，总是说我们要跟国外的海事进行竞争。实际上我们海事最重要的目标是什么？是保障安全。保障安全有什么好竞争啊！

杨　娴：对方辩友，保障安全难道不是我们每一个人去出力，每个人去贡献出一份力量，难道不是跟自我在竞争？

姜　皓：感谢对方辩友承认我方观点，确实是每个人都贡献了力量，但是这是合作啊！

李东艳：要看谁贡献的力量大啊！

顾佳晶：对方辩友，我请问一下是贵局领导讲话有失偏颇呢，还是对方辩友不肯跟我们分享一下宝贵经验呢？

李东艳：为什么贵局提出“选拔人才就像在赛马场上选骏马”呢？

李　蒙：我们什么时候说过“像赛马场上选骏马”？对方辩友还没有解释贵局领导的讲话，如果您说的话，我可以告诉您。

李东艳：2010年12月21日，《中国水运报》上海市地方海事局提出，管理要从传统走向现代，其中一条就是“人才选拔要像赛马场上选骏马”，请问您怎么解释？

顾佳晶：对方网上也转载去年10月份湖南召开应届毕业生就业协调会，说的是用人单位和海事教育类机构要加强共建合作吗？

李东艳：共建合作，最后要不要把人才选出来呢？

李　蒙：共建合作如何选呢？还不是先把人才选了出来，我们才能把人才实力推出来吗？

吴　优：难道不需要竞争选出来吗？

李　蒙：对方辩友，通过竞争选出来就说明这种实力是竞争诞生的吗？今天坐在我们这里的张忠彦教授可谓“人中吕布、马中赤兔”，发展可谓够好了吧，我们选他做评委是因为他学术水平高还是因为他高考成绩比较好呢？

杨　娴：对方辩友，他们哪一位不是因为自己有实力吗？为什么我们只是选择这些领导当评委而没有选择其他人呢？

顾佳晶：对方辩友，我来为您总结一下吧，您一直认为竞争体现出来的实力就是竞争诞生的，这是一个本质上的错误。我们谈的是工作中哪个诞生了这个实力！

李东艳：请问这个实力是合作诞生的吗？

李　蒙：难道是竞争诞生的吗？（观众——笑声）

万平原：我方一辩早就论证了我方的观点。请问为什么诸子百家来源于“百家争鸣”？

李　蒙：诸子百家，百家争鸣。那么孔夫子，他到底跟谁在竞争啊？

杨　娴：孔夫子自己有竞争实力啊，为什么我们尊称他为“孔夫子”，不尊称别人呢？请问为什么“弱国无外交”？

李　蒙：对方辩友，您的例子还没说完，孔夫子认为自身有竞争力，他跟谁竞争了才能体现出了他的竞争力啊？

李东艳：为什么“弱国无外交”？

李　蒙：对方辩友，你还没回答孔夫子的问题，这是您四辩的提出来的，你们的问题啊！

吴　优：孔夫子的思想比别人的更先进、更优秀，所以他成为了我们的孔圣人啊！请对方辩友继续回答为什么“弱国无外交”？

顾佳晶：对方辩友，我还不是很明白，如果孔夫子不跟别人比，孔夫子就不是孔夫子了吗？

李东艳：“弱国无外交”的问题，对方辩友已经回避了我们三次了！

李　蒙：孔夫子的问题是对方四辩提出来的，我们又没提过呀。（观众——笑声）

吴　优：孔夫子的问题，我们一再的解释清楚啦！为什么公务员招考，5000人里挑1个，你们解释一下吧。

沈　佳：5000里挑一，难道是已经促进了平衡发展吗？这难道不是贫富差距造成的一种悲哀吗？

万平原：5000里挑一是贫富差距造成的？我终于明白了！还请对方辩友解释一下，为什么“弱国无外交”？

李　蒙：对方辩友，国力是哪来的？是靠全体百姓一起努力来的，还是是靠您争出来的吗？

万平原：难道弱国里的同志们，他们就不合作吗？

李　蒙：对方辩友，我们今天有一个方向性的问题一直没有得到解决，大家都谈促进发展，到底促进什么样的发展，您告诉大家。

吴　优：我们一再回答了，是全面、协调、可持续的科学发展啊。

顾佳晶：所以今天我们要谈方法论，竞争、合作都是方法，科学发展的方法是什么？

杨　娴：我们为了促进更好、更快、争先创优的发展啊！

李　蒙：那么如何创立呢？还不是靠我们大家共同努力吗？

李东艳：共同努力、统筹兼顾，难道就要忽略各方面的主观能动性的发挥吗？

李　蒙：当然不合作不能忽视啦，所以大家的主观能动性要统一到一起吗，这就叫统一思想咯。

杨　娴：你们每个人不是因为有竞争实力才坐在这里的吗，怎么没有选其他人呢？

沈　佳：如果我们赢了这场比赛，难道不是因为我们四位共同合作的结果吗？

吴　优：只不过最后你们要赢了这场比赛，是和我们竞争啊！

姜　皓：让我们来看看本次辩论赛的主题，叫“点燃激情、共创未来”。最后，我们海事系统的每一个人还要拧成一股绳共创海事系统美好的未来啊！（观众——掌声）

万平原：我们拧成一股绳的目的就是争取我们在国际海事中的话语权啊，对方辩友！

李　蒙：对方辩友满脑子就是竞争，我们是为了竞争吗？我们是为了发展啊！

杨　娴：可是连合作也不能脱离我们的竞争啊，竞争可以激发人的主观能动性啊！请问“文明示范窗口”是鼓励竞争还是合作呢？

李　蒙：对方辩友今天很奇怪，一直有一个观点是在说合作脱离了竞争就是合而不作，我就弄不明白了，夫妻两个他们合作生个孩子，他们到底是跟谁在竞争啊？

万平原：这是生活不是工作，请对方辩友还是回到工作中吧。

李　蒙：对方辩友您所说的工作是工作，全国海事工作就不是工作了吗？竞争一下就让你自私到如此地步了吗？

杨　娴：竞争不等同于自私。我们提倡竞争，但是我们没有提倡个人英雄主义，我们提倡的是有竞争意识的合作。

李　蒙：有竞争意识的合作，大家听到重点在哪里吗？

吴　优：有竞争意识的合作，合作形成了合力，只有在竞争中才能体现出它的竞争力，从而推动发展啊！

李　蒙：语文不用我教大家，有竞争力的合作，到底重点在哪里呢？

李东艳：首先我纠正一下对方辩友，您满脑子都是发展，而不是满脑子都是竞争。谢谢！

顾佳晶：难道我们今天不应该满脑子都是发展而是想竞争吗？

杨　娴：难道你们合作不是为投入到新的一轮竞争当中吗？

李　蒙：当然不是，我们认为发展推动我们的实力提高呀！

吴　优：但是对方辩友却忽略中间的一个前提，合作只能形成合力，只有走出去竞争，才能形成发展。

顾佳晶：对方辩友想竞争不想发展是一个本质错误，请对方正面回答。

万平原：我方早就回答了这个问题嘛！

李　蒙：对方辩友你们什么时候回答过啊？（正方时间到）

万平原：公开招考是竞争还是合作？

杨　娴：招投标是竞争还是合作？

李东艳：高尚的竞争是一切团队的源泉，你怎么解释？

吴　优：争创文明建设……（反方时间到）

主　席：大家你来我往，真的非常精彩，而且富有趣味性。下面我们来看一看双方的四辩怎么在总结陈词中一决高下。首先，有请反方四辩做总结陈词，有请。

万平原：谢谢主席，大家好！回顾整场比赛，对方辩友无非在反复表达这样三层意思：

第一，合作很重要。我方从未否认这一点，但您方仅从合作本身的重要性就直接导出它比竞争更为重要，这个逻辑成立吗？还有您方一谈竞争，就是分散，就是个人英雄主义，这种简单等同能说是科学的见解吗？

第二，合作能够形成合力。这一点没错，但关键是合作的前提要件、合作伙伴的选拔途径、合作之后的最终目的，有哪一条不是联系着竞争才能促进发展的呢？

第三，发展需要通力合作。这本身并没有错，然而不以竞争为核心，不充分调动主体能动性，为合作而合作，这合作是不是流于形式，合而无作呢？（观众——笑声）

没有明确的比较标准，欠缺实在的比较意味，就轻易得出比较的结论，对方辩友对待发展的态度是不是有点轻率之嫌咧？！（观众——笑声）反观我方则始终以发展为目标，在发展外部环境的塑造、内在创新的激发、主体能动性的有效调度上，对合作与竞争展开比较并在此基础上论证了我方观点。

其实，竞争与合作都是通往发展的路径。我们谁都承认，这两者都重要。那我们今天为什么还要在这里大张旗鼓地讨论呢？这是不是折射出我们海事人在日益激烈的外部竞争环境中，对海事发展的忧虑与困惑呢？

是的，我们忧虑，在这不进则退、慢进也是退的时代，只要我们稍有怠慢，竞争必将我们淘汰；是的，我们困惑，在这急剧变化的时代，我们一天比一天发现，缺乏竞争的合作，再也不能有效地推动发展了。现代意义的发展，不再是协商合力的简单比拼，而是竞争实力的抗衡与对决！

倘若对方辩友依然认为竞争不是发展的核心要素，那就请对方四辩在结辩中明确地告诉我们，您方是如何通过合作来解决我方二辩提出的各种发展中的矛盾的呢？

今天我饱含热泪，那是我对中国海事爱得深沉！中国海事如何获得更多的话语权？巍巍中华如何走向“海事强国”的战略复兴？竞争，唯有竞争！死于安乐，生于忧患！海事每次大发展无不源自竞争，而中华民族的伟大复兴必伴竞争高歌前行！

主　席：谢谢，反方四辩很擅长用句尾的这个语气词啊（笑声），下面有请正方四辩做总结陈词，时间同样是三分钟。

李　蒙：谢谢！对方辩友今天雄辩滔滔，可是道理都没讲清楚，越说越乱、错误不断，让我一一为大家指出吧。

第一，避实就虚。今天对方辩友空谈理论，现实问题一个都解决不了。贵局领导说“十二五”的基本思路是统筹兼顾、合力共建，对方辩友说这只是一个方面，并不全面。贵省领导说“十一五”的水运发展的成绩来源于干部职工团结拼搏，对方说这不是根本动力，根本动力是竞争，那我就搞不懂了！

第二，方向错误。我方今天反复请教对方辩友一个问题，我们到底是要促进什么样的发展？这是一个重要的方向性问题，方向错了，走的再远也是南辕北辙。而对方辩友一直无法就这个问题给出全面正确的回答，对方辩友认为只要竞争促进了发展，发展的好坏就不论，这种不负责任的态度，我们能接受吗？

第三，逻辑错误。对方辩友今天的逻辑其实非常简单，就是告诉我们聘岗、公务员考试、评优、评先进等竞争的形式经常作为考量发展成果的方法，因此就更能促进发展，那是不是说没有评先进您就不打算努力工作了？是不是说没有考试您就打算努力学习？那么您刚才所说的孔夫子到底经过了几场考试才成为至圣先师的呢？发展成果在前，竞争考量在后，又怎么能说是竞争促进了发展呢？对方辩友的逻辑根本就是逆果为因嘛！

第四、审题错误。对方辩友今天一直在论证竞争能够促进发展，但却不告诉我们为什么竞争比合作更能促进发展，对方辩友的论述都是在这一错误前提下进行，真是谬论有多远，您就能走多远啊！

再来看看我方的论证，我方一直围绕三个问题进行论证。第一，合作更能统筹各方资源、兼顾各方利益，比竞争更符合科学发展观“统筹兼顾”的根本方法。第二，合作更能合众家之长，做大家之事，比竞争更符合社会化大生产“分工协作”的时代特征。第三，合作更能集中力量办大事，解决发展中的重大问题，取得发展中的重大突破。

因此我方得出结论：工作中，合作比竞争更能促进发展！

今天比赛即将结束，但我们探寻事物发展的脚步并不会停止。到底该如何发展呢？毛主席告诉我们“团结就是力量”，君不见在天安门广场上的标语都写着“全世界人民大团结万岁”吗？到底合作与竞争哪个更重要还需要我说吗？

在场的同志们啊，我们都是海事一家人。我们海事部门已经说了“全国海事是一家人，水上监管是一盘棋”。同志们，让我们携手共进，团结合作，就像比赛的主题一样共创未来吧。（铃响、观众——掌声）

主　席：谢谢双方的精彩表现，下面有请评委团进行评审，比赛结果稍后揭晓。

（评委评审过程中）

主　席：经过评委评定，本场比赛的获胜队伍为反方湖北省地方海事局代表队，让我们以热烈掌声表示祝贺，同样感谢正方上海地方海事局代表队。

（湖北省地方海事局代表队起立鞠躬）

本场比赛的优秀辩手为正方四辩选手——李蒙，让我们也为他表示祝贺。

幕后的战场

看着台上的四位辩手激情四射、唇枪舌剑、妙语连珠，我心中的激情也随着台上的局势起伏澎湃。作为一名替补队员，台下与幕后是我的所在，但是这份激情却同样感同身受。

虽然在大学里参加过辩论赛，甚至做过辩论赛评委，但是比起几位主力队友，我深知我的舌头比大脑慢半拍是我的劣势所在。他们的战场是在台上，我的战场则在台下。

找准自己的定位，发挥自己的优势是我所应该做的。于是，收集材料、考量逻辑、扮演陪练成了我主要的工作。陪练有时候需要思考的更多，不仅要考虑我方的立论与论证，更需要站在对手的角度去考量我方的立论、逻辑、素材，这使我经常在说服自己与推翻自己之间游离。发掘自己的漏洞、弥补自己的漏洞、再发掘、再弥补，一直是我思维的过程。

在场上，看着对手的发问被我方一一反驳，或是被我方选手步步逼近，或又落入我方布置的陷阱，我心中同样自豪；当我方落入劣势时，我也同样捏一把汗，又反思自己在训练中为何没有想到对方的思路。

最后，我们队以微弱的劣势输掉了比赛，但我们没有遗憾。我们付出过了、努力过了，每个人都尽了力，无论是在台前或是幕后。主力队员们和幕后的替补队员、领队、单位领导，每个人都在自己的位置默默地做好自己的工作、发挥自己所长，才会有那天精彩的比赛。

（陈青毅）

创未来
辩论赛（南方片区）

CHINA MSA

正　方：浙江海事局

辩　题：当今社会，应当提倡干一行、爱一行

反　方：广西海事局

辩　题：当今社会，应当提倡爱一行、干一行

主　席：本场比赛的辩题是“在当今社会，应当提倡干一行、爱一行”还是“应当提倡爱一行、干一行”。“干一行”是个择业问题，而“爱一行”是个态度问题。社会上存在各种职业，如果没有兴趣我们就无从选择；但是有时候，我们很喜欢一个职业，很想去尝试他，但是迫于能力、机遇各方面因素，我们不能够实现，所以说，“爱一行”、“干一行”不是一个简单的时间先后的问题，而是一个值得大家思考的话题，今天我们就此话题展开辩论。好的，双方参赛队已经就坐，我来介绍一下双方比赛的阵容，坐在我右侧的是正方浙江海事局代表队，有请队员们做自我介绍。时间为一分钟。

郑寒冰：当初你说干这行就是因为爱。

章　巍：后来又说我不爱一定要离开。

郑俊扬：工作不是你想干，想干就能干。

丁涵池：干上一行，爱上一行。

四人合：这才是真爱。（观众——笑声、掌声）

郑寒冰：正方一辩郑寒冰。

章　巍：正方二辩章巍。

郑俊扬：正方三辩郑俊扬。

丁涵池：正方四辩丁涵池，敬礼！

（四人敬礼）（观众——掌声）

主　席：好的，谢谢！坐在我左侧的是反方广西海事局，有请队员们做自我介绍。总计时间一分钟，有请。

王　玲：爱孕育希望！

叶　荪：爱指引方向！

孟令剑：爱充满力量！

于　群：爱海事吧！

四人合：我们将创造辉煌！

王　玲：大家好，我是反方一辩王玲。

叶　荪：大家好，我是反方二辩叶荪。

孟令剑：大家好，我是反方三辩孟令剑。

于　群：大家好，我是反方四辩于群。广西海事局代表队向你们问好，敬礼！

（四人敬礼！）（观众——掌声）

主　席：谢谢各位辩手！为了保证比赛的顺利进行，我们下面试听计时提示声音。

好，下面比赛正式开始，首先有请正方一辩进行开篇立论。时间为三分钟，有请。

郑寒冰：谢谢主席！评委、对方辩友、大家好！

今天我们齐聚一堂，讨论当今社会应当提倡“干一行、爱一行”还是“爱一行、干一行”，是在讨论当今社会应当提倡哪一种价值观。因为价值观不仅影响个人行为，还影响群体行为和社会行为。当今社会是一个分工细致化的社会，存在就业结构失衡的显著矛盾，在这样一个大环境下，我方认为应当提倡“干一行、爱一行”的价值观。理由有三：

第一，提倡“干一行、爱一行”符合社会主义价值体系要求。一个人无论从事何种职业，都应该爱岗敬业、忠于职守，为社会做贡献，这就是“干一行、爱一行”。这不仅是职业的原则，也是人生的信条；这是社会主义职业道德中最基本、最普遍、最重要的要求，同时也是交通精神的现实要求，更是海事核心价值观的重要组成部分。海事系统先进典型、时代先锋杨庆文就是“干一行、爱一行”的杰出代表，开展向杨庆文同志学习最重要的就是要学习他“干一行、爱一行”的精神。

第二，提倡“干一行、爱一行”能推动集体事业的科学发展。人不是单纯的个体，人是集体中不可分割的一部分。以海事为例，“全国海事一家人、水上监管一盘棋、行政执法一面旗”强调的就是海事这个集体的整体性。正是由于每一位海事执法人员秉承高度责任感、秉承海事发展的共同愿景、秉承“干一行、爱一行”的价值观，海事事业才得以不断发展、不断卓越，这也正是提倡“干一行、爱一行”推动集体事业科学发展的最好事例。

第三，提倡“干一行、爱一行”是建设和谐社会的必然要求。一个人的和谐是个体的和谐，全社会的和谐才是整体的和谐。只有人人各司其职、恪尽职守，才能维持社会大机器的正常运转。只有人人甘当革命“螺丝钉”，才能促进资源合理有序，促进社会和谐稳定发展。所以在社会分工细致化和就业结构失衡的当下，我们必须要提倡“干一行、爱一行”。反之，提倡“爱一行、干一行”将导致以自我为中心的个人主义泛滥，导致人心浮躁，就业结构进一步失衡，社会秩序紊乱甚至崩塌。我相信，这是所有人都不愿看到的。

最后，我引用胡锦涛总书记的讲话与大家共勉：那种“干一行、爱一行、专一行”的精神，那种立足本职、忠于职守、勤勉敬业、精益求精的“螺丝钉”精神，应当在全社会大力提倡和发扬！

主　席：现在有请反方一辩陈述观点。

王　玲：大家好！在阐述我方观点之前，我首先指出对方辩友的错误，对方用事实判断代替价值判断，现在我们实现不了“爱一行、干一行”，难道我们就不应该提倡了吗？按对方的逻辑，现在我们实现不了共产主义，难道我就不应该去追求了吗？今天我们讨论的是一个价值取向命题，探讨的是应当如何正确树立我们的事业观。

“爱一行、干一行”体现的是根据人的兴趣爱好和实际情况去选择，是将个人喜好与所从事的工作紧密结合的事业观。“干一行、爱一行”体现的是则一种先选择再努力培养兴趣爱好并使之与自身职业相统一的事业观。

我方认为，当今社会，应提倡“爱一行、干一行”的事业观，理由有三：

第一，“爱一行、干一行”是人对自己理性认识后所进行的选择。“人贵有自知之明”，认识自己是人类特有的理性精神。每个人都有自己的个性和特质，“爱一行、干一行”提倡的是先对自己有个理性认知，然后再结合实际情况选择喜欢并合适的职业。这样的选择是把个人的兴趣跟所从事的事业紧密结合的选择，是最大限度地发挥主观能动性。古人说的“知之者不如好之者，好之者不如乐之者”就是这个道理。而“干一行、爱一行”是“不得以而为之”的选择，很可能出现与人的主观意愿不符的情况。所以，在有选择的情况下，我们理应倡导“爱一行、干一行”。

第二，“爱一行、干一行”能够实现资源的优化配置，达到社会效益最大化。将最合适的人放到最合适的岗位是人力资源管理一直想达到的目标。“爱一行、干一行”在一定程度上解决了这个问题。我们实行双选，实行职业兴趣的测评，就是尽量争取让对的人找到对的岗位，实现社会资源的最佳配置。而“干一行”却有可能会“怨一行”，有可能会造成社会资源的浪费，达不到“物尽其用，人尽其才”的效果。

第三，“爱一行、干一行”是社会不断进步的标志。社会提倡以人为本，企业实施人性化管理，强调和尊重人的主观能动性是社会进步和历史发展的必然要求。而“干一行、爱一行”则是计划经济时代分配工作、一岗定终身的产物，具有一定的历史局限性。

“莫畏浮云遮望眼，只因身在最高层。”我方坚定的认为，当今社会应该倡导爱一行、干一行！谢谢！（观众——掌声）

主　席：谢谢，下面有请正方二辩补充立论时间为两分钟。

章　巍：谢谢主席！感谢对方辩友精彩的陈词，但华丽的辞藻代替不了理性的思考，诗意的浪漫也无助价值的升华！

今天对方辩友强调个人兴趣对工作选择的重要性，但却忽略了一个社会现实。2011年我国全年城镇就业缺口达到1200万，在这样的社会环境下，想找一份工作尚且不易，又谈何兴趣爱好呢？

我们不否认有人找到自己喜欢的工作并且干得不错，但是更多人因为生存、亲情、能力、爱情，不得已舍弃自己的兴趣爱好而从事现有的工作，我们能说他们的选择错了吗？我们能说他们就干不好工作吗？不能！相反，只要他们秉承“干一行，爱一行”的工作态度，他们同样能够走上属于自己的康庄大道。

“干一行、爱一行”不仅是一种选择，更是当今社会应当提倡的一种价值观，是一种工作态度。一个人无论从事何种职业，都应当热爱自己的本职工作，全力以赴。提倡“干一行、爱一行”是个人提高的需求，是海事进步的需求，更是整个社会发展的需求。广东海事局的杨庆文同志在的安检岗位上忠于职守，执着实干；上海海事局的陈维同志在她的危防工作中刻苦钻研，不懈探索；汕头航标处的苏贵聪同志立足本职，默默奉献，驻守遮浪灯塔30余年。这些例子不正是海事提倡“干一行、爱一行”最直接的表现吗？从祖国西南边陲的防城港海事处到极北之地的黑龙江，从高原之上的青海湖到东海之滨的嵊泗岛，海事的发展史就是一群海事人“干一行、爱一行”的奋斗史！

最后，我想用李盛霖部长在为陈刚毅同志颁奖时的讲话来结束我的陈词——要干一行、爱一行、精一行，以一流的业绩回报海事事业，回报祖国和人民！谢谢！

主　席：谢谢！下面我们来听一听反方二辩是如何反驳的，时间为2分钟，有请。

叶　荪：今天对方辩友告诉我们“干一行、爱一行”等于爱岗敬业，那我想请问对方辩友的是，难道我爱一行、干一行就不能体现爱岗敬业吗?就是因为我爱所以我更加敬业啊。下面我将从理论的层面进一步阐述我方观点：

首先，“爱一行、干一行”符合内外因关系原理。唯物辩证法认为，事物的发展是内外因共同作用的结果。内因是事物变化发展的根据，外因是事物变化发展的条件，外因通过内因起作用。在今天的辩题中，外因是我们的行业，内因是我们自身的认知结构。行业因素通过兴趣这一认知结构起作用，更能调动人的主观能动性。

其次，“爱一行、干一行”符合心理学上的需要。心理学认为人的动机源于需要，需要的积极与迫切程度与动机的强烈程度呈正相关。而兴趣正是一种积极的需要，产生积极的动机，“爱一行、干一行”正是在兴趣的支撑下积极情绪选择的结果，支撑我们对于我们的行业有着不断的热情与动力。这就解释了为什么在当今社会在某一领域能够取得巨大成就的人往往是能将兴趣与事业结合在一起的人。

最后，“爱一行、干一行”符合目标一致理论。日本社会学家提出的目标一致理论指出人才都趋向于与自己目标一致的组织流动。“爱一行、干一行”正是个人目标跟组织目标相一致的结果，因而有利于人才的稳定。

综上所述，我方认为，“爱一行、干一行”在当今时代更应该提倡，谢谢！

主　席：经过大家的立论，双方的观点已经非常的清晰了。下面我们将进入更具有对抗性的环节，是一对一攻辩环节。每轮攻辩总时是1分30秒，攻方只能提问，用时为10秒以内，辩方只能回答，用时是20秒以内。

首先有请正方三辩选择反方三辩进行一对一攻辩，有请。

郑俊扬：主席、评委、大家好！反方三辩请你听题，刚才自我介绍的时候我喜欢坐下我就先坐下了，请问这是一个集体性跟团体性的表现吗?

孟令剑：我们所倡导的“爱一行、干一行”就是最大程度的发挥我们的主观能动性，让我们来做我们想做的事情，但是我们是提倡，提倡就是让我们的社会有个很好的机制，能够满足人的更大的个性需求，这才是我们共产主义所倡导实现人民全部解放的目标所在啊！

郑俊扬：于是我不顾大家先坐下，那再请对方辩友听题，现在组织需要你从一个岗位调离到另一个岗位，但是这个岗位恰恰又是你不太喜欢的岗位，在现在岗位上您会如何去做呢?

孟令剑：因为我对海事爱啊，如果海事让我去哪里，我就扎根去哪里。

郑俊扬：好的，谢谢对方辩友对海事……（郑俊扬打断孟令剑回答）

孟令剑：哎，不好意思，我没有回答完！而我们所说的“爱一行”呢，不是仅限于某一个职位和岗位而是我们一个正确的择业观、价值观、人生观。谢谢！

郑俊扬：好的，谢谢对方辩友对海事事业至死不渝的爱。但是现在组织又需要你离开海事，到祖国需要你的地方去，你又将如何去做呢?

孟令剑：我这么深爱我的祖国，难道祖国需要我，我会不去吗?我当然会去啊，祖国需要我去哪里，我就会去哪里，因为我对祖国有着无比坚定的爱啊。

郑俊扬：对啊，您对祖国的爱，但是你内心爱的是海事，“身在曹营心在汉”！请问对方辩友，温家宝总理在接见许振超时候说：“希望大家像他一样干一行、爱一行、精一行”。请问温家宝总理说的对不对?

孟令剑：温家宝在另一个场合也说过：“更希望大家会爱一行、干一行，会更好啊。”

郑俊扬：那对方辩友是说温家宝在不同的场合说不同的话咯?

孟令剑：因为您刚才——

主　席：下面有请反方三辩选择正方三辩做一对一攻辩。

孟令剑：谢谢！请问对方辩友，您报考海事局的时候是源于对海事的爱呢，还是看中海事的待遇高呢?请正面回答！

郑俊扬：我是出于对我所学习专业的判断，而且不只是我报了，很多人都报了，大家都这么爱，那么是不是大家都进来了?请问我们海事现在有多少的编制多少的人呢?还是说爱海事的都能进入海事呢?

孟令剑：对方辩友，您只回答就可以了！请问，如果在条件允许的情况下，您是选择您爱的一行干呢?还是选择您不爱的一行干呢?

郑俊扬：在我条件能力允许的前提下，考虑我的家庭条件、我的职业背景，然后选择自己从事的行业。但是不管我选择什么样的行业，我都会本着“干一行、爱一行”的职业态度去做它。所以，这不仅是个选择的问题，这更该是一种职业态度的问题。

孟令剑：谢谢，对方辩友，黑格尔曾经讲过：“假如说没有热情，世界上任何伟大的事情都不会成功”。请问对方辩友如何理解呢？

郑俊扬：哎呀，罗素罗兰也曾经讲过：“脱离了现实的理想主义是毫无意义的。”

孟令剑：那请问对方辩友，据美国权威机构统计，每一个获得诺贝尔奖的人都源于他对于本行业的人热爱。请问对方辩友认为对吗？如果不对，请您举反例。

主　席：好的，时间到，谢谢各位，请坐。下面我们将进入到最为激烈及精彩的自由辩论环节，每方各有5分钟的发言时间，双方轮流发言，一方时间已经用尽，另一方可以选择继续发言或放弃发言。首先有请正方。

郑俊扬：这才是我们集体的悲哀。

孟令剑：那我们想请问对方辩友了，从这个资源配置来看的话，是 “爱一行、干一行”还是“干一行、爱一行”更能发挥人的主观能动性？

章　巍：请问对方辩友，个人兴趣爱好就真的这么重要吗？就像我们今天尊敬的评委，是不是因为喜欢干评委这一行，就一定干这行。但是有一点是可以肯定的，无论喜欢与否，各位评委都会本着公平、正义的原则来扮演好自己评委的角色，这就是“干一行、爱一行”最高的表现啊，难道不是这样吗？

于　群：我相信诸位评委肯定是因为他们爱这一行。如果叫你去坐这个位子，你行吗？（观众——笑声）请问对方辩友，你在招聘员工的时候，是愿意招聘与组织目标一致的员工呢，还是愿意招聘与组织目标不一致的员工呢？

郑寒冰：作为企业，企业更加看中的是对企业忠诚、有爱岗敬业精神的员工。那么我请问对方辩友，您爱一行、干一行，你干不了这一行你怎么办？

叶　苏：我们所说的“爱一行、干一行”不是说非要去干那一行，就像对方辩友，现在提倡自由婚姻，自由婚姻就是不断“跳槽”、不断换工作吗？您方明显混淆这个概念，我想请问对方辩友，难道在现在就业双选的情况下，我为寻找我爱的一行，我需要把所有的工作都做一遍吗？

郑寒冰：首先，我纠正对方辩友，工作和感情是不能混为一谈的。那么我请问对方辩友，是生存凌驾于爱之上呢，还是爱凌驾于生存之上呢？

王　玲：这两者根本就不矛盾，难道我们为了生存，我们就不能有爱吗？那么说我衣不蔽体，我就不能追求我所爱的吗？我请问对方辩友，如果你招聘人才，你是愿意招聘与组织目标一致的人才呢，还是与组织目标不一致的人才呢？

郑俊扬：衣不蔽体当然可以追求爱，但是衣不蔽体在大庭广众之下追求爱就是你的不对啦！（观众——笑声）请问对方辩友，我很爱打篮球，我很想成为职业球员，难道我不能成为职业球员我就什么都不做了吗？

孟令剑：对方辩友，我也爱篮球啊，难道我就一定要去跟姚明抢篮板吗？我可以为姚明做其他爱篮球的服务。我第三次请问对方辩友，一个单位招与组织目标一致的员工培养成本低呢，还是招与组织目标不一致的员工培养成本高呢？请对方辩友正面回答。谢谢！

章　巍：难道对方辩友简历只有一句话吗——老板你就用我吧，我对这一行爱的可深沉咯。

王　玲：难道对方辩友说我们在应聘的时候，我们要跟老板说：老板请你用我吧，因为我现在不知道我对工作是否感兴趣，但是你用了我之后，我也许会感兴趣。那么我想问对方辩友，为什么现在会出现“干一行、怨一行”的情况呢？

郑俊扬：爱一行不一定能够干好一行，对方辩友也认为我们干一行也不一定会爱上一行。但是我们能肯定的是自己积极的工作态度，在自己职责岗位上做出自己不平凡的事业，虽然这个岗位本身是很平凡的。那么我再请问对方辩友回答我一个问题，掏粪工人时传祥是如何爱掏粪才去掏粪的呢？请正面论述。

孟令剑：那请问对方辩友，你怎么能够论证时传祥他不是爱掏粪而去掏粪的呢？

郑俊扬：看来对方辩友很喜欢学习时传祥这类精神，但是我们毕竟不是时传祥，现在我们有抽水马桶，我们不用掏粪了呀！所以还是请对方辩友列举当今社会的现实是什么呢？是我们必须符合社会主义的主流价值观啊，所以，这不正是要求我们干一行、爱一行吗？

王　玲：那么我请问对方辩友，如果按对方辩友说的“干一行、爱一行”，那么周杰伦喜欢的是唱歌，但我们非得强迫他去做新闻主播，请问他能说的比唱的好听吗？

丁涵池：对方辩友，周杰伦以他对唱歌的热爱，照样可以把新闻主播做的很好，没准还很有特色呢！我想请问对方辩友，对方辩友刚才承认了现在就业是一个双向选择，对方辩友一再强调“爱”的重要，难道就要无视工作岗位对你的选择吗？

孟令剑：按照对方辩友的理解，要爱迪生去算数，他一定算的比华罗庚还要准确啊！再请问对方辩友，算了，就这样吧！

郑寒冰：请问对方辩友，如果说你“爱一行、干一行”，那么有一天我发现我不爱了，怎么办呢？

王　玲：那按照对方辩友的意思，要找到我真正的所爱，我要把几百万个工作岗位都干过一遍吗？请问对方辩友，南唐后主李煜喜欢诗歌，可是非得逼他去做皇帝，结果呢？结果他的仇恨就像一江春水向东流啊。

郑俊扬：南朝如何灭亡，不就因为他的皇帝没有“干一行、爱一行”吗？（观众——笑声）请问对方辩友，还是我们刚才的问题啦，我非常爱这一个行业，所以就算我自身能力不足，也非要去从事它，难道我们要提倡这样的价值标准吗？

于　群：对方辩友请注意，我们所谓的爱，是一个基于自身理念和事实相关的爱，而不是你那种理想与现实想脱离的爱。第三次请问对方辩友，你招聘员工的时候，是选择与组织目标一致的呢，还是与组织目标不一致的呢？请正面回答，谢谢。

郑寒冰：我招聘员工的时候，我希望这个员工跟我的想法是一样的，但是我更看中的是这个职工具有“干一行、爱一行”爱岗敬业的能力，而不是对方辩友一再强调的兴趣。兴趣有什么用，我们可以培养它啊，但是“干一行、爱一行”这种工作态度，您招聘的时候能看的出来吗？看不出来，所以我们要提倡“干一行、爱一行”！

叶　苏：我们刚才已经说了，您说您“干一行、爱一行”是爱岗敬业，但是我“爱一行、干一行”更是爱岗敬业啊！你说可以培养他的爱好，那请问您，如果他一直不爱，企业要付出多大的成本呢？

丁涵池：方才对方辩友提到的是“爱一行、干一行”有利于社会资源的配置，那么想请问对方辩友，当前资源配置的基础是什么？

孟令剑：以人为本啊，今天我们讨论的是应当提倡，难道我们现在做不到了，对方辩友就不提倡了吗？我们现在做不到“安全零事故”，我们就不提倡“安全零事故”了吗？

郑俊扬：曾经有一份工作放在我们面前，我没有珍惜，等我失去的时候才发现，对它是如此的深爱啊！

王　玲：你为什么会失去？因为它当时放在你面前的时候，你根本就不爱嘛。请问对方辩友，既然现在国家提倡“双选”不就是提倡“爱一行、干一行”吗？

郑寒冰：世界上最遥远的距离，是一份我爱的工作摆在我的面前我却不知道啊，我爱它，直到有一天，我失去的时候才万分后悔。

王　玲：为什么要后悔啊？如果我们大家都知道我们爱的是什么，我们提倡“爱一行、干一行”，你还会后悔吗？

郑俊扬：问题是我们的做得到吗？改革开放三十年，通过无数革命先辈的奋斗，才有祖国今天的成就；改革开放三十年，如果只本着“爱一行、干一行”态度，只会拍成一部35集的连续剧叫《错爱》。

王　玲：难道我们做不到，我们就不做了吗？我们再次强调，我们现在实现不了共产主义，难道我们就不去追求共产主义了吗？我想问你，如果爱迪生他不喜欢发明，现在电灯从何而来啊？

郑俊扬：对方辩友，跑步进入了社会主义，这样就脱离了我们踏踏实实的敬业态度，这样共产主义何时才能达到啊？

叶　苏：为什么对方认为我们“爱一行、干一行”就是彻底脱离社会主义实践呢？
我们说了我们的爱是从兴趣出发，建立于自身理解的情况下去爱啊，难道对方辩友没有认识到这个问题吗？那好，黑格尔曾经讲过：“如果没有热情，世界上任何伟大的事业都不会成功。”您如何理解，请正面回答。

丁涵池：没有热情，一个伟大事业就无法成功，这是让人秉持“干一行、爱一行”，让我们对所有的事业都有热情，才可以造成伟大的事业。对方辩友犯了一个概念性的错误，现在社会资源配置的基础是市场，而不是对方辩友所说的主观能动性啊！

孟令剑：所以我们才要倡导吗，倡导了之后大家不就有主观能动性，不是更好地为我们的事业服务吗？

郑寒冰：像对方辩友所说的，我爱这一行，我就来干这一行，请问对方辩友，那你不爱的行业谁来做？

孟令剑：对方辩友，你怎么就能知道有不爱的行业呢？如果我们倡导大家来“爱一行、干一行”呢？请对方辩友举例说明您到底不爱哪一行？

郑俊扬：还是对方辩友进入到了一个理想王国啦！我想请问对方辩友，你说黑格尔说了如此多的话，黑格尔不是做着他的哲学这一行，从而才爆发了他如此之多的理性光芒吗？

王　玲：你又知道黑格尔之所以这么有成就，是因为他不喜欢哲学吗？我想请问对方辩友，古语云：“乐业者，专心致志以致其事业也。”对方如何解释？

丁涵池：感谢对方辩友承认我方观点，做一件事情需要“干一行、爱一行”。

孟令剑：对方辩友一再地回避我方问题，古语云：“乐业者，专心致志以致其事业也。”请对方辩友正面解释这句话。

郑俊扬：同样是古语——人为财死、鸟为食亡，只追求本身的利益，知道自己想要什么、去追求什么，导致这样的悲剧结果，这就是对方辩友所要提倡的吗？

孟令剑：我们提倡的正好是“爱一行、干一行”是一个社会整体工程，来满足大多数人对事业的一种追求，从而实现共产主义最终的目标，实现人类的全面解放啊！

郑寒冰：对方辩友跟我讲黑格尔，那么我请问，丘吉尔说：“it's no use doing what you love. You should come to what you do.”请问对方辩友如何解释？

孟令剑：请问对方辩友，今天的辩题是英文辩题还是中文辩题呢？

郑寒冰：那我请对方辩友解释一下，丘吉尔说：“最重要你干的（停顿）是不是你喜欢的工作，最重要的是你干的工作你要去喜欢它。”

孟令剑：看对方辩友根本就不爱啊！你爱的话，还会念这么磕磕巴巴吗？（观众——笑声）

章　巍：还是让我们回到今天的辩题中来吧，请问对方辩友，大量大学生频繁跳槽的原因归根结底是因为缺乏爱还是他们缺乏责任心呢？

孟令剑：他们就是没爱啊，如果我们爱的话，做这份工作的话，我还失什么业啊！
（反方自由辩论时间到）

郑寒冰：如今工作不好找。

章　巍：有份活干不错了。

郑俊扬：对方辩友爱幻想。

丁涵池：其实，“干一行、爱一行”挺好！

郑寒冰：今天不爱岗。

章　巍：明天就下岗。

郑俊扬：今天不敬业。

丁涵池：明天就失业啊！

郑寒冰：立足本职工作，踏踏实实干一行。

章　巍：强化责任之心——（正方自由辩辩论时间到）（观众——掌声）

主　席：感谢双方选手，下面我们就请双方的四辩对本方的观点做一个总结陈词。首先，有请反方四辩对本方观点做总结陈词，时间为3分钟，有请。

于　群：大家好！今天对方辩友给“干一行、爱一行”披上了一件华美的外衣，那么就让我们抽丝剥茧，进一步看清问题的本质。

首先，对方将我方定义为以自我为中心，而我方的“爱”是与个人现实相联系，而不是不要现实，脱离理想。

第二，对方辩友将“干一行”等同于爱岗敬业，犯了逻辑错误。那我们“爱一行、干一行”不是更好的爱岗敬业吗?

第三，对方辩友要被动地爱上这一行，既然对方辩友都非要干自己不爱的那一行，那我们的辩论又有什么意义呢?

之前，我方已从逻辑、理论、事实三个层面论述了我方观点。下面，我从价值层面对我方观点进行进一步阐述。

首先，“爱一行、干一行”是倡导一种做正确的事的价值观。过去，我们受着“干一行、爱一行”的教育，殊不知这样的教育让我们总是在把事情做对，而没有首先考虑做对的事情；我们总是在不断改进方法和技巧，而不去思索是否是正确的发展方向；我们总是在弥补自己的缺陷，培养我们全面发展，而不小心埋没了我们的天赋和才能。所以，选择比努力更重要，有正确的选择方能去做正确的事。

第二，“爱一行、干一行”是倡导一种科学的择业观。在当今社会大背景之下，择业难是现在很多人面临的问题。对方辩友可能要说了，正是因为难，所以我们要认清现实调整自己，先干了再说。然而，就业为什么难？那是因为我们不了解自己需要什么，我们人云亦云，说公务员好我们就千军万马考国考，说外企好我们就千方百计想赚外币。如此浮躁，如何不造成择业难啊！所以，“爱一行、干一行”实际上是让我们认识自己，寻找最适合自己的岗位，从而在这样的岗位上实现我们的人生价值。

第三，“爱一行、干一行”是倡导一种明智的事业观。“爱一行、干一行”实际上是告诉我们，唯有以爱为前提的事业才是一个能支撑我们为之奋斗终身的事业。我们看到，从马克思、恩格斯到毛泽东、邓小平，从哥白尼、爱因斯坦到钱学森、杨振宁，从梦露、赫本到张国荣、周杰伦，各个领域的佼佼者都有着明智的事业观。那就是毕生只从事自己最擅长的事情，这样才能给国家、社会带来物质精神财富。

诚然，在一定情况下，“爱一行、干一行”不能完全、理想地实现。但是我想说假如这样的价值观是正确的，我们就要不遗余力地去倡导和弘扬它。我们也相信“世上之事，为之，则难者亦易也，不为，则易者亦难矣！”路漫漫其修远兮，吾将上下而求索！谢谢大家！

主　席：谢谢，现在有请正方四辩做总结陈词。

丁涵池：谢谢主席，

刚才对方四辩陈词真可说是慷慨激昂，口吐莲花。但精美的粉饰无法掩盖天生的瑕疵，对方辩友非但没有自圆其说，反而有些美中不足。

第一，鱼目混珠。今天对方辩友将爱定义为一种兴趣爱好和对工作的向往。但是在当今社会，我们更强调的是一种对工作的认同，对岗位的责任和对事业的使命感。这是我们在兢兢业业，踏踏实实的工作中体现出来的真爱。

第二，独善其身。今天我们揭开对方辩友人文主义的伪善面纱，露出的是个人主义的冷酷面目。将个人追求凌驾于集体利益，社会利益乃至于人民利益至之上，对方辩友难道不是太自私了么?

第三，自欺欺人。事实胜于雄辩，当今就业岗位的竞争激烈化导致了相当一部分人无法从事本人所擅长的领域。对方辩友一边承认社会现实，一边又想抛开现实空谈理想。那不是掩耳盗铃，自欺欺人么?

道不辩不明，通过今天的辩论，我们更加深刻地认识到“当今社会应当提倡：干一行，爱一行”！

“干一行、爱一行”是行动者的选择。人生在世，不如意者十有八九，大多数人都无法在一开始就选择到自己喜欢的行业。而这，并不能成为我们裹足不前，怨天尤人的理由。坚持追求的信念，迎着风雨踏出坚实的一步，才会在前行的途中发现真爱的花朵。

“干一行、爱一行”是奉献者的座右铭。无论身在何方，无论面对未知的黑夜或现实的荒漠，奉献者都能以自己的坚忍和专注，勇敢去干，大胆去爱，为更多的人探索一条通往明天的道路。

"干一行、爱一行"更是成功者的勋章。态度决定一切，即使在平凡的岗位上依然默默专注、兢兢业的人们才是真正的成功者。平凡的态度，只能有平凡的成就；非凡的态度，才能创造非凡的功勋。纵观当今的海事事业，有多少人在平凡的岗位上做出了不平凡的业绩，他们忠于国家，忠于人民，昼夜坚守在祖国的江海湖泊上，不顾风吹雨打，不计名利得失，在平凡的岗位上，在艰苦的条件下，恪尽职守、真诚奉献，用青春和人生、情感和智慧筑起了一道道安全的屏障，书写着一曲曲动人的乐章。他们身上体现的正是海事人"干一行，爱一行"的价值取向和精神追求。

最后，我想用温家宝总理的训诫来唤醒仍然沉迷在理想国度里的对方辩友（观众——笑声），"我们要仰望星空，更要脚踏实地"。祝福各位！

（观众——掌声）

主　席：谢谢双方的精彩表现，下面有请评委团进行评审，大家稍作休息，比赛结果稍后揭晓。

（评委评审过程中）

主　席：经过评委评定，本场比赛的获胜队伍为反方广西海事局代表队，让我们以热烈掌声表示祝贺，同样感谢正方浙江海事局代表队。

本场比赛的优秀辩手为正方三辩——郑俊扬，让我们也为他表示祝贺。

CHINA MSA

正　方：上海海事局

辩　题：事业留人比待遇留人更重要

反　方：四川省地方海事局

辩　题：待遇留人比事业留人更重要

主　席：欢迎各位来到“青春杯”海事青年辩论赛活动现场，“事业留人和待遇留人，谁更重要”一直是困扰诸多用人单位的话题，而今天作为正方的上海海事局辩论队将与作为反方的四川省地方海事局辩论队就这个问题展开辩论，让我们拭目以待双方精彩表现。下面有请双方代表队进行自我介绍，时间为1分钟，现在有请。

孟　蕾：所谓有朋自远方来不亦说乎。

曹雪雅：君住长江头，我住长江尾。

肖　凡：水上监管一盘棋，全国海事一家人。

王　飞：四川的朋友，大家好。（四川方言）

孟　蕾：正方一辩孟蕾，

曹雪雅：正方二辩曹雪雅，

肖　凡：正方三辩肖凡，

王　飞：正方四辩王飞，

四人合：上海海事欢迎您！

杨　松：巴山蜀水风云定。

李阆阆：海事事业献青春。

于曲波：埋首耕耘无怨悔。

朱　江：待遇留人更优厚。

杨　松：大家好，我是反方一辩杨松。

李阆阆：反方二辩李阆阆。

于曲波：反方三辩于曲波。

朱　江：反方四辩朱江。四川省地方海事局问大家好，敬礼。

主　席：感谢双方代表精彩自我介绍，下面有请正方一辩进行开篇立论，时间为三分钟，现在有请。

孟　蕾：尊敬的主席、评委、对方辩友，大家好！

易卜生说过：“人的灵魂表现在他的事业上。”当今社会，人的需求差异化、追求多元化已成为时代的特点。如何留人，已经成为一个国家、一个组织都必须面对的课题。对“事业留人和待遇留人，哪个更重要”这一辩题，我方认为：事业留人比待遇留人更重要。

《辞海》对“事业”的解释为“人的成就和重要的工作，以及具有一定目标、规模和系统，关乎社会发展的活动”。这个定义告诉我们事业有两大特点：第一，事业是一个人主动自发的行为。第二，个人事业的发展推动了社会的发展。在“留人”这个问题上，我方认为：一个国家、一个组织要留的是有理想有追求并为社会发展进步做出贡献的人。事业留人和待遇留人都重要，但两者相比，事业留人更重要。理由有以下三点：

一、事业留人比待遇留人更具有根本性。事业是充分发挥个人主观能动性的内生动力，是实现人全面自由发展的最佳舞台，因而事业更能促进个人自我价值的实现。杨庆文同志说过：加入海事队伍，虽然我的待遇将会受到很大影响，但是在那里我能找到我的用武之地，能找到我人生的前进方向。

二、事业留人比待遇留人更具有持久性。对个人来说，未来的发展前景更诱人。因为人将收获的不仅有个人资产的增长，还有成就感、满足感以及获取更大成就的机会。没有对海事事业的社会责任，哪来全国劳模叶中央祖孙四代50年如一日守护灯塔，为过往船舶航行安全指明方向？

三、事业留人比待遇留人更具有稳定性。如果一个员工过分看重待遇，“哪里高薪哪里走”，那么当他遇到更高薪酬时，就会马上离开。四大会计事务所待遇优厚，但新进人员流失率却高达80%。前程无忧网近期统计表明，在留人稳定性更强这个问题上，62%的人力资源经理选择了依靠事业留人；而选择待遇留人的只有23%。

当然，有了事业上的发展就能收获更好的待遇，良好的待遇也确实能促进事业的再发展。但是，只有事业能够根本、长久、稳定地留住人心，从而满足人对全面自由发展的不断追求。所以，我方认为事业留人比待遇留人更重要。（观众——掌声）

主　席：感谢正方一辩的精彩陈述，下面让我们听听反方就此辩题有何看法。

杨　松：尊敬的主席，各位评委，朋友们！刚才我方认真聆听了正方辩友的发言，现在由我陈述一下我方观点。

“21世纪什么最重要，人才最重要”，留住人才主要有待遇和事业两种途径。待遇留人是指通过提供合理的薪资报酬、完善的福利措施以及良好的工作氛围等来留住人才。事业留人是指通过提供适合的岗位、职业生涯规划等来留住人才。二者都很重要，我方比较“更重要”的标准是谁更能解决实际问题、更能激励员工实现个人价值、更有利于企业发展。

首先，从员工角度来看，待遇留人能更直接、更全面地满足人才的需要。现阶段，我国社会的主要矛盾告诉我们人民的物质文化需求是日益增长的，待遇留人可以让人才没有后顾之忧，更好地提高生活质量，更积极地投入工作，从而实现个人价值。事业留人固然重要，它可以为人才实现自身价值提供一个平台，但面对在价值实现过程中出现的，诸如员工生病、家庭变故以及由客观环境变化引起的相关需求变化等情况时，事业留人缺乏更为全面有效的保障和激励机制。从这一点看，我方的待遇留人更好地体现了“以人为本”的理念。

其次，从用人单位角度来看，待遇留人适用范围更广、实用性更强，更有利于单位的长远发展。大量的研究资料和无数的事例已经证明了一个不争的事实，良好的待遇不仅可以让企业在追求人才、留住人才上占得先机，同时使员工和企业核心人才的生活方式和生活质量得到保障并使员工得到认同而感到欣慰，从而产生更强的动力，更好地为企业发展贡献力量。事业留人诚然可以一开始就满足人才的价值需要，使人才感到自己有用武之地，受到尊重；但从现实来看，61.9%的人是由于待遇要求得不到满足而跳槽。因此，待遇留人更有广泛性，更有实用性，因此更重要。我方二辩将在申论环节中用大量事实向大家进行论证。

我国改革开放和现代化建设的总设计师邓小平同志说：“不讲多劳多得，不重视物质利益，对少数先进分子可以，对广大群众不行，一段时间可以，长期不行。”由此看出待遇留人更能体现我党一贯坚持的执政理念，所以我方坚持认为，待遇留人比事业留人更重要。

主　席：听了双方一辩的精彩陈词，让我们来进入补充立论环节，有请正方二辩。

曹雪雅：首先感谢对方辩友精彩的论述，但令人遗憾的是：

第一，您告诉我们待遇留人能满足人的基本生活需求。但是，今天我们正是在基本生活得到保障的前提下才能坐在这里讨论到底是待遇留人重要还是事业留人更重要的问题。按照您的逻辑，当我们吃着菜根、披着树皮，还有必要辩论事业和待遇孰更重要的问题吗？

第二，您告诉我们合理、适当的薪酬待遇更留人。我方承认，但合理、适当的薪酬待遇是根据您事业的每一步发展而获得的，如果你将事业发展的每一步都量化为薪酬待遇，不就是将事业本身也等同于待遇了吗？今天的辩题就应该变为“到底是待遇留人重要，还是待遇留人更重要？”

第三，您告诉我们事业是虚无的、空洞的、抽象的，所以实在的待遇更重要。按照您的逻辑，爱情是抽象、看不见的，小三的待遇是实在的，小三才是王道咯？

我方从不否认待遇能满足温饱，正如吃饭是为了人活着，人活着就只是为了吃饭吗？我方一辩刚才已经论述了事业留人能帮助人实现个性需求能力和社会关系的可持续发展。工资奖金能让一个人、一家人吃饱饭，但事业的发展是为了让更多人吃好、住好、生活好！这才是更重要的。

汶川地震时，四川省地方海事局水上突击队昼夜奋战，为救灾工作作出了突出贡献！请问这些水上突击队员们当时考虑难道只是“今天加班，单位应该给我1000元奖金还是2000元奖金呢？”我相信，他们当时只一心想尽快到达映秀，救人要紧啊！

请问我们海事人为什么坚守在水上交通安全的第一线？为什么冲锋在防污染现场的最前沿？为什么牢记宗旨保护船员整体利益？为什么头顶国徽维护国家主权？难道仅仅是因为海事局给了我们待遇吗？是事业让我们牢牢地坚守在各条海事战线。

最后请大家试想，当整个社会都倡导待遇留人时，岂不是只要高价薪水挖人，不要事业培养人、发展人、造就人？在金钱至上、物欲横流这些浮云面前，只有事业留人才最给力啊！（观众——掌声）

主　席：现在有请反方二辩进行补充立论。

李阒阒：谢谢主席！通过对方论证，我们可以看到事业留人只是一种精神上虚无缥缈的口号，它在实际操作上是存在缺失的，先给大家举几个例子吧。

谷歌承诺今年每位员工薪水至少增加10%，而微软则通过增持员工的公司股份，既提高了员工薪资待遇，又增强了企业内部的凝聚力。全球信息产业两大巨头在面对人才高速流动、企业竞争激烈的大环境下，留人策略有异曲同工之妙。另有数据表明，78.3%的人才是因不满待遇而跳槽的。可见，追求待遇的提升不是个别行为，是带有普遍性的。今天我方认为“待遇留人比事业留人更重要”是因为：

第一、唯物主义告诉我们：物质第一性、精神第二性，世界的本原是物质，精神是物质的产物和反映。今天对方把精神层面放在首位而弱化物质层面，本身就是一种唯心主义。而待遇留人主张通过满足物质层面的需求，让人才更好地追求个人价值的实现，无疑更为客观、合理和科学。

第二、对方片面地把追求待遇理解为人性的贪婪，但忽略了影响人才需求不断增长的还包括生产力的发展、外部环境的变化等客观因素。马克思告诉我们：正确理解个人利益是整个道德的基础。有一种能够和自身价值相匹配的待遇，会使人无论是在物质上还是精神上都有一种满足感，这是一个人最现实的也是最朴素的理想。我方的待遇留人正是从尊重人才的角度出发，更好地满足人才日益增长的需求，无疑更好地体现了“以人为本”理念。

综上所述，我方认为，待遇留人比事业留人更重要。

主　席：下面进入攻辩环节，现在有请正方三辩。

肖　凡：谢谢主席！对方辩友您好，20世纪30年代，钱学森先生出国留学的动力是为了事业还是为了待遇？

于曲波：对方辩友，对于这个问题，我们的确承认事业留人有它一定的作用；但是面对实际问题，待遇留人更重要，邓小平同志曾经说过：“只讲奉献精神，不讲物质利益，那是唯心论的”。

肖　凡：谢谢！再请问了，50年代钱学森回到祖国是为了事业还是待遇？

于曲波：没错，他是为了事业，我们是靠事业把他留住了，但是您举个例能代表现代的现实问题吗？现在是61.9%的人因为待遇原因而跳槽的，从现实问题出发，我们考虑待遇留人更重要。

肖　凡：再请问对方辩友，钱老戈壁沙滩上吃着萝卜青菜，研究两弹是为事业还是待遇？

于曲波：他的确为了事业。

肖　凡：再请问对方辩友，钱老如此执着，是因为他对祖国事业的认同，还是什么呢？

于曲波：对方辩友，总是用个例来代表普遍性问题，我们今天要面对、要解决的是实际的问题啊！

肖　凡：钱老曾经说过，我虽然只是一个人，站在我身后的是跟我一样的千千万万的人。再请问，待遇留人如何造就人们对工作的认同感呢？

于曲波：待遇留人当然可以体现工作的认同感，体现个人的价值，能够激发人的主观能动性啊，这才是最根本、最重要的。

肖　凡：再请问对方辩友，一个单位出现困境的时候，谢谢！

主　席：正方时间到，现在请反方三辩对正方三辩进行提问。

于曲波：请问对方辩友，面对61.9%的员工因为待遇问题而跳槽的现实，用事业留人能留住百分之几的人？为什么？

肖　凡：他们跳槽原因是待遇不够，但是更是因为用人单位没有用事业留人这种方式留住他们的心。

于曲波：当员工工资无法克服物价飞涨所造成的危机时，用人单位应该怎么办？

肖　凡：所以我们要加强社会主义事业的奋斗，从而提高我们的物质文化需求嘛。

于曲波：面对当前用工单位普遍加薪，但是现实仍然出现了“用工难”、“用工荒”的问题，不加薪能不能留住民工？

肖　凡：这正是因为当前人们仅追求待遇所引发的恶果，因为待遇留人，所以很多人一心追求待遇、不问事业，所以我们才会发现民工“荒”了。

于曲波：再请问对方辩友，待遇留人和事业留人哪个更能解决人才价值与人才价格相分离的现象？

肖　凡：事业留人。（观众——笑声）

于曲波：当个人价格无法体现个人价值的时候，员工和企业该怎么办？

肖　凡：对方辩友，待遇留人有时候会把人看成有价格、无价值的机器，但是我们事业留人就不会，我们是从人的本性出发，看中他的价值存在。

于曲波：再请问，面对35.6%的人因为晋升空间有限而离职时，事业如何去留人？

肖　凡：我们的事业留人是为了提高他们的晋升空间，为他们提供与其能力相匹配的事业。

“全国海事一家人，全国监管一盘棋”，

于曲波：都是崇高的海事事业，为什么贵单位的招考人数远远高于我们单位呢？

主　席：感谢双方的精彩攻辩，下面就让我们进入到辩论赛最为精彩的环节——自由辩论。在这个环节，双方交错发言，每队有总计5分钟的发言时间，由正方先开始。

曹雪雅：谢谢主席，刚才您的一辩告诉我事业确实能够体现人的价值，您方三辩又告诉我待遇留人更能体现人的价值，这一点我不太明白，想请问，你方所说优厚的待遇能够留住人是不是指待遇越高越能留住人呢？

杨　松：关于这一点我可以回答，我们一再提倡，待遇留人是要给它合理的待遇，与他的人才价值相匹配的人才价格，来留住人。

肖　凡：请问，你们合理的待遇，是合理提薪，还是合理降薪，还是合理薪酬不变呢？

朱　江：对方辩友，为什么总是把待遇理解为薪酬呢？《现代汉语词典》206-207页已经清楚地说了，待遇不仅仅是薪酬待遇，还包括外在待遇，包括工作的胜任感、成就感等等。

孟　蕾：连对工作的胜任感、成就感都是待遇，还有什么不是待遇？您将事业置于何地呢？

杨　松：我方一辩已经讲得非常清楚，事业是勾画一个美好远景，树立一个美好目标，引起人才共鸣，从而达到留人的目的。

王　飞：好，对方辩友，您刚才提到考公务员的问题，我想请问您，您报考公务员的目的是什么呢？

于曲波：对方辩友，现在公务员考试很热，就是因为公务员待遇好，工作又稳定、待遇又高，就是这样的目的才去的吧。我就想请问对方辩友了，你们一辩刚才说您的事业更具有可持续性，那么请问了没有持续的市场经济的标准来留住人才，您的事业还具有可持续性呢？

孟　蕾：对方辩友，您方一辩刚才不是也强调说待遇留人更具有长远性，我想请问下，人的欲望是不是无限的呢？单位的待遇是不是有限的呢？如何用有限的待遇满足员工无限膨胀的物质欲望呢？

李阗阗：对方辩友，请你看到，因为科技的进步和财富的积累，我们的需求远远高于人类历史任何时期，我们社会的价值在不断的进步，社会更加文明。我还想请问对方辩友一个问题，您方的事业留人是告诉人们“明天会更好”，但是如何解决现阶段人们日益增长的物质文化需求？

王　飞：好的，对方辩友刚才提到物质的这个问题，您在刚开始陈述的时候说：“人离开了物质就不发展了”，但是现在又说：“我们物质已经满足了，我们的社会现在在不断地发展”，您到底是想说什么呢？

于曲波：对方辩友，刚才您方一辩也说了事业具有根本性，那么我想问了，马克思主义哲学说了经济基础决定上层建筑，薪酬待遇的高低直接影响了人才追求事业的积极性，这难道不是最根本、最直接的造成人才流失的原因吗？

曹雪雅：我方从来不会只告诉别人明天该怎么做，我们更会告诉大家今天更该做什么。刚才对方辩友一再告诉我们人才的价格和价值相背离，那么我倒要请问了人才的价格是多少？您今天为海事局工作，一个月挣4000元，我现在给您一个月2万元的工作去做美容师，您去还是不去呢？

朱　江：我方一直在强调，人的价格必须与市场经济的规律相吻合。那我想请问对方辩友，列宁曾经说过："即使到了共产主义社会，我们也需要用金子来给工人造厕所"。请问，到了共产主义社会，人的精神文明都到了无限高的时候，还需要用金子这些待遇来吸引工人呢？

肖　凡：列宁也曾经说过："要为共产主义事业而奋斗终身"！那我想请问，当用人单位出现困境的时候，能给您的待遇要降低的时候，您留还是不留呢？

于曲波：对方辩友，您方二辩刚才也说了，我们是站在基本生存条件满足的情况下来谈论这个问题，现实问题是你加薪还是不加薪，人才的现实需要就在那里，只增不减。你留他或者不留他，高薪聘请他的单位就在那里，只多不少。

曹雪雅：对方辩友说的真好，确实高薪是能留住一部分人，注意是人，而不是人才，我们的单位要留的人是什么？是那群追求事业的人。对于那种只追求待遇的人，您要用多少的待遇来满足他无限的欲望呢？这样的人不留也罢！请问合理的待遇从何而来呢？

于曲波：合理的待遇当然要从企业、从人的角度、从需要角度去满足。

肖　凡：对方辩友，您不告诉我，您的合理待遇是合理提薪、合理降薪还是合理薪酬不变。那我就问你了，一个需要发展的单位需要的是追求的事业的人还是追求待遇的人？

于曲波：对方辩友，马克斯曾经说过"物质需求是人类生产的原动力，是推动社会发展的基本动力。"不重视人类社会发展原动力和基本动力，事业还能够实现吗？

孟　蕾：对方辩友已经开始纠结了，那我来问您一个确定的问题，用待遇留人留下的人是更看中待遇的人还是更看中事业的人呢？

朱　江：为什么大家总是把待遇等同于金钱，这是你们理想中的贪欲呢？我们说人才所需要获得的是与市场经济规律相吻合的一种价格，人的价值不一定需要待遇来衡量，但是一定需要待遇来体现。

王　飞：对方辩友，我又弄不清楚您想表达什么啦，您方三辩说人是有价格的，您现在又说人是没有价格的！我们不谈人的价格问题，我们讨论一下单位过分强调待遇留人的后果，您考虑过吗？

于曲波：那我再请问对方辩友了，人看中的是事业，的确我们都看中事业，但我们说我就不能更看中待遇吗？现在企业在招聘人才的时候，不是把薪酬待遇的高低作为招人的首选吗？

孟　蕾：对方三辩又把待遇固化成薪酬了。那我想请问对方辩友的是，待遇留人是留下更看重待遇的人还是更看重事业的人？我想一个单位要发展，它更需要的是需要待遇还是需要事业的人呢？

杨　松：我想钱学森这样留学归国的人，他们是看中事业的人，对吧？但是他们回到国内后享受相对的高薪、获得国家领导人高度重视以及政治待遇上相关的待遇，他们难道就没获得待遇吗？另外近三十年来，我国海外留学生仅有25.5%的归国率，20%最优秀的人才留在了国外，请问对方辩友，你们将如何用事业留人来留住他们？

肖　凡：对方辩友，钱学森的问题我来回答你，60年代的时候，中国正在进行“文革”，您告诉我钱老获得待遇是什么，免费享受一次“文革”吗？单位留人的目的是为了让留下的人索取待遇还是共同从事事业呢？

李阒阒：您方一直在强调事业留人的伟大之处，但是事业前进途中会出现矛盾和风险，请问您方的事业留人如何保证员工的利益？

曹雪雅：对方辩友刚才告诉我们有多少的人滞留在国外而不回来，我告诉对方辩友，我这边有一组数据，四川农业大学是国内211工程重点院校，1981年以来该校共派出各类出国人员403人次，回国351人次，回国率高达百分81.7%，又说明什么呢？

杨　松：对方辩友刚才举出来的例子只是一个学校的例子，我刚才举出来的这个数据是整个国家层面发布的数据，难道我这个数据就有失妥当了吗？

孟　蕾：我方从不否认待遇留人的重要性，我想问一个现实问题，四大会计事务所在同行业中待遇不可谓不优厚吧，但是为什么，他们新进人员近2年的流失率高达80%呢？

朱　江：那是因为留在四大会计事务所的男人不是男人，女人不是女人啊。

王　飞：对方辩友，我们今天不讨论性别的问题。我感觉你们今天一直没回答我们，今天讨论的议题是什么？我们今天讨论的是事业留人重要还是待遇留人更重要。既然您方连论题都不清楚的话，我再请问您，过分考虑待遇问题，您有考虑待遇留人对社会所造成的后果吗？对方辩友！

李阒阒：对方辩友一直在告诉我们事业留人所带来的好处，但是对方一直在回避我们所提到的问题。请问对方辩友，在留人方面，事业留人有任何实质上的措施吗？

肖　凡：对方辩友，您可连待遇留人的好处都没告诉我们啊！再请问对于不问事业只为待遇的“跳跳族”现象，您如何看待呢？

于曲波：但是现在社会情况是83.7%的企业为了留住人才加薪，而且2011年以后还有89.9%的企业打算为员工加薪留住人才。

王　飞：对方辩友，咱们就说企业吧，假如说今天您留在这个单位是5000元的待遇，明天您单位的竞争对手来说“小伙子不错，我给你1万”，那您的单位怎么办呢，给你加到1万5？第三天第三家竞争单位来了，说：“嘿，小伙子你非常不错”，十分想挖你，给你两万，您老板怎么办？你老板怎么处理？

朱　江：我们一直在强调人才的价格必须要与市场经济的规律相吻合。

肖　凡：再请问对方辩友，在制造业里面能给于更好待遇的富士康却发生了12连跳，您如何解释这种留人不留命的现象呢？

于曲波：那就是你们事业上出了问题。（反方自由辩论时间到）

孟　蕾：李连杰做慈善是为了事业还是待遇？

曹雪雅：杨善洲去种树是为了事业还是待遇？

肖　凡：叶中央守灯塔是为了事业还是待遇？

王　飞：杨庆文来海事是为了事业还是待遇？

孟　蕾：尊老爱幼要待遇多可悲啊！

曹雪雅：拾金不昧要待遇很可笑啊！

肖　凡：见义勇为要待遇多可气啊！

王　飞：救死扶伤要待遇多可恨啊！

孟　蕾：事业留人最根本！

曹雪雅：事业留人最持续！

肖　凡：事业留人最稳定！

王　飞：事业留人更重要！（正方自由辩论时间到）

主　席：感谢双方在自由辩论期间的精彩表现，现在有请反方四　辩对他们的观点进行总结，时间为3分钟。请

朱　江：谢谢主席！各位评委、在座各位，大家下午好！接下来由我总结陈词。

今天，对方辩友始终在混淆两个论点：第一是“人”和“人才”的概念，不管是待遇留人、事业留人留的不仅仅是精英，更多的是普普通通的员工，没有这些默默无闻、无私奉献的员工，用人单位何谈发

展？第二是将人的基本需要与更高层次需要相混同，对方辩友一直在强调实现人生价值的精神第一性，但不管是人才还是普通员工，首先都是人，在社会中生存必然有物质需要，我们也希望有一天可以完全基于实现自身价值去追求事业，但理智告诉我们，不是现在。杨庆文、包起帆，对于他们我们满怀敬意，我们也希望有更多人成为他们，但是当61.9%的人由于待遇无法得到满足而跳槽的现实数据摆在我们面前的时候，我们发现其实事业留人也只是传说啊。因此，总结我方观点，待遇留人同事业留人相比，更能直接保障人的基本生存和发展需要，更能广泛性地留住员工以及提供全方位的、良好的工作环境，从而更有效地留住绝大多数人。

在21世纪竞争愈演愈烈的情况下，待遇不是万能的，但没有待遇却是万万不能的。人的价值不能用待遇来衡量，但一定需要待遇来体现。现实中我们看到，人对待遇的需求、对保障的渴望、对环境的挑剔，总使得那些有心无力的用人单位难以招贤纳能。待遇成本固然现实，但是不容回避。

今天上海海事局的辩手们为我们描绘了一个乌托邦式的社会，我们真的能够感到你们感性的可爱，但作为一个在现实中生活的人，这是否是画饼充饥？如果是这样，那到四川、到大西部来实现人生价值不是更重要吗？（观众——笑声）我们是海事局，不是海市蜃楼局啊！我们真的希望对方辩友今后能大大方方说出，我们正是因为待遇好、环境好才选择了上海海事去实现了我们的理想，这样我们会更能感受你们真实的可爱。当然，我们更希望四川快速发展的海事事业能更多吸引上海局的兄弟到我们四川局发展。我们等着你们哦！

（观众——掌声、笑声）

主　席：谢谢反方四辩的总结陈词！下面有请本次辩论赛最后发言的正方四辩，对他们的观点进行总结，请。

王　飞：谢谢主席！对方辩友，大家好！

今天对方辩友说了很多的待遇问题，我方承认这确实是个很实际的问题。对方辩友告诉我们，如果没有待遇，您的事业再多也没有用，因为您吃不饱、穿不暖。可是诸位，我们今天探讨的是一个“如果，没有”的问题吗？如果没有事业，一个人待遇再好，他活得能快乐吗？

今天对方辩友一直讲待遇很重要，为什么？其实我们都理解，因为我们有家庭，我们有父母，我们有子女，我们要承担起社会责任，所以我们需要有这样的待遇。可是诸位，我们活在这个世上，更重要的难道不是来自内心的快乐和安心吗？对方辩友，发自内心的幸福感，待遇能换得来吗？

按您的说法待遇是个现实的东西，以待遇留人是从实际利益出发，有可操作性；而我们事业留人是以理想出发，看不见摸不着。可我们的事业绝不是很空的东西，他就体现在每一次的巡航、每一次的签证，每一次的船舶检查，虽然平凡、但有意义，这就是我们的海事事业。

对方辩友，我们再回头看看今天探讨的是什么，今天我们探讨的是一个谁更重要的事情。按您的说法，如果一个单位倡导以待遇留人，一个社会倡导以待遇留人，这将培养出一个怎么样的价值观念？这里待遇高，我去这里；那里待遇高，我去那里。以待遇为导向，以利益为导向的社会真的是对方辩友您所想要的么？

所以，我们看到，如果是倡导待遇留人的话，更多的人就会冲着待遇而去、会冲着利益而去，而不是冲着自己兴趣而去，哪怕他自己真的不适合、不喜欢、不想要，但是由于待遇好，按照您的说法，他就应该去，因为您方是以待遇留人嘛。但恰恰相反，我们的社会不是这样的！所以我们才会看到，有很多的海事工作者宁愿赚的钱少一点，也愿意在自己的岗位上认真工作。图的是什么？不是其它，是他的事业！

对方辩友一再强调待遇重要，可是我们人生的追求难道仅仅是钱和权吗？单位存在的意义难道仅仅是在满足员工的欲望吗？社会的价值难道仅仅是金钱堆砌出来的么？不是的！对方辩友！

（观众——笑声）

百年以后，千年以后，我们或许在这个世界上留不下那么一丝痕迹；或许到时候，哪怕曾经的王侯将相都再也留不下任何一点点的回忆；或许那时候，我们不记得曾经的明星是谁，曾经的世界首富是谁；或许在那时候，我们早已经没有了自己。可是，至少在现在，我们拥有自己，我们拥有这段人生，拥有这段回忆，因为我们拥有自己的事业。钱学森先生曾经说过：我姓钱，但我不爱钱！

钱伟长先生曾经说过：祖国的需要，就是我的事业！

钱三强先生曾经说过：光明的中国，让我的生命为你燃烧吧，谢谢大家！

主　席：感谢双方辩手的精彩表现，下面有请本场比赛的评委对本次比赛进行评定。

（评委评定过程中）

主　席：经过评委评定，本场比赛的获胜队伍为正方上海海事局代表队，让我们以热烈掌声表示祝贺，同样感谢反方四川地方海事局代表队。

本场比赛的优秀辩手为正方三辩——肖凡，让我们也为他表示祝贺。

（观众——掌声）

CHINA MSA

正　方：深圳海事局

辩　题：青年成才的关键是自身能力

反　方：福建海事局

辩　题：青年成才的关键是外部机遇

主　席：各位领导、各位嘉宾、观众朋友们，今天我们要谈的第四个话题是“青年成才的关键到底是自身能力还是外部机遇。”下面给大家介绍一下本场的双方辩友，在我右手正方辩论席的是第一轮第一场的获胜方深圳海事局，他们所持的观点是“青年成才的关键在于自身能力”。请代表队自我介绍。

赖小妹：深圳海事局赖小妹。

葛志远：深圳海事局葛志远。

邹　虎：深圳海事局邹虎。

李振明：深圳海事局李振明。

主　席：好，谢谢！今天的反方是福建海事局，他们的立场是“青年成才的关键是外部机遇”。请代表队队员自我介绍。

崔　舰：中华历史，千年历程，历经多少苦难，饱尝多少风霜。

王　黎：泱泱大国，社会变革，催人反思沉浮兴衰。

袁小亮：文明进步，青年成才，引发机遇与能力之较量。

王　文：群雄汇聚，相会今日，我们就成才问题展开理性思辨。

崔　舰：一辩崔舰。

王　黎：二辩王黎。

袁小亮：三辩袁小亮。

王　文：四辩王文，福建海事局代表队向大家——

四人合：问好！（敬礼）

主　席：好，谢谢！那在比赛开始之前，我们还是来试听一下比赛的提示音。

好，那事不宜迟，我们现在就进入第一个环节陈词立论，先请正方一辩。

赖小妹：谢谢主席，谢谢各位！

我方今天的观点是“青年成才的关键是自身能力。”我们认为，从成才的规律来看，青年成长是一个漫长艰难的过程。青年成才，它需要组织的培养，领导的关心，同事的激励；它需要积极的努力，不断的学习和持续的提高；它需要对本职工作的热爱，对奉献精神的执着，对政策法规的全面理解，对严格监管的细致把握。它要的是真才实学，而不是花拳绣腿；它要的是肯学敢干，而不是挑肥捡瘦；它要的是多才多艺，而不是三心二意；它要的是锐意进取，而不是怨天尤人。这样的人才是各行各业所需要的人才，这样的人才有勇气迎接机遇的挑战，也只有这样的人才能在关键的时候接受机遇的考验！离开了对本职工作的专注热爱，离开了对自身能力的严格要求，离开了对自身能力的持续提高，没有人可以成才，没有人可能成功！

我们认为，从机遇的特征来看，机遇不是偶然的，更不是未知的；机遇每分每秒都会出现在我们面前，它藏在平凡的工作里，它藏在艰苦的环境中；它是片断的、零星的，又是不竭的、持久的；它是不易察觉的，又是稍纵即逝的；它是时间掩护下面目和蔼的考试，它是琐事缠绕中不动声色的裁判。机遇无时不在，机遇无处不在。

我们认为，只有不断提升自身能力的人，才能把握机遇，实现成才。所谓“机不可失，时不再来”，对于一个有准备的人，机遇总是慷慨的；对于自身能力不足的人，机遇就是残酷的。只有不断提高自身能力，我们才能在漫长的成才道路上越走越远。只有具备了足够的自身能力，我们才能处变不惊、临危不乱。总之，没有能力就没有机遇，就算机遇来临也无从把握。因此，我方认为，青年成才的关键是自身能力。谢谢。（观众——掌声）

主　席：好，谢谢！下面我们有请反方一辩。

崔　舰：谢谢主席！评判，大家好！

对方侃侃而谈，却忘记了人类的能力之所以能够超越其他动物，正是因为在生物进化的历程中，人获得了更好的优生机遇；能力作为人的一种本质特征，并非与生俱来，它是在社会关系环境中发展形成的。正如马克思所言“人的本质是由社会关系决定的，人的本质是一切社会关系的总和。”人成才所面临的一切社会关系，包括家庭关系、职业关系、教育关系等实践的机会和境遇正是能力产生、形成和发展的源泉。

所谓机遇，是机会和境遇的总称。而境遇是什么？“境”，指环境；而“遇”是指遭遇！所以，机遇不仅包括人才成长的机会，而且包括人才成长的环境和遭遇。一个人出生的时候要面对遗传机遇，一个人生长的时候要面对营养境遇，一个人成长的时候要面对文化机遇，一个人学习的时候要面对教育机遇。“十年树木，百年树人”，青年能力的根本来源是实践活动中的各种机遇。

第一，成长的环境机遇决定了成才之路是否顺畅。没有足够的营养，就没有大脑的正常发育；没有良好的文化教育，就没有儿童潜能的充分发掘；没有中国30年改革开放的历史机遇，就没有今天一代青年人人才济济的新局面。

第二，历史的时势机遇决定了人的才能有无发挥的机会。自古以来，乱世出将才，盛世出能臣。没有文艺复兴排除宗教的压制，就没有西方科技人才的鼎盛不衰；没有资本主义的工业时代，就没有企业管理大师的涌现；没有20世纪末的新经济，就没有比尔盖茨。正如马云所言“不是我创造了阿里巴巴，而是网络时代。”

第三，实践活动的机会境遇是一切能力的根本来源。马克思主义认为，实践是人类认识的来源。因此，一个人能力的内容和特点正是他在生产、生活、学习、工作的实践机会和境遇中锻炼发展起来的。

主席、评判、在座各位，机遇之所以比能力更加关键，还因为机遇蕴含着客观必然性。人生的必然总是通过无数的偶然来表现。人不能改变规律，只能顺应时势。因此，高瞻远瞩、洞察先机、抓住机遇才是青年成才的关键！谢谢！

主　席：下面有请正方二辩做补充陈词。

葛志远：谢谢主席！大家好！对方辩友，你明显忽视了加强自身能力建设在青年成才过程中的重要性，夸大了机遇的作用。这种思维方式会误导青年，容易滋生侥幸心理和依赖情绪，更可怕的是，还可能产生不思进取、怨天尤人的想法。对方辩友，可要警惕啊！

机遇是什么？“机”是机会，“遇”是相逢。两军相逢勇者胜，旗鼓相当能者先。机遇不是神秘的礼物，它是发生在我们身边的困难和挑战。机遇无处不在，只有不断提高自身能力，才能把握机遇，走向成才。“才”是能力，是干劲，是作风，是品德。我们的时代，责任和岗位都赋予了我们“人才”崭新的内涵。我们要有技术能力和管理能力，要有团结能力和服从能力，要有协调组织能力和自我约束能力，要有监管到位的能力，更要有优质服务的能力。

青年在成才的过程中，要把知识技能的提

升放在首位，把严格自律放在首位，把水滴石穿放在首位，把千锤百炼放在首位，这是必须的，也是合理的，更是被实践证明是可行的。它有助于克服消极思想，减少依赖情绪，消灭侥幸心理，根除哀声叹气。我们的目标，是成为积极主动的人才，恪尽职守的专才，安全保障的通才。

要达到这样的标准，我们就要把自身能力放在首位。因此，我方认为“青年成才的关键是自身能力”。谢谢大家。

主　席：好，谢谢！下面有请反方二辩。

王　黎：谢谢主席！对方辩友，我们从来就没有否认能力的重要性，您方一上台就说我方在误导青年，你让我方情何以堪！（观众——掌声），对方辩友，您今天只论证了能力是必要因素，这个我们承认；可是您一直没有论证关键作用吗？“重要”和“关键”是同一个概念吗？请您一会儿正面论证一下哪个是更关键的！

对方辩友今天还过分夸大了人的个人能力，而忽视了社会的客观规律，这是个人唯心主义的错误。我们说任何人的成才都不是孤立的，必须在前人知识累计的基础上。牛顿都说了“我是在站巨人肩膀上的”，这个“巨人的肩膀”就是外部机遇嘛！没有一代又一代的知识的累计，哪有今天的人才济济呢？

对方辩友还说机遇是偶然的，对方辩友，您太过于片面了！机遇看上去是偶然，但确孕育着客观必然性，是人们主观上不能不顺从的客观力量。一切偶然性的背后都蕴藏着某种必然性，机遇的实质是事物内在规律性的表现。人不能改变规律，只能顺应规律嘛！

对方辩友今天说什么都是能力决定的，那就请对方辩友举出一个完全靠能力而不需要机遇的例子。下面，我补充一下我方立论。

能力的产生、发展、检验都源于人的实践机遇，人的成才是在实践过程中进行的，离开了人的实践机遇，青年的成才也好，能力也好，都是无本之木、无源之水。

机遇的关键性还表现在不同的时事、制度、生产方式决定了一代青年能力有没有发挥的余地。在奴隶社会，奴隶有政治才能、军事才能，但是却被牢牢地打压。在封建社会，青年的言论能力、结社能力甚至婚姻恋爱能力都被牢牢束缚。请问，在这种生不逢时的情况下，青年能力的提升，还有这种可能吗？

主席、评判，机遇之所以成为成才的关键是因为机遇的背后是客观规律、社会制度、文化习俗的强大合力。机遇的实质正是事物内在发展不可抗拒的规律。因此，我更坚定了我方观点，青年成才的关键就是外部机遇。谢谢！

主　席：好，谢谢！接下来我们要进入的是一对一攻辩环节，先从正方三辩开始，请。

邹　虎：请问海事系统人才评价标准为什么都是考核自身能力？

袁小亮：我想海事之所以有今天的发展，是因为我们经过了三十年的改革开放，而今天又碰到了“十二五”规划之年，我们海事才需要这么多的人才，是时代造就了海事对人才的需要。

邹　虎：请问，选拔青年标兵的标准为什么都是考核自身能力？

袁小亮：我想对于青年标兵标准、考核的根本目的是引导青年向成才进发，而成才这个标准、这个选拔就是对青年的一大机遇啊！

邹　虎：请问，为什么工作人员年度考核评价的都是自身能力？

袁小亮：那年度考核，为何要放在年度来考核而不是放在每天每夜呢？年度考核本身就是突出个人能力的一个机遇嘛！

邹　虎：请问为什么选拔领导干部的标准都是评价自身能力？

袁小亮：我方从来不否认能力对于成才的必要性，但请对方辩友正视今天的辩题。

邹　虎：请问为什么在我们评选劳模、先进的时候，评价的都是自身能力？

袁小亮：我方已经说过了，我方从来不否认能力对青年成才的必要性。

邹　虎：请问，为什么选拔海事调查官的标准都是评价自身能力？

袁小亮：海事调查官是为了什么，是为了我们在危险时刻出现时候能查明原因，判明责任，就是要我们在关键的时候、关键的机遇中，发挥自己的能力呀。

邹　虎：请问为什么宣扬优秀先进的时候都是要宣扬他的自身能力？

袁小亮：对方辩友，我们宣传要抓好机遇。

主　席：时间到，请反方三辩提问。

袁小亮：谢谢主席！1979年那是一个春天，小平同志在南海为深圳画了一个圈，请问对方辩友，深圳是如何利用这个机遇发展成为国际化大都市的呢？

邹　虎：对方辩友，机遇无时不在、无处不在，正因为大家具有发现、把握机遇的能力，才能让深圳在三十年的时间发展到现在这个规模和成就，这恰恰证明了“青年成才的关键是自身能力”。

袁小亮：那对方辩友，请你告诉我，东南沿海渔村上万，那为什么单单就一个深圳成为了“深圳速度”？

邹　虎：对方辩友，这恰恰论证我方观点，机遇无处不在，关键是看你是否具有发现、把握机遇的能力，这难道不正证明了“青年成才的关键是自身能力”吗？

袁小亮：好，再问对方辩友一个问题，2002年我们对姚明知之甚少，2003年姚明却聚焦了世界的目光，是因为这一年他能力突飞猛进还是因为他参加了NBA的选秀？

邹　虎：对方辩友，这恰恰证明了因为姚明具有我们所不具有的自身能力，这难道不正证明了青年成才的关键要靠自身吗？

袁小亮：那请对方辩友向我解释一下，被选为NBA的状元靠的不是机遇吗？

邹　虎：靠的是自身能力啊，对方辩友！

袁小亮：对方辩友请解释一下，2001年到2011年中国的人均GDP增长230%，请问中国是如何利用申奥、进入WTO、办世博、修高铁、筑三峡……（反方提问时间到）

邹　虎：对方辩友，你恰恰告诉我们中国人民拥有把握奥运会、世博会以及WTO等各项机遇的能力，你恰恰论证了关键是自身能力。

主　席：好的，时间到。双方都激情满腔，充分演绎了他们的辩论魅力。那下面我们要进入的是自由辩论阶段，先从正方开始。

赖小妹：请问，海事青年是依靠自身能力还是外部机遇为人民服务呢？

王　文：对方三辩说，机遇无处不在，那么为什么那么多会唱歌的农民工却只有旭日阳刚脱颖而出呢？

葛志远：对方辩友说我方认为机遇是偶然的，我方从来没有说过机遇是偶然的。

王　黎：对方辩友，太搞笑了！刚才您方一辩就说机遇是偶然的嘛。那您还没回答刚才我方四辩的问题，为什么这么多会唱歌的农民工只有旭日阳刚脱颖而出？

邹　虎：对方辩友，恰恰是因为我们的旭日阳刚拥有发现、把握机遇的能力，对方辩友正好论证了我方观点“青年成才要靠自身能力”啊！（观众——笑声）

崔　舰：对方辩友，你错了，旭日阳刚正是因为网络时代的到来，才有展示草根文化的机会。对方辩友，为什么深圳从一个小渔村变成了今天的大都市，难道真的是因为自身能力吗？

李振明：对方辩友，你才错了，我方从来没有承认机遇是偶然的，机遇是无处不在、无时不在，它就隐藏在我们日常工作、生活中，关键是看你有没有能力把握它、发现它！

王　文：如果机遇无处不在，那么为什么中国只有一个深圳？如果机遇是无处不在，为什么我们的有才青年都要聚集到深圳这样的国际化大都市里找机遇呢？

赖小妹：所谓“求人不如求己、打铁还需自身硬”，这不正是说明了青年成才的关键是自身能力吗？

袁小亮：对方辩友如何解释“谋事在人、成事在天”呢？

葛志远：对方辩友没有能力就没有机遇啊！

王　文：请问辩友，您的能力是从何而来的呢？

邹　虎：正是说明了我们要不断地提升自身能力去发现、把握机遇啊。

崔　舰：对方辩友还是没有回答我方，您的能力是从何而来的呢？

李振明：对方辩友，我提醒你，如果一味夸大外部机遇的重要性，会使人滋生侥幸心理从而不思进取，最终结果是阻碍青年的成才！

崔　舰：能力是由社会关系、由实践产生的，而社会关系正是外部机遇所决定的？

赖小妹：让我来告诉对方辩友，我们在成才的过程中，应当把提高自身能力放在首位、把严格要求自己放在首位、把水滴石穿放在首位、把千锤百炼放在首位，这是必须的，也是合理的，更是被实践证明可行的，也是能力的源泉。

王　文：对方辩友的排比句真的非常有气势，可是你还是没有回答我方问题，如果您生活在战乱年代，没有良好的成长的机遇、没有良好的教育机遇，你有今天这样的能力吗？

葛志远：对方辩友没有看到人才发展的规律——向上一小步也是新高度，成才没有捷径啊？

王　黎：对方辩友，那我就要问您了，您方用什么来检验人才、成才呢？还不是实践机遇吗？对方辩友，那我就要问你了，为什么今天的一线人才都往“北、上、广”一线

城市涌，难道不是因为这些大都市机遇更多吗？

邹　虎：对方辩友，不管生在何处，只要你能够不断发现把握机遇，即使你在一个小的城市，在西部的偏远山区，你依然可以成长为一个优秀的人才啊！

王　黎：对方辩友，请注意了，能力本身没有导向，对成才的渴望是青年对于抓机遇的努力和实践，这本身就是对机遇是关键的肯定与执行。再问对方辩友一个问题，同样的一张考卷，同样580分，为什么北京的考生可以上北大，而山东的考生连山大都上不了呢？（观众——掌声）

李振明：我还请教对方辩友，机遇伴随着挑战，没有能力如何把握机遇，没有能力又如何应对挑战呢？

王　黎：对方辩友，能力是哪里来的呢？能力不是一次一次教育机遇来的吗？能力是怎么检验出来的，不是实践机遇来检验的吗？对方辩友您还没有回答我方三辩的问题，同样是一张580分考卷，北京的考生可以上北大，山东的考生连山大都上不了呢？

赖小妹：对方辩友，我必须提醒你，忽视自身能力的建设，片面夸大机遇在成才过程中的作用，这种思维方式会误导青年啊！

崔　舰：对方辩友，我方何时忽视自身能力建设？我方一直强调，自身能力和外部机遇是青年成才的两个必要条件，而关键在于外部机遇。对方辩友，请您再一次回答我方的问题，580分为什么山东考生上山大，北京考生上北大呢？

葛志远：我想问对方辩友一个问题，积极主动的态度和坐等机遇的态度，哪个更有利于青年成才呢？

王　文：如果对方辩友不愿意回答今天的高考，我再请问对方辩友，如果没有恢复高考的历史机遇，哪有中国今日人才济济的新局面啊？

邹　虎：对方辩友，您之所以能抓住今天这次机遇，难道不恰恰是因为您具有发现把握机遇的能力吗？这难道不是正证明了青年成才的关键是自身能力吗？

袁小亮：我也想告诉对方辩友，青年是时代的青年，没有了时代机遇、没有了组织的保护，青年只是汪洋中的一条船，那些迷信个人能力的青年是到达不了成才的彼岸的。

李振明：对方辩友请注意，只有相信自身能力比机遇更重要，这样才能鼓励青年，直面困难、勇往直前啊。

王　黎：对方辩友您今天又将能力扩大化，那我就请问对方辩友了，文革十年动乱直接造成了一代人才的断层，那请问这样的断层是要归咎于当时的学生不努力呢？还是要归咎于当时的社会制度不完善呢？

赖小妹：时不我待啊，对方辩友，你还要花多少时间等待机遇的降临呢？

王　文：但是没有机遇，对方辩友，如果没有机遇的话，当年恢复高考后成功应试的人的成才之路在哪里呢？

葛志远：对方辩友不愿回答积极努力的态度的重要性，我想告诉你，自身动力是自身能力的重要组成部分，它可以让我们在困境中求发展，顺境中谋发展，这样必须要有自身能力啊。

王　黎：对方辩友，那我就来正面回答你的问题，我们说任何人努力都是以外部需求为出发点，脱离外部需求、脱离外部机遇，任何努力都是毫无意义的，朱比娜身怀屠龙绝技，可是世界上根本就没有龙去给他去杀嘛！对方辩友，您还没有回答我方文革的问题，请您正面回答，谢谢。

邹　虎：对方辩友，机遇无处不在，机遇无时不在，你之所以没有把握住机遇，恰恰是因为您缺乏发现把握机遇的能力，对方辩友，即使这个机遇出现在你的面前，那结果也只会是个“杯具”！

崔　舰：对方辩友一再强调把握机遇，但是如果您不认为机遇是关键的话，你为什么要强调把握机遇呢？

赖小妹：只有具备自身能力才能把握机遇，没有能力也就等于没有机遇！

王　黎：对方辩友，你也知道“时不我待”，你这不正说明我方观点、机遇的关键作用吗？

葛志远：对方辩友，没有能力就没有机遇啊，难道对方辩友觉得我们的工作岗位没有提供给我们充足的机遇吗？

王　黎：哦，对方辩友，我终于明白您方观点啦，您方说时事造英雄，不同的年代有不同的人才，对方四位辩友在今天是公务员，但是在抗日战争时期可能是革命家，那你又怎么解释呢？

邹　虎：对方辩友，那恰恰证明了我们具有把握机遇的能力啊！成才的道路是一个艰辛漫长的过程，如果你不能不断提升自身能力，您如何面对每次面对的挑战和机遇呢？

崔　舰：对方辩友一再回避我方问题，好，我再问您一个问题，如果不正视成长机遇对成才的重要性，为什么会有“孟母三迁”的故事？

赖小妹：对方辩友刚刚提到了公务员，那么我就问你公务员考试考的是自身能力还是外部机遇呢？

王　文：公务员考试考的是自身能力。但是没有这样的考试，他的能力到哪里去展示，哪里是他的成才之路呢？

葛志远：对方辩友说我方在论证“时势造英雄”，我方没有论证，是对方的观点啊，我方一直在论证“自身能力造英雄”啊！

袁小亮：对方辩友告诉我们说没有能力就没有机遇，对方辩友还告诉我们说机遇无处不在。那就请对方辩友解释一下，正在战乱中的利比亚的那群孩子怎么去读书，怎么去利用自己的教育机遇？（观众——掌声）

邹　虎：对方辩友，“孟母三迁”恰恰是因为孟母具有发现把握机遇的能力啊，难道不正好证明了我方观点“青年成才的关键是自身能力”吗？

袁小亮：对方辩友抓住孟母不在场的机遇，狠狠地扭曲了我们的常识，对方辩友能力不可谓不高，但是对方辩友却没有发现事实的关键所在！再问对方辩友一个问题，那么多会唱歌的农民工，为什么只有旭日阳刚脱颖而出？

赖小妹：正是因为旭日阳刚具有非常好的唱歌能力，而他们又把握了机遇。如果他不能唱歌，他们能够脱颖而出吗？

崔　舰：对方如何理解“先有伯乐而后有千里马，千里马常有而伯乐不常有”？

葛志远：“千里马常有而伯乐不常有”，难道那些没有被伯乐相中的千里马就要自怨自艾、怨天尤人吗？

王　黎：哦，对方辩友，我明白了，如果今天没有伯乐的话，那些千里马只能去磨坊拉磨啦。对方辩友，我再请问你，如果不是公务员遴选制度，请问对方辩友，有多少青年要怎么样进入国家公务员机关呢？

邹　虎：如果不是你把握住了公务员考试的机遇，你今天怎么能够坐在这里呢？这不恰恰证明你所认为的青年成才的关键是自身能力吗？对方辩友，机遇很重要，但是把握机遇的能力才是你的自豪啊！

王　文：在考试中，失败之人的原因种类万千，而成功之人的经历却是相似，这相似的经历不就是良好的成长机遇、良好的教育机遇吗，对方辩友？

赖小妹：请问，伯乐如果不是跑得快，千里马如果不是跑的快，会被伯乐发现吗？如果伯乐没有相马的能力，他又能找到千里马吗？这正证明了青年成才的关键是自身能力！

袁小亮：对方辩友，方才字字不离机遇，就说明成也机遇，败也机遇，机遇关键也！

（反方自由辩论时间到）

葛志远：对方辩友说，没有被伯乐相中的马就要自怨自艾在马棚里度过一生，这是多么可怕的思想啊！我告诉对方辩友，任何把机遇作为成才决定性因素的说法都是漠视客观规律的！

邹　虎：对方辩友，海事系统的人才，要有团结能力、要有技术能力，要有管理能力，更要有严格监管优质服务的能力，这正证明了关键是自身能力。（正方自由辩论时间到）（观众——掌声）

主　席：好，时间到，再次感谢双方！双方都是互不示弱，气势逼人。下面要进入的是总结陈词阶段，我们先有反方开始，请。

王　文：谢谢主席！尊敬的评委，在座各位，大家下午好！

对方辩友今天的立论无非是“提高自身能力才能抓住机遇”。对方辩友如此重视把握机遇不正反映出机遇的关键性吗？

对方辩友对于机遇的理解过于狭隘，甚至荒谬地认为“遇”就是两强相遇，我实在无法苟同！让我来告诉大家机遇是什么，如果没有遗传机遇、没有成长机遇、没有实践机遇、时事机遇，对方辩友说的能力何来、人才之路何来？

对方辩友，你们错了，您方今天一再强调自身能力无限大、“事在人为”、“人定胜天”的理念，却完全无视“谋事在人，成事在天”的社会现实。举着一位位伟人的例子却只字不提他们所处境遇的机遇作用，这种试图把人描述成为巨人并把巨人剥离现实的论证方法，我方没有办法赞同！

对方辩友说抓住机遇的能力重于机遇所以能力就更关键，这是错上加错啊！1977年恢复高考的第一年，报考人数570万，录取人数27万人，录取率4.7%。对方辩友肯定会说，95.3%的人就是因为自身能力不足才没有抓住这样的机遇。而我说对方辩友为什么不站在那27万被录取并已经成才的考生角度想想，如果没有恢复高考这样一个外部机遇，他们的成才之道在哪里，我国的复兴之路在何方？

青年个人的成才是与社会的发展环境紧密结合、密不可分的。我们每个人都背负着亲人和国家无限的期望，我们竭尽自己所能地提高自己的自身能力，只为不再看到父母对自己失望的眼神，只为伟大的祖国不再被列强的铁蹄肆意蹂躏。但呱呱坠地的我们生来一无所有，是父母，是祖国给了我们健康成长的机遇，给了我们奋发学习的机遇，给了我们走上岗位回报社会的机遇。机遇就像高速公路，我们就是驰骋在公路上的跑车，一旦没有了路，“奔驰宝马也枉然，不如手扶拖拉机”！（观众——掌声）什么是关键？个人力量不可扭转、难以撼动的但对于事物发展方向起到决定性影响力的既成事实就是“关键”。

主席、评判、在座各位，身在外部机遇空前大好环境中的我们没有理由懒惰，没有理由放弃，没有理由停歇不断提高自身能力的脚步，但是机遇已经在那里，我们是幸运的一代。谢谢！（观众——掌声）

主　席：谢谢！同样把权利交给正方四辩，现在请。

李振明：谢谢主席，大家好！刚才的辩论过程中，对方辩友一味强调外部机遇对青年成才的重要性，却明显忽略了自身能力建设的关键作用。这种观点会让青年人滋生侥幸心理，产生消极思想，更可怕的是会导致不思进取，怨天尤人的想法，最终结果只能是阻碍青年成才。

要正确认识青年成才的关键是自身能力还是外部机遇，首先要明确两者的含义。自身能力是内因，内因是事物发展的根本原因，决定着事物的性质和发展方向。外部机遇无时不在，无处不在。它隐藏在平凡的日常工作中，它潜伏在各种困难挑战里，需要有能力的人去发现、去把握。正因为机遇是随时随地的，挑战也是每时每刻的。没有能力，如何去发现；没有能力，如何去把握；没有能力，如何去应对。没有能力，就没有机遇！我方认为青年成才的关键是自身能力。

从青年成才的规律来讲，成才是一个漫长而艰辛的过程，是一个水滴石穿的过程，是一个不能心存侥幸的过程。青年成才需要对工作岗位的热爱，更需要对人生目标的执着；离开了对自身能力的严格要求，离开了对自身能力的持续提升，青年不可能成才。因此，我们只有时刻把提升自身能力放在首位，这样才能处变不惊、临危不乱，才能发现并把握稍纵即逝的机遇，才能在成才的道路上越走越远。

从青年成才的要求看，人才的标准不是一成不变的。我们的时代，我们的责任，我们的岗位都赋予了人才全新的定义和标准。青年不能犹豫，更不能等待。只有时刻严格要求自己，提升自身能力，才能消除怨天尤人的思想，避免怀才不遇的哀叹！只有相信青年成才的关键是自身能力，才能顺应时代，肩负责任，胜任岗位，成长为积极主动的人才、恪尽职守的专才、安全保障的通才，为社会、为海事，做出一名青年人才应有的贡献。

综上所述，我方认为，青年成才的关键是自身能力。谢谢。

（观众——掌声）

主　席：谢谢双方的四辩的总结陈词，下面有请评委团成员对本场比赛进行评审。

（评委评审过程中）

主　席：经过评委评定，本场比赛的获胜队伍为反方福建海事局代表队，让我们以热烈掌声表示祝贺，同样感谢正方深圳海事局代表队。

本场比赛的优秀辩手为反方四辩——王文，让我们也为他表示祝贺。

做最好的自己

专业特约评委曾经在赛场上这样评价深圳队：逻辑清晰，思维缜密，每个人都各有特点，四个人又互为补充。

而深圳队的几名队员则这么评价评委的评价：客观准确，我们的确就是一个整齐划一的整体，我们心中没有对手，我们只做最好的自己。

坐在深圳海事局六楼的会议室里，队员们给我讲起了他们理解的辩论：很多人说，辩论本身就不存在谁对谁错，但我们的理念是不管抽到的辩题是什么，我们就认为它是绝对正确的。在这个基本的大前提下，我们做好充分的准备。

据我所知，队员们所说的充分准备，背后的含义有点“残酷”。所谓充分，第一要做到所有的辩词组合在一起，形成的是一个没有任何漏点的圆，整体出击。第二需要每个辩手都要熟知其他辩手的辩词，不管谁坐到场上都可以充当一、二、三、四辩中的任何角色。“那时候，忙到半夜两三点钟是非常正常的事。”队员们说。

虽然训练很魔鬼，但效果还算不错，深圳队排山倒海般的气势已然形成，并得到有效的展示。回望那段日子，大家说，辩论赛留下的影响是深远的。“心中没有对手，做最好的自己”，这一意念没有因为辩论赛的结束而消失，“它已经扎根在我们心里，影响着我们每个队员的生活和工作”。

（陈桂娟）

CHINA MSA

南方片区

半决赛第一场

正　方：湖北省地方海事局

辩　题：安全意识比安全制度更重要

反　方：广西海事局

辩　题：安全制度比安全意识更重要

主　席：各位领导、各位嘉宾、观众朋友们，大家下午好！这里是“青春杯”海事青年辩论赛第三轮第一场的比赛。今天这场比赛将决定哪一只参赛队进入南方片区的决赛，本场比赛的辩题是“安全意识与安全制度，哪个更重要”。我们就要就此话题展开一场辩论。好，两方已经就坐了，我来介绍一下比赛双方阵容，坐在我右侧是正方——湖北地方海事局参赛队，他们的观点是“安全意识比安全制度更重要”。请队员们做自我介绍，总计时为1分钟。

吴　优：谢谢主席，大家好，正方一辩吴优。

李东艳：二辩李东艳。

杨　娴：三辩杨娴。

万平原：湖北省地方海事局向大家问好！

主　席：好，谢谢！坐在我左侧的是反方广西海事局参赛队，有请代表队队员自我介绍，总计时不超过一分钟，有请。

王　玲：制度是效率。

叶　荪：制度是和谐。

孟令剑：制度是幸福。

于　群：制度是文明。

王　玲：大家好，我是反方一辩王玲。

叶　荪：我是反方二辩叶荪。

孟令剑：反方三辩孟令剑。

于　群：反方四辩于群，广西海事局代表队祝大家——

四人合：一生平安（敬礼）

主　席：好，下面我们的比赛就要正式开始了，首先有请正方一辩开篇立论，时间为三分钟，有请。

吴　优：谢谢主席，大家好！

“安全第一，预防为主”是我们海事人践行职责的坚定信条。安全意识是人们在生产生活中形成的自觉防范、应对意外的行为观念；安全制度则是人们在过往经验基础上制定的规避风险、规范行为的一种指导性文件。这二者统一服务于安全生产，要比较谁更重要，关键就在于比较何者在消除安全事故中起到主导性、根本性、决定性的作用。基于此，我方认为，安全意识比安全制度更重要，理由有三：

第一，发生安全事故的根本症结在于安全意识而非安全制度。开开心心上班去，平平安安回家来。现代人的生活，何曾少了这样的制度、那样的规范？然而，制度永远都只能是预警、惩戒的工具，而非消除隐患的手段。三令五申的取缔制度挡不住前仆后继的“三无”船舶。这些事故的制造者也是受害者们何曾不熟悉海事法规，何曾不了解安全规范？一桩又一桩血淋淋的事实一次又一次地警惕我们：安全事故的发生不是安全制度欠缺的结果，而是安全意识淡薄的悲哀！

第二，预防安全事故的根本途径在于安全意识而非安全制度。众所周知，安全制度总是从过往经验中来，到全新生产生活中。制度的约束作用固然能在一定程度上影响人们的思考，但是决定人们行为选择的关键永远都只能是主体意识。欠缺安全意识的主体参与，再健全的安全制度都只能沦为一纸空文。计划赶不上变化，制度跟不上生产，“要我安全”不如“我要安全”，我懂安全才能保我安全。

第三，应对安全事故的根本手段在于安全意识而非安全制度。安全口号一万天，事故发生一瞬间。在快节奏、重任务、强竞争的现代生产中，以外在性、滞后性、被动性为根本特征的安全制度难以应对事故发生的多变、广泛、新颖的突发状况，生产、生活亦不可能坐等制度的建立健全，安全制度的滞后性空白不是偶然而是必然，唯有安全意识全程参与并主导着人们合理应变。

对方辩友若要在自己的立论中以制度的规范性、强制性、可靠性为论点，就应当先向我们解答如何克服制度的外在性、被动性、滞后性的弊端。

综上所述，我方坚信，安全意识比安全制度更重要。谢谢！（观众——掌声）

主　席：好，谢谢！下面有请反方一辩立论，时间同样为三分钟。

王　玲：谢谢主席，大家好！在阐述我方观点之前，我先指出对方的错误，对方将作用时间长短来作为判断哪个手段更重要的标准，显然过于片面，按对方辩友的逻辑，马车比火车作用时间长，那么在交通运输中火车的作用难道比马车更小吗？

今天，我们讨论“安全制度与安全意识，哪个更重要”是基于安全生产生活这个前提之下的。开宗名义，安全制度是指人们有义务、有责任共同遵守的办事规程或行动准则，而安全意识是人们对可能造成自身或他人伤害的外在环境条件的一种戒备和警觉的心理状态。安全制度和安全意识在生产过程中都发挥着重要作用，而判断哪种手段更重要的标准在于哪种手段效果更明显、执行力更强、约束力更大。我方认为：安全制度比安全意识更重要。理由有三：

第一，安全制度比安全意识效果更明显。首先，安全制度能够预先对生产活动进行科学安排，最大限度地排除不安全因素；而安全意识是基于人的经验和认知上产生的，难以规范统一，难以保证规避风险的有效性。其次，对于意识薄弱的人，要培养他的安全意识需要一个长期的过程，效果难以预料；而安全制度具有强制实施性，用制度来强行约束、强制实施，效果更直接、更明显。

第二，安全制度比安全意识操作性更强。如果以安全意识作为保障安全生产的主要手段，存在以下几个毛病：一，安全意识不具备直接明确的行为指向性，当出现安全事故时不能指导人们科学、有效迅速的规避危险。二，安全意识不具有统一性，保障安全生产的效果难以稳定。三，安全意识不具有稳定性，安全意识会随着时间、环境的变化而变化。人的意识是变化的，用意识来预防减少和控制安全危险具有一定的局限。而安全制度是人们对安全生产经验上的理性认知与积淀，在生产活动中能直接有效地指导人们如何保障安全，具有更直接、更有效、更稳定的行为指向性作用。

第三，安全制度比安全意识的约束力更大。无规矩无以成方圆。制度一旦形成，就具有很强的稳定性和权威性，任何人都必须自觉遵守和实施。而安全意识不具有惩罚的功效，对人的约束力是有限的。

综上所述，我方认为"安全制度比安全意识更重要"。（观众——掌声）

主　席：感谢反方一辩，下面有请正方二辩做补充立论，时间两分钟。

李东艳：谢谢主席，大家好！

有两点非常遗憾，一是对方辩友的立论未能解答我方关于安全制度外在性、被动性、滞后性的弊端；二是对方辩友的陈述并未给出一条清晰稳定的比较标准。

我方一辩已经从事故症结，预防途径以及应对手段三个方面阐述了安全意识比安全制度更重要的原因。下面我将结合三对矛盾进一步阐述我方观点：

第一，安全事故多样性与安全制度被动性之间的矛盾决定了安全意识比安全制度更重要。我国每年意外死亡人数高达13万人。尽管相关法律法规多达五千部，但相对于事故的多样性而言，制度的被动性不言而喻。科技的不断进步与生产的不断革新，使得原本管辖面就有限的安全制度更加无力应对各种突如其来新的变故。可见，唯有时刻保持警觉，才能有效防范意外。

第二、安全事故自发性与安全制度外在性之间的矛盾决定了安全意识比安全制度更重要。安全制度会对人们的行为选择有所影响，但事故的制造者们往往并未遵照制度做出选择。有法未依，有制未守，这本身是不是就暴露出制度规范外在性、被动性、软弱性的本质特征呢？可见，唯有安全常驻心间，才能真正防微杜渐。

第三，安全事故突发性与安全制度滞后性之间的矛盾决定了安全意识比安全制度更重要。突发性是安全事故的本质属性，滞后性是安全制度的根本不足。酒驾新规的制定，救不回遇难者的生命；后知后觉的警示惩戒，难以弥补及时性的制度空白。可见，唯有提高安全意识，才能做到防范于未然。

综上所述，我方坚信，安全意识比安全制度更重要。谢谢！（铃响、观众——掌声）

主　席：好，谢谢，我们来听一听反方二辩是如何反驳的，时间两分钟，有请。

叶　荪：谢谢主席，大家好！

刚才我方一辩已明确指出，安全制度在保障安全生产中，效果更明显、操作性更强、约束力更大，这就是我们的标准。其次，今天对方辩友说制度制定后并不能杜绝事故的发生，那我请问对方辩友难道安全意识就能100%预测和杜绝事故的发生吗？只要有人的生产生活，事故就是无法避免。下面我将从理论层面进一步阐述我方观点：

首先，根据控制力理论，在社会活动中人要遵守某种规范，必须要有外部的控制机制。“安全制度”就是一种控制机制，它对人具有监督、约束和惩戒的外部控制特性，能有效地规范人的生产行为，进而达到安全生产的目的。而“安全意识”不具有强制性，不能对人产生控制力。

其次，在客观规律和主观能动性关系中，主观能动性的发挥必须以尊重客观规律为前提，脱离实际盲目夸大人的主观能动性，只能导致实践中的失败。在现实生活中，只有从实际出发，在安全制度的指导下，建立正确的安全意识，发挥人的主观能动性，才能更好地达到安全的效果。

最后，根据安全管理理论，安全制度是社会意识的成熟体现，它强调由制度去预防、控制、减少和杜绝事故的发生，具有强制性和公平性，它剔除了主观随意性，使安全生产从“意识约束人”向“制度约束人”转变，保证了安全生产过程中人的和谐统一和社会发展的持续有效。

综上所述，我方认为，安全制度比安全意识更重要。

主　席：好，谢谢各位辩手。在刚才第一轮的辩论中，双方的观点都已经非常鲜明了，正方看中的是安全意识，反方看中的是安全制度。那么谁更有说服力呢？我们要进入下一轮的一对一攻辩，每轮攻辩总计时1分30秒，攻方只能提问，用时不超过10秒；辩方只能回答，用时不超过20秒。好，下面我们有请正方的三辩选择反方三辩进行一对一攻辩，有请。

杨　娴：谢谢主席！有请对方辩友，我方二辩提出了三对矛盾显然您方无法解决，请问安全制度是怎么来的？

孟令剑：安全制度是通过人对客观事物总结的基础上，对今后事物具有一定的指导性、预防性、约束性并具有一定的强制性，不是你想执行就执行，您不想执行就不执行的。

杨　娴：对方辩友无法否认安全制度的源起是安全意识的觉醒啊。再请问您，是不是有了安全制度，人们就能安全呢？

孟令剑：如果大家都去遵守安全制度的话，怎么能不安全？今天我们讨论的是安全制度与安全意识这两个变量在安全生产中的作用，而不是讨论鸡生蛋还是蛋生鸡的问题！

杨　娴：对方辩友也承认了，光有制度不行，还得靠人执行吧。请问是不是有安全制度，人们就会执行呢？

孟令剑：如果对于我的话，有安全制度我肯定会执行。我想对方辩友有安全制度的话，您也会执行吧？

杨　娴：对方辩友其实也承认执行与不执行的关键在人自身的认同嘛！我想请问您，这种认同是制度还是意识？

孟令剑：统一的意识就是一种制度，你把所有的意识都统一了、进行规范了，这不就是安全制度吗？

杨　娴：对方辩友，请问您安全制度是不是永远都是正确、全面的？有没有错误与不足？何时才能完善健全，怎样才能完善健全呢？

孟令剑：我方认为安全制度是在不断完善、健全的，我们现在的安全制度就比以前的安全制度好。你看我们酒驾入刑制度实行以后，严查酒驾的力度比以前大了，酒驾死亡人数就比以前少了，这不正是安全制度优越性的体现吗？（第一轮攻辩时间到）

主　席：时间到，下面请反方三辩选择正方三辩进行一对一攻辩，有请。

孟令剑：请问对方辩手，您的安全意识强吗？

杨　娴：我安全意识当然强啦！我们是通过我们个人的安全意识，还有我们公共的安全意识，我想还有责任心和良心，在遵守法律的前提下，增强我自己的安全责任心，然后进而延伸到增强我的公共安全意识，这样的我们的社会才会更和谐嘛。那么我想有了制度的话……（回答时间到）

孟令剑：可惜我的安全意识不是很强，请问对方辩友，我们评价安全意识强和弱的标准是什么呢？

杨　娴：对方辩友，我们每个人都有安全意识，但是我们强和弱这说明什么？这说明我们有的时候有安全意识，但是我们都存有侥幸心理，这个时候我们没有为公众负责。那我们在制度已经存在的前提下，我们要去认可拥护制度，才能更好的去执行制度，这个时候也说明我们意识是最重要的……（回答时间到）

孟令剑：那请问对方辩友，你靠什么去约束那些安全意识不强的人呢？

杨　娴：对方辩友，我不能约束他人，但是我能控制自己的安全意识。然后每个人都有他自己的安全意识，并且他只能够影响……，然后您说了，制度也不能够决定我的安全意识，制度只能够影响人的行为，进而决定我去做出一些判断。

孟令剑：安全制度虽然不影响您，但是能够影响我们大家啊。请问对方辩友，2011年的中国安全生产日的主题是什么？

杨　娴：对方辩友，我觉得我们每个人都认同安全制度的作用。我们不是比较谁无效，是比较安全意识与安全制度谁更有效……

主　席：好的，时间到，谢谢双方辩手！经过了一对一攻辩以后，我们要进入到最为紧张的自由辩论时间，各位辩手都有发言的机会，也是各位展示自己才华的时候。双方各有5分钟的发言时间，双方轮流发言，一方时间用尽后，另一方可以继续发言，首先有请正方发言。

万平原：要比较谁更重要，就要明细二者的关系。人们制定安全制度是不是以意识到安全意识的重要性为前提？

于　群：当然不是！我们说过制度是具有强制性的，也就是说统一而有强制性的意识就是制度！我第二次问对方辩友，请问2011年安全生产月的主题是什么？请告诉大家。

杨　娴：对方辩友，我虽然不知道您的主题是什么，但是我知道这个制度不管怎么执行，首先是认可它，这就是我们的安全意识嘛。请问安全制度落实执行是不是以主体的能动性为前提呢？

孟令剑：我觉得对方辩友还是要增加安全意识啊。请问对方辩友，咱们的船员考试、发证，是靠STCW公约来约束呢，还是靠船员的安全意识来约束的呢？

李东艳：能约束正说明它被认同了嘛！请问了安全制度不被意识认同，如何发生效益？

孟令剑：我们的法律不是说你认同就遵守、不认同就不遵守，要有强制性的啊，对方辩友！

吴　优：但是我们要把法律知识转化为我们内在的动力，那种自觉的遵守不比你的法律约束力更强吗？请您为大家举出哪怕一个由安全制度直接导致不安全行为的案例，好吗？

叶　苏：对方辩友一直把制度与人相脱离，那我请问对方辩友，你把人和意识相脱离，意识还能有用吗？

万平原：通过刚才对方辩友的答辩，我明白一个道理，对方辩友不是意识到安全的重要性才去制定制度，而是为制定制度而制定制度，显然这个制度是不是太过于万能呢？安全制度生产、落实、修订无一不落实并服务于安全意识。让我们看看事故根源吧，烟大公司一个月内两艘船相继失火，那他们是不是没有防火制度呢？

于　群：那正是因为他们没有很好地执行我们的安全制度嘛。请问对方辩友，安全制度与安全意识在安全生产中哪个更直接有效呢？

杨　娴：不管制度是怎么样、如何来制定，我们前提还是要人们有遵从安全制度的意识嘛！"阿帕托号"违法航行引发事故，是因为没有航海规范吗？

孟令剑：正是有了航海规范，他没有去遵行，才产生了航海事故！请问对方辩友，ISM的强制性淘汰了老旧船运输，难道依靠船东的安全意识，他们就能对老旧船舶割爱吗？

李东艳：那他为什么不去遵从这个规范呢？可见意识的淡薄才是事故产生的根源嘛。"荣建号"超载航行导致悲剧发生，是没有限载规范吗？

叶　苏：有限载规范啊，但是你能说他不遵守限载规范，他就是意识高吗？或者说意识薄弱吗？我们说制度制定出来他是有强制性的。为什么执行不到位？就是因为没有更好的制度体系去保障它的实施！那请问对方辩友，人的安全意识有统一的标准吗？

吴　优：我想回答对方辩友的是，正是人的意识把你们的安全制度内化于心，成为我们自觉的行动，那样才对执行制度做出最有效的作用。"三无船舶"入海航行引发事故，是因为没有取缔制度吗？

孟令剑：今天，对方辩友辩论的不是安全制度与安全意识的作用，而是怎么去执行安全制度和安全制度的重要性啊！

万平原：对方辩友，刚刚说是没有强制的制度来推进制度的执行，那么请问酒驾都写入刑罚了，这个还不够严厉吗？

孟令剑：对方辩友没有看到吗？我们说酒后不要驾驶，我们喊了几十年，结果有用吗？效果显微！正是我们强化了安全制度，加强了执法，才挽救了很多生命。我劝对方辩友遵守安全制度，酒后不要开车。

杨　娴：我总算明白了对方的一个道理，我们要加大惩处力度，我们的制度才能有效执行。那我想请问您了，我们的死刑够不够严格，那为什么还有犯罪发生呢？

王　玲：我想告诉对方辩友，你们一直在用我们没有执行或者执行不力的制度跟你们已经完善树立了的意识进行比较，那这么说的话，你们站在巨人的肩膀上和我们比高，我们情何以堪啊？

李东艳：那这样吧，我们回到海事行业来谈谈制度的效应吧。有安全制度，为什么"农用船"非法载客屡有发生？

于　群：那是因为我们没有一个良好的、更高一层的安全体系去保证我们的制度的进行啊。你能说现在我们这个体系不完善，我们以后就不去完善这个体系了吗？以后完善体系之后，我想这样的三无船舶就不会再有了。那我请问对方辩友，面对层出不穷的食品安全问题，我们能祈求黑心奸商增加安全意识吗？不是还是要靠安全制度来惩处他们吗？

吴　优：如果现在厂商增强了他们的公共安全意识，我相信毒奶粉事件是不会出现的。请问对方辩友，有安全制度，为什么低质量的船舶问题无法根治呢？

王　玲：对方辩友一直在说你们的意识，意识是可变的，请问意识如此多变，你们要怎样才能保证意识一定起作用呢？

万平原：我方从未一直在强调我们的意识，我们讲的是一个个海事案例啊，对方辩友！刚刚对方辩友说我们的海事体系不健全，让在座的每一位海事人情何以堪啊？有安全制度，为什么内河船舶要到沿海去营运呢？

于　群：那完全是由于利益的驱使啊，那是道德的问题，不是安全意识的问题。那请问对方辩友，"天子犯法与庶民同罪"，仅凭你的安全意识，能做的到吗？

杨　娴：我们的前提就是追求法律神圣，我们的安全意识提高啊。法律是最后一条防线，他的目的也是为了增强人们安全意识啊！安全制度没有意识的认同，就失去了效率。我们来看看意识的意义吧，安全制度无法预见各种新形势下的意外，靠什么处理？

孟令剑：靠的就是我们完善的安全制度体系啊。请问对方辩友，我们如何将不同的安全意识统一到同一个安全生产中去呢？请对方辩友明确回答！

李东艳：请对方辩友明确回答我方提出的问题，好吗？实际操作中难免出现安全制度的空白，您靠什么应对呢？

于　群：连对方都承认法律是最后的一道防线了，这不就完全证明了我们的安全制度要比你们的安全意识要重要的多吗？

吴　优：法律只是最后一道防线，但是在这之前，我们的安全意识才能执行您的法律。没有安全意识，如何去执行法律呢？

王　玲：安全意识的执行，请问靠什么？难道日本海啸了，我现在坐在这里动动我的意念，我说海啸停止吧，它就会停止了吗？

万平原：我们今天的辩题是安全事故而并非天灾人祸。请问对方辩友，“要我安全”和“我要安全”，哪一种的效果是更明显的呢？

王　玲：那我就请问对方辩友，“要我安全”和“我要安全”，哪个约束强制力更大呢？

杨　娴：对方辩友难道想跟我论证，被动性比主动性更重要吗？我们来直接对比效果好了，安全意识教育让英国小姑娘在印尼海啸中拯救了全村人，您怎么看？

叶　苏：安全意识是重要的，我们有承认。但是您说安全制度有盲点就不去用它，那雷达也有盲点啊，那为什么一直依靠雷达来避免船舶避碰呢？难道靠安全意识就能避免船舶避碰吗？那我请问对方辩友，如何将不统一的安全意识作用于生产之中？请对方正面回答。

李东艳：请对方辩友不要转移我方的辩题，我们现在讨论的是安全制度而不是雷达。安全意识教育让三草中学的师生在汶川地震中幸免遇难，您怎么看呢？

于　群：这正是因为有完善的预警制度和安全制度，所以他们才能幸免遇难啊。请问对方辩友，安全意识是个人的，在突发情况下，如果发生踩踏事件，是用安全制度可能逃出险境呢，还是你的安全意识呢？

吴　优：对方辩友，你狭隘了我们对安全意识的定义，我们所指的安全意识是个人的安全意识和公共安全意识的统一啊。请问对方辩友，生活早就给出了答案，明明标有高压危险，为什么就有人以身试险呢？

叶　苏：他不尊重制度去办事所犯的结果，你说是我制度的问题，这不是倒果为因吗？那请问对方辩友，意识是可变的，不同时期意识不同，不同环境也可能不同，请问意识如此多变，怎么会有效作用于生产中呢？

万平原：意识是稳定的，我从小就知道触电危险，我现在还认为是这样，难道我的意识是不稳定的吗？请问对方辩友，明明写的“禁止游泳”，为什么还有人就是要往下跳？

孟令剑：对方辩友认为意识是稳定的吗？我今天想开船，我在黄浦江我开11节，我明天想开21节，你认为是稳定的吗？我想还是遵从黄浦江的安全航行规定比较实在一点吧！请问对方辩友，一个喝醉的人去开车，这个时候他已经没有安全意识了，你靠什么去约束他呢？

杨　娴：对方辩友，这个时候正是需要提高我们的安全意识啊，而且您说我们的意识没有稳定性，我们的稳定性表现在在哪儿？表现在我们对已有工作经验的总结，我们是“一朝被蛇咬，十年怕井绳”，这次事故已经发生，下次事故肯定能够避免了。我想请问您啦明明写着“吸烟有害健康”，为什么仍然有人乐此不疲呢？

王　玲：对方辩友一直在规避我们的问题，如果对方辩友无法回答，可以直接告诉我们，我们可以换个话题。我再次希望对方辩友正面回答，如何保证人的意识能够达到安全统一的标准？

李东艳：我们讨论的是安全事故，我们来看看安全事故的应对吧，安全事故的警示性不断加强，为什么违规行为继续发生？

孟令剑：这是安全制度体系的问题，是已有制度你不去执行的问题，不是制度的问题啊！

（反方自由辩论时间到）

主　席：好，反方自由辩论时间到，正方可以继续发言。

万平原：明明写着“吸烟有害健康”，为什么还有这么多人吸烟？

杨　娴：明明写着“事故高发路段”，为什么又有人以身试法呢？

李东艳：安全制度的惩戒力度不断加大，为什么安全事故照旧发生？

吴　优：安全制度警示性不断加强，为什么违规行为继续发生？

万平原：安全事故多样性与安全制度被动性的矛盾，你到底解决没有？

杨　娴：安全事故自发性与安全制度外在性的矛盾，如何克服？

李东艳：安全事故突发性与安全制度被动性的矛盾，如何克服？

吴　优：“在岗一分钟，负责60秒”如何理解？

万平原：“小心无大过，粗心铸大错”，这还不是意识吗？

杨　娴：“安全是无形的节约，事故是有形的浪费”，您怎么看？

李东艳：祸在一时，防在平时啊。

吴　优：一人违章，众人遭殃，这还不是意识的作用吗？

主　席：好，时间到，谢谢各位辩手的精彩表现。我们的比赛要进入到最后一个环节，让我们来看一看双方的四辩如何在三分钟的时间内一决高下的。首先，有请反方四辩总结陈词，时间为3分钟，有请。

于　群：谢谢主席，大家好！谢谢对方辩友富有激情的辩论，但对方辩友的偏颇之处就在于激情有余而理智不足！下面，我就指出对方几点错误：

首先，对方片面夸大了意识的主观能动性，正是因为制度具有外在性，所以才使我们的制度无处不在，包括条文和图文制度，无论您有没有安全意识，您都能看得到啊！

第二，辩方把违反制度造成的后果说成是制度的不完善，犯了倒果为因的错误。

第三，对方辩友总是将已经树立的意识与执行不力的制度做对比，两者根本就不具备比较性嘛！

下面我将从价值层面进一步阐述我方观点。

首先，认识到安全制度比安全意识更重要，有利于我们更有效地处理在安全生产中遇到的问题。安全制度能在最大限度内避免安全事故的发生，对有安全意识的那一部分人，它能起到一个指引作用，告诉大家该如何去避免事故的发生；对于安全意识淡薄的人，它能起到强制和惩戒作用，让他们产生敬畏之心，从而尽可能避免安全事故的发生。

其次，认识到安全制度比安全意识重要，能够使安全管理中不可避免的矛盾由人与人的对立弱化为人与制度的对立，从而更好地约束和规范员工行为。换言之，安全意识能够提醒人们注意安全，却不是主导安全生产的主导因素。安全意识能够创造良好的安全氛围，却不能处理安全生产过程中的复杂矛盾；安全意识可以使君子更彬彬有理，却不能阻止小人兴风作浪。唯有强而有力的制度，方能做到“制度面前人人平等”，奖惩之时，各有依据。

第三，认识到安全制度比安全意识更重要，才能最大化地发挥安全制度的作用，树立“安全生产，制度先行”的价值理念。制度意味着规则，一切行为守规则，上下左右才顺畅；制度意味着责任，只有依章办事，我们才能更好地履行我们的安全责任。所以，在安全生产过程中，要想让大家都守规则、讲程序、重责任、明奖惩，制度先行是应有之义。

是什么给予安全的标准？是安全制度。是什么保证了人们安全意识的教化？是安全制度。是什么阻止了不安全行为的泛滥？是安全制度。是什么保证了安全生产的有效运行？还是安全制度嘛！

最后我想用古希腊哲人的一句话结束我方陈词——制度意味着光明和安宁，意味着自由和自我控制，制度就是力量，制度是人类最大的需要，是真正的幸福所在。谢谢大家！（观众——掌声）

主　席：谢谢！现在有请正方四辩做总结陈词，时间同样是三分钟。

万平原：谢谢主席，大家好！对方辩友对于安全的重视，对于安全制度的推崇，无不让我们动容。安全制度的重要性与必要性、规范性与可行性，我方从未忽视，也从不敢否认。然而，对方辩友仅从安全制度的重要性就导出它比安全意识更为重要的推论，我们实在无法认同！反观我方始终坚持把

消除安全事故的效用性作为评判、比较二者重要性的根本依据，而对方辩友却自始至终未曾给出一条清晰明确的比较标准，没有明确的比较，怎么得出结论呢？

对方辩友只是一味大谈特谈制度的好、制度的强大，诚然，正如对方辩友所言，制度就在那里，你认同或者不认同，执行或者不执行，它就在那里！然而，每每我们打开电视、翻开报纸、点开网页，那一份份措词严整的安全制度还未来得及让我们稍感慰藉，那一起起骇人听闻的安全事故便让我们触目惊心。《食品安全法》就在那里，瘦肉精、毒奶粉照出不误；《交通安全法》就在那里，酒驾、逃逸照出不误；《海上安全法》就在那里，三无船舶依旧横行。面对一桩又一桩血淋淋的事实，我只想问大家一个问题，你，相信什么？

安全制度，源于安全意识的觉醒；制度执行，取决于安全意识的认同；制度完善，又复归安全意识的重建。制度影响判断，意识决定行为。孰本孰末，孰重孰轻，毋庸多言，不证自明！没有安全意识的能动作用，安全制度只能是没有灵魂的文本！我们需要制度，但我们绝不依赖制度；我们造就制度，但我们决不迷信制度。

一人把关一处安，众人把关稳如山。你的生命靠谁把关？海事的安全靠谁把关？国家的命运又靠谁把关？制度还是意识，被动还是主动，外在还是自我，这绝非什么艰难的抉择！

今天双方在这里辩来辩去，说到底，无非就是一个态度问题：到底谁该对我们的安全负责？是强加给无辜的制度，还是归结到不够负责的自己。是负责，是自己！安全在我心中，生命在我手里。我坚信，我们海事人的责任与骄傲，全在这一身海事制服里。谢谢大家！

（观众——掌声）

主　席：谢谢双方的精彩表现，下面有请评委团进行评审，大家稍作休息，比赛结果稍后揭晓。

（评委评审过程中）

主　席：经过评委评定，本场比赛的获胜队伍为正方湖北地方海事局代表队，让我们以热烈掌声表示祝贺，同样感谢反方广西海事局代表队。

本场比赛的优秀辩手为反方三辩——孟令剑，让我们也为他表示祝贺。

被偷走的10秒

10 SECOND

10秒钟，能做什么呢？川剧变脸大师可以轻松地变10张脸，“闪电”博尔特能够毫不费力地跑出100米。10秒钟，也能奠定一场比赛的胜负。

全国海事系统青年辩论赛开赛的前两天，广西海事辩论队的队员们开始了最后的冲刺。在这紧要的当口儿，四辩于群紧张了。原先背得滚瓜烂熟的辩词，总是忘词卡壳，每每超时，急得“金牌计时员”盛锦弢抓耳挠腮。怎么能保证于群在3分钟内把辩词说完呢？盛锦弢苦苦思索，终于从举重队激发队员潜能的方法里触类旁通，想到个好法子——偷时间！再次计时的时候，明明还剩10秒呢，他却一脸“沉痛”地宣布“时间到”。在他的魔鬼训练下，于群的语速逐渐加快了。当然，这件事是“不能说的秘密”，除了他自己，谁也不知道。

比赛中，当于群铿锵有力的结束语伴随倒计时铃声一同响起时，盛锦弢偷偷地笑了。精彩的总结陈词在胜负的天平上加了重重一码，广西辩论队首战告捷。

（刘倩）

CHINA MSA

正　方：上海海事局

辩　题：诚信重在自律

反　方：福建海事局

辩　题：诚信重在他律

主　席：各位领导、各位嘉宾、观众朋友们，大家下午好！这里是“青春杯”海事青年辩论赛南方赛区半决赛第二场现场，我是本场辩论赛主席倪莎。众所周知，诚信是中华民族的传统美德之一，诚信是公民的第二个身份证，那今天我们要谈论的第二个话题就是“诚信重在自律还是他律”。让我们先来看看今天场上的双方辩手，在我右手正方辩论席上的是上海海事局，他们所持的观点是“诚信重在自律”。请队员自我介绍。

孟　蕾：把握时代脉搏，海事青年论道。

曹雪雅：汇聚黄浦江畔，憧憬你我未来。

肖　凡：秉承世博精神，点燃心中激情。

王　飞：你我舌战诚信，自律重于他律。

孟　蕾：我是正方一辩孟蕾。

曹雪雅：正方二辩曹雪雅。

肖　凡：正方三辩肖凡。

王　飞：正方四辩王飞。

四人合：上海海事欢迎您!

主　席：好，欢迎正方的到来。经过前两轮的比赛，相信大家对今天的反方也肯定不会陌生，他们就是福建海事局，他们所持的观点是“诚信重在他律”，请队员自我介绍。

崔　舰：上承殷周，下开汉唐，中华道德以礼贯之。

王　黎：千年文明，万里河山，没有规矩不成方圆。

袁小亮：泱泱大国，天下太平，法制监督促成社会秩序。

王　文：诚实守信，唯有他律，才能济世救民、定国安邦。

崔　舰：一辩崔舰。

王　黎：二辩王黎。

袁小亮：三辩袁小亮。

王　文：四辩王文，福建海事局代表队向大家——

四人合：问好！（敬礼）（观众——掌声）

主　席：好，谢谢，那在比赛开始之前，我们还是来试听一下比赛的提示音。

好，事不宜迟，首先让我们进入陈词立论阶段，先请正方一辩发言，时间三分钟。

孟　蕾：尊敬的主席、评委、对方辩友，大家好：诚信重在自律还是他律，自始至终都是人类社会不同发展时期的关键问题之一。我方认为“诚信重在自律”。相信对方辩友和我方一样，都同意在诚信问题上，自律和他律都重要。而在我方看来，在社会主义法律体系基本建成的今天，我们构建和谐社会、构建诚信体系更要依赖于自律。下面我将从概念界定和逻辑分析两个层次来阐述我方观点。

根据《现代汉语词典》，“诚信”指诚实守信用。“他律”是指通过自身以外的力量，通常是一种强制或惩罚性的力量，来约束和影响个体的行为。而“自律”指个体、组织主要依靠自身观念和思想等内部因素来约束自己的行为以符合某种社会规范。自律的形成常常借助教育、舆论、宗教教化等一些途径来实现，进而将规范内化为自己的行为准则来指导自己的言行。

从逻辑分析层次看，我们今天讨论的不是自律和他律是否“重要”，而是哪个“更重要”的问题。我方认为自律和他律都重要，但两者相比，诚信重在自律，理由主要有以下三点：

第一，从生效的机制看，自律更能体现人的主观能动性。他律实现诚信，依靠的是规范的实施和规则的执行，强调的是强制性和惩罚性；而自律实现诚信，强调的是主观性和自发性。两者之间的区别早已为儒家与法家的争论所指明：所谓“道之以政，齐之以刑，民免而无耻；道之以德，齐之以礼，有耻且格。”（正方二辩曹雪雅举出一个牌子，上面画有孔子画像以及“道之以政，齐之以刑，民免而无耻；道之以德，齐之以礼，有耻且格”这句话。）因为体现了主观能动性，所以人才能“有耻且格”，这显然比“免而无耻”更加重要。

第二，从社会治理成本看，自律的实现成本更低。他律实现诚信，需要建立和完善规范，这需要投入大量的人力、物力、财力，管得越多，摊子越大，成本越高。改革开放至今，我国在法律体系、监督部门投入大量的成本，但违反诚信的现象却没有得到相应遏制。自律实现诚信，注重的是防患于未然，社会治理成本显然更低。

第三，从长期看，自律比他律更具稳定性。他律构建的诚信体系能够维持一时却难以维持一世。所以，我方认为：诚信重在自律，谢谢！（观众——掌声）

主　席：好，我们来听反方一辩是如何破题立论。

崔　舰：谢谢主席，大家好！

举目苍穹，自律尽失；放眼神州，假冒遍地。从假烟假酒假药到假账假报表假新闻，请问机构法人的自律精神何在？从安然的假财务到安达信的假审计，从高盛作假到美国转嫁次贷危机，百年信誉的自律组织也做不到自律。从法国支持达赖到美国栽赃萨达姆，从北约干涉利比亚到福岛排放核废水，从联合国威信受挑战到国际奥委会受贿，种种事实证明了面对强大的利益，即使是国家和政府，也不可能做到自律，而需要他律这个“多级化”因素来加以制衡。

第一，正如恩格斯所言：“人来源于动物界这个事实证明了人难以摆脱贪欲，问题在于摆脱得多一些或摆脱得少一些，在于不同程度上的差异。”马克思曾说：“只要有200%的利润，就会有人敢冒杀头的危险；只要有300%利润，就会有人敢于践踏一切道德和法律！”试问，在巨大利益的驱动下，自律怎么可能阻挡贪欲的脚步？

第二，伦理学认为自律的基础是道德品质，而由于人的道德品质是可变的、不稳定的，所以自律具有不可靠性、无法量化等特点，这正是自律的先天不足。这就是为什么有些干部克己奉公到了59岁，却在临近退休之前纷纷落马？这就是为什么胡长清在早期是好干部而后来却腐化堕落？这就是为什么我们说自律无法遏制贪欲而需要通过法律、制度、舆论、教育、监督、惩罚等他律的措施来保障诚信。

第三，正如马克思所言，人的本质是由社会关系决定。人一生下来的时候是不懂得自律的，人的自律是社会他律文化教化的结果。所谓的道德品质就是社会他律要求的内化。

主席、评判、在座各位，中国受不了太重的诚信危机，我们经不起太长久的等待。面对贪欲的膨胀，我们期盼迅速有效的机制来遏制。出路何在？正如李克强同志所言要“重典治乱”，“要加大惩处力度”，这就要建立覆盖广泛、功能完善的防范、监督、惩戒三结合的诚信他律体系。只有加强他律，才能挽救中国的诚信！谢谢！

主　席：好，下面请正方二辩做补充陈词。

曹雪雅：谢谢主席！各位评委、对方辩友，大家好！

首先感谢对方辩友精彩的论述，但请注意他律具有强制约束性，法律规则的惩戒是他律，个人的法律意识就是自律。您认为自律尽失，那么在座的各位都不能诚信自律咯，这个世界上到底是贪官多还是廉洁自律的好官多呢？您认为自律不可靠，但是在诚信的标准上，自律的标准是统一的，那就是诚实守信；不同的是每个人对诚信的理解、观念上有所不同，所以我们通过教化帮助人们树立统一的诚信观念，而这种观念最终外化成行为，正是通过每个人的自律啊！请问如果每个人都需要警察压着才能自律的话，那么我需要多少个警察，而你又将如何确保每一个警察都能做到诚信呢？

我想告诉对方辩友，社会舆论、教育这些不属于他律，《汉语词典》中对“他律”的界定是自身以外的强制约束力，请注意“强制”，舆论有强制性吗？教育有强制性吗？这是帮人们达到自律或者他律的手段而已。手段不等同于自律或者他律本身啊！

最后，您告诉我们他律能够快速地解决这些不诚信的现象。那我请问了，速效救心丸快速吗？有效吗？心脏病大夫都下岗了吗？我们不否认他律对于不诚信是有约束的，但是这种约束是一时的。只有诚信自律才是更长久、更有效的。

在当代中国，一旦放松了诚信自律，有的人就会钻他律的空子。染色馒头已经为我们敲响了诚信自律的警钟，当人们将他律置于自律之上时，依赖他律来维持诚信；当他律出现了漏洞，人们从漏洞中蜂涌而出，诚信社会不复存在。谢谢。

主　席：好，下面有请反方二辩做补充陈词。

王　黎：谢谢主席！对方辩友告诉我自律更具有稳定性，对方辩友啊，人心是最不稳定的，当自律面对强大诱惑的时候，你连一个统一的标准都没有，你到底要稳定在哪里呢？对方辩友今天又说了自律的成本低，难道因为他律的治理成本高，你就不要他律的吗？对方辩友又告诉我们他律要通过自律来起作用，真的是这样吗？我们来看一下他律可以通过自律以外的其他因素起作用，比如说法律可以通过人的法律意识起作用，也可以通过人的恐惧心理起作用，而这些法律意识和恐惧心理明显就不是自律。因此，他律是通过人的思想和心理起作用，而不是对方你所说的自律。对方辩友今天给我们描绘了一幅自律无处不在的美好画面，可是“满街皆是圣人”的愿望符合今天的现实吗？今天您方最大的错误就是当我们这个社会的自律已经失效的时候，告诉我们靠自律可以挽救诚信。就好比一个人的免疫系统失去作用的时候，他说“没关系，靠自身免疫，慢慢会好起来的。”这样的自我修复，现实吗？

我们说自律实质上是“自发执行他律”的过程。自律的标准是什么？是社会道德规范。道德规范的体现在哪里？体现在舆论监督、文化习俗、规章制度，这些不就是对他律标准的执行和趋同吗？

让我们归本溯源，诚信危机为什么会如此严重？就是因为追求利益膨胀和违法成本低嘛！我们比较他律和自律何者更重要，是要看何者能对利益进行有效制约、能更具有威慑作用。他律不仅可以合理、规约地分配利益，还可以让不诚信付出代价，解决人民最迫切最关心最难解决的问题。您方的自律可以这样治本吗？

主席、评判，人，一半是天使，一半是恶魔。引发诚信危机的恰恰是人性中自私、盲目、趋利的部分。自律只能对天使起作用，他律却可以制约恶魔。当务之急，我们就是要惩戒恶魔，保护天使嘛！

主　席：下面我们要进入的是一对一攻辩环节，我们先请正方三辩提问反方三辩，请。

肖　凡：谢谢主席，请！请问对方辩友，您知道中国法律条款中涉及道德条款有多少条吗？

袁小亮：我相信有许多，但是我们今天讨论的问题是“自律与他律谁更关键”，我们要比较谁更关键，就是要比较谁更能解决当务之急、谁能够解决治本之道。我们的当务之急就诚如李克强副总理所言，要“重典治乱”，加大违法成本。而我们的治本之道是从根本上遏制我们的贪欲，无论是加大打击还是完善体系，都是他律啊……

肖　凡：谢谢对方辩友的答非所问。但是我要告诉你，一共是127条，您现在清楚了吗？

袁小亮：那对方辩友可以向我解释一下，这127条具体是哪些吗？

肖　凡：不好意思，刚才我是骗你的！请问你的“他律”如何解决我这种不诚信的行为？

袁小亮：大家都知道了，他已经不诚信了，对吗？是因为大家揭露你这种不诚信啊，这不是他律的作用吗？

肖　凡：请问他律如何解决我这种不诚信的行为？请正面回答我方问题，谢谢。

袁小亮：我想大家对你已经有了一个不诚信的基本印象了，那么在今天这个流动性不大的小范围里面，这个不诚信的违法成本将很高，大家对你下面的话都会产生一定的怀疑哦！

肖　凡：再请问您一个问题了，一年前我的现女友就跟别人在一起了，但是她一直欺骗我，请问您的“他律”如何帮我调整她的不诚信行为呢？

袁小亮：那对方辩友，您又是怎么知道她在欺骗你的呢？

肖　凡：对方辩友，她欺骗我，难道我还不能知道吗？再请问您一个问题，上场比赛我方队长承诺只要赢得比赛就请我唱歌、吃饭，但到现在也没有兑现。这种不诚信的行为，他律如何制止呢？

袁小亮：对方辩友，您偏离事实了，因为现在你们还没取得胜利嘛！取得胜利后，您再检验他诚信不诚信，他的诚信与否还是要靠你们来检验啊，这不是说一个诚信不诚信还是要靠他律吗？你“自律为诚信”实际上是自欺欺人啊……

主　席：时间到，请反方三辩提问。

袁小亮：谢谢主席！有请对方辩友，三鹿事件引发整个中国乳业的信用危机，请问在整个毒奶粉生产中，三鹿难道分不清什么是毒奶粉，什么是三氯氰胺吗？

肖　凡：正是因为他们分得清什么是毒奶粉、什么是三氯氰胺，但是他们不够自律才导致了这样的危害结果。但是现在三鹿虽然倒闭了，但是我们发现了什么呢？皮革奶又横空而出了。虽然《食品安全法》最高能判处的是死刑，但是人们为什么不畏惧死刑呢？是因为他们不够自律啊！

袁小亮：明知有错，还是要做！那再问对方辩友，错已铸成，为什么三鹿又开始拖欠那些可怜结石宝宝的手术费和营养费呢？

肖　凡：所以说三鹿不够自律嘛。

袁小亮：好，自律并不错。那对方辩友再给我解释一下，为什么在强大的舆论监督下，三鹿集团又开始补交那些赔偿的余款呢？

肖　凡：对方辩友，强大的舆论监督就是他律吗？您还需要论证一下他律是具有外部强制性。舆论监督是不是具有外部强制性，您方还需要论证啊！

袁小亮：对方辩友已经开始藐视所有的新闻媒体了。那再问对方辩友，自律一而再再而三的失效，这么脆弱的自律又将如何保护我们共同的诚信呢？

肖　凡：对方辩友，您的帽子扣得真好，但是我告诉你自律并没有失效！对方今天应约来参加辩论赛，正是您方自律诚信的结果啊！

袁小亮：对方辩友，请让我们看一看，三鹿的自律在哪里，难道是那些结石宝宝的结石吗？

肖　凡：对方辩友，三鹿没有自律啊！你让我谈自律，你这不是强人所难吗，让小生如何是好啊！（观众——掌声）

诚信

袁小亮：那对方辩友再给我们解释一下，为什么今天的酒驾现象现在越来越少呢？

肖　凡：对方辩友，酒驾现象越来越少是因为人们对于自律开始有认识了，有一颗自律之心，所以酒驾现象越来越少啊。

袁小亮：为什么今天的自律又比昨天的高呢？难道不是因为我们……（第二轮攻辩时间到）（观众——掌声）

主　席：下面我们要进入辩论赛最为精彩的一个阶段——自由辩论，希望你们双方有出色的表现。先请正方。

曹雪雅：请问，诚信社会的目标是人人“免而无耻”还是“有耻且恪”呢？（正方一、三辩举出牌子，上面写有“免而无耻”和“有耻且恪”）

王　文：诚信的目标是让大家都诚信啊！对方辩友，您说自律更稳定，那么我想问，为什么有些克己奉公一直到59岁的干部却会在临近退休之前纷纷落马呢？

王　飞：对方辩友，您的意思是大家都是贪官啦？是贪官多，还是好官多呢？对方辩友请正面回答。

王　黎：对方辩友，“一粒老鼠屎坏了一锅粥啊”！我们当然知道好官比贪官多，可是对这个社会进行危害的就是那一小部分贪官嘛！

孟　蕾：刚刚对方辩友在攻辩过程中提到三鹿奶粉的事情，我想请问对方辩友的是，他律如何解决出现了染色馒头之后又出现了染色粉条的事情呢？

袁小亮：这说明什么？说明自律根本就网不住贪欲这一只漏网之鱼啊！只有他律造成的法律制度、舆论监督以及文化教育等层层叠叠的网，才可以网住贪欲，正所谓“天网恢恢，疏而不漏”啊！

王　飞：那对方辩友，按照您的意思，您已经管住了，是不是？您不谈论食品问题，咱们说说楼吧。请问你如何解释“楼倒倒、楼脆脆”的现象呢？

崔　舰：说到“楼倒倒”，对在高利润的驱动下，脆弱的自律能挡得住“楼倒倒”吗？

曹雪雅：请问对方辩友，为什么他律只能在楼脆了、楼倒了之后才起到作用呢？

王　文：我们在事后起作用。自律能够惩治不自律吗？自律能够监督不自律吗？请问对方辩友，在足球场上您既是运动员又是裁判员，比赛如何进行呢？

肖　凡：对方辩友，你也说了你在事后起作用，那事前起作用是不是要靠我们自律呢？再请问对方辩友，您的他律如何标本兼治呢？

崔　舰：对方辩友没有听清我方的立论吧，我方说他律具有防范、惩戒、监督三结合的作用，那么防范、监督难道不是事前起作用吗？对方辩友，如果不是三氯氰胺奶监管加强的话，是不是现在三氯氰胺奶还将大行其道呢？

孟　蕾：对方辩友，您刚才误解了我方三辩的意思。既然您不谈房子、也不谈三鹿奶粉，那我们来谈谈腐败吧。过度依赖他律造成很多不诚信的现象防不胜防，那么您怎样用他律解决学术造假和学术腐败的问题呢？

袁小亮：对方辩友告诉我们学术造假，请问在学术造假愈演愈烈的今天，难道是河北大学校长自己揭露自己的“抄袭门”吗？

王　飞：好，对方辩友，按照您的意思，您的他律都全部能解决吗？那我们自律还在吗？我们今天是有了自律才会有他律，你把我们正方“灭”了，我们还讨论什么呢？

王　黎：对方辩友啊，他律和自律的产生，这个完全是“鸡生蛋、蛋生鸡”的问题嘛！让我们跳出这个问题，来看一下今天诚信危机的根本在哪里，就在于人的利益分配不公以及违法成本低嘛！对方辩友，您还是没有回答我方问题，在学术造假愈演愈烈的时候，难道是自律揭示了河北大学“剽窃门”吗？

曹雪雅：可是您的他律有没有抑制到学术论文的抄袭呢，请问对方辩友？您不讨论“鸡生蛋”，我们也不讨论。我想请问您，为什么他律要说有预防、有防范，你是不是通过人的意识来起作用呢？

王　黎：对方辩友，我再一次告诉您，他律不是通过自律起作用，而是人的理性与意识。

王　飞：好，谢谢对方辩友，就是靠人的理性与意识，这是什么，这是自律啊，谢谢您赞成我方观点。

崔　舰：对方辩友难道认为自律就是人的理性与认识吗？对方辩友，您太荒谬了，自律只是理性与认识里面的其中之一。请对方辩友告诉我们，真正在调控房价的难道是房地产商的自律吗？（观众——掌声）

肖　凡：请问对方辩友，为什么在法律日益健全的今天，假冒伪劣、金融诈骗总是屡禁不止呢？

王　文：那请对方辩友先回答我，在足球场上您既是运动员又是裁判员，比赛是如何进行的啊？

曹雪雅：我们今天讨论的不是游戏而是诚信！刚才对方辩友告诉我现在诚信缺失，那么缺什么补什么，诚信缺失当然补诚信、自律缺失当然补自律，您的他律已经完善了呀！

袁小亮：对方辩友难道不知道吗？连世博的中国馆都不是一天建成的，今天我们的他律机制有一些缺憾，我就不去补齐吗？对方辩友还告诉我，我们今天他律的机制太贵了，不要了，是不是出一个“三鹿事件”，出一个“静安区大火”，大家才知道生命是无价的吗？

肖　凡：对方辩友，您告诉我，你们他律有问题，就要我们给他律时间；我们的自律出现小小失职，你就告诉我们不要给自律一点机会。那请问对方辩友，您这是不是“只许州官放火，不许百姓点灯”呢？

袁小亮：我们说过自律与他律同样重要，但是我们要看什么能解决当务之急，什么才是真正的治本之道。当务之急不就是加强处罚，治本之道不就是构建信用体系吗？这两者统统都是他律啊！

孟　蕾：刚才对方辩友始终都没有回答我方问题。请问“上有政策，下有对策”的问题如何用他律来解决？

王　文：如果没有他律，下面连对策都不要啦，对方辩友还是回答我足球比赛的问题吧。

曹雪雅：对方辩友，原来您的逻辑是解决当务之急就是根本之道，那么我现在渴了，我面前就有一杯毒酒，饮鸩止渴就是当务之急，难道是根本之道吗？（观众——笑声）

王　黎：对方辩友看到今天诚信危机已经严重到什么地步吗？就好像一栋楼，它就要垮了，您不去匡扶它，您去揪它地基有用吗？

肖　凡：对方辩友，您地基都不管了，那楼塌肯定是自然的！再请问对方辩友，为什么涉及食品安全的刑罚最高可以判处死刑，而食品安全的问题还是层出不穷呢？请正面回答我吧！

崔　舰：那就是因为自律把这些食品安全问题给揪出来了，对方辩友。

曹雪雅：谢谢，对方辩友。（观众——笑声）

崔　舰：是“他律”，不好意思，口误——是他律把食品安全问题给揪出来。对方辩友，您说根本之道是由自律来解决的，那您的自律的根本之道在哪里呢？

王　飞：我们的根本之道就是让人们不想不愿啊，这很简单啊，对方辩友！请问对方辩友，您如何解决您“累犯”的现象呢？

王　文：对方辩友，我们今天讨论的不是“不情不愿”的问题，而是讨论“必须要做”的问题。对方辩友，您还是没有告诉我们，您如何有用您的自律解决不自律的问题呢？

肖　凡：对方辩友，按照您的逻辑，他律就是必须的，自律就不必须，这不是违背我们的常识吗？再请问对方辩友，当今社会自律明显有缺失，您不注重自律反而追求他律，是不是有点舍本逐末呢？

袁小亮：对方辩友，我们说过自律和他律同样重要，但我们要看到真正引起不诚信的原因在哪里？在于贪欲。人有悲欢离合，自律的意识也有阴晴圆缺。只有通过法律监督、舆论监督这些层层叠叠的网才能保护我们的利益，不让贪欲这条漏网之鱼去祸害百姓啊！

孟　蕾：好的，他律既然是由人制定的，人制定的政策必然存在漏洞，请问这些漏洞您用他律如何来填补？

王　黎：我们就是不断地完善诚信监督体系嘛！对方辩友，您还是没有回答我，您怎么用您的自律解决您方的不自律呢？

王　飞：对方辩友，您的法律体系还需要多完善呢？你要完善到什么样的地步呢？请看（正方三辩举出一块牌子上面写有中国现有法律数量），您要完善多久？

王　黎：对方辩友，您的自律要完善到怎样？总不能完善到满街都是圣人吧？这现实吗？

曹雪雅：因为我们的自律现在不够完善，所以要讲究完善诚信自律！请问诚信问题是正本清源的好呢，还是治标不治本的好呢？

王　文：对方辩友只要自律不断完善而不让他律不断完善，这到底是“谁点灯、谁放火”？如果自律真的那么有效，为什么高考要屏蔽手机信号，要进行身份验证呢？

孟　蕾：好的，如果执法者不守法的话，您如何他律呢？比如说司法腐败！

袁小亮：为什么我们的司法腐败得以纠正呢？就是因为我们的他律手段把这些不法分子统统揪出来，对方辩友还是没有回答我们如何用自律解决不自律啊？第三遍啦！

孟　蕾：对方辩友，我们刚才已经第三遍回答您的问题了。你到底是没听清，还是没听懂？

王　黎：对方辩友，您刚才真的有回答我们吗？我们确实没听清楚！那我再请问你了，难道是双汇集团自己曝光了自己的瘦肉精吗？

王　飞：对方辩友，我再问你一个考试的问题，如果监考的老师做了弊，您说这怎么办呢？

王　黎：监考的老师做了弊，我们可以完善他律来监督监考老师嘛，难道监考老师就没有人去监督吗？对方辩友，您还是没有回答我的问题，难道是双汇集团自己曝光了自己的瘦肉精问题吗？

曹雪雅：双汇集团不自律，所以才有今天这个事情；如果自律了，就不会有这个事情了。你告诉我，通过监督老师去维持考试纪律，那么由谁去监督老师呢？请您回答。

袁小亮：哦，对方辩友，告诉我们自律这么强，那么对方辩友向我们解释一下，我们刚刚送走的瘦肉精，又迎来了牛肉膏；我们刚刚送走了“躲猫猫”，又迎来了“楼倒倒”。自律之强，强在何方啊？

肖　凡：对方辩友，您的他律解决问题了吗？那为什么三鹿奶刚刚熄灭，皮革奶又横空而出呢？再请问对方辩友，邓小平曾经说过“有了自律，才有他律的实现”。您方如何看待这个问题呢？

王　黎：对方辩友啊，您还是没有回到根本的问题。我们说今天社会诚信根本到底是什么，是利益分配不公和贪欲的膨胀嘛，对方辩友。

孟　蕾：好了，我们讲一个根本的问题，现在他律越来越多，但是人与人之间的相互信任却越来越少，对方辩友如何解释这个现象呢？

袁小亮：那就请对方辩友回答我，真正调整房价的难道是房地产商的自律吗？

王　飞：对方辩友，我们跟你们谈社会价值，您跟我们谈房价，您说您能解决，但是事实上您没有解决啊，对方辩友！

王　黎：对方辩友，难道靠自律就可以解决房价问题吗？您要怎样跟那些房地产商说：“求求您降价吧，您诚信吧，您自律吧。”

曹雪雅：对方辩友一再告诉我，我们所有人都是贪欲膨胀的。那么请问这个社会究竟是贪欲膨胀的人多呢？还是大部分能够自律的人多呢？请回答。

王　黎：当然是诚信的人多啦，可是“一粒老鼠屎坏了一锅粥”。扰乱这个社会诚信的人是什么，就是这些贪欲膨胀的人。你不去治理它，你将如何保护那些自律好的人呢？

（反方自由辩论时间到）

肖　凡：那请问对方辩友了，他律如何呼唤出企业家的道德血液？

孟　蕾：正是我们过度迷信他律，才导致老人当街摔倒没有一个人去扶。请问有一天当我们老无所依，又是谁帮我们埋在春风里啊？

曹雪雅：恐怕要等到他律完善的那一天，才能把他扶起来啊！请问当您去餐厅吃饭的时候，依赖他律是不是要等所有人都把这个菜检验完了您再吃呢？吃饭还有乐趣吗？

肖　凡：他律惩戒不诚信的行为，无非是让他去死。那么为什么死刑年年有，今年不诚信的人特别多呢？

孟　蕾：尾生抱柱而亡，是自律还是他律？

曹雪雅：韩信知恩图报，是自律还是他律？

肖　凡：周处痛改前非，是自律还是他律？

王　飞：季布一诺千金，是自律还是他律？

孟　蕾：食品安全法就在那里，为什么老百姓对食品安全越来越没有信心？

曹雪雅：刑法就在那里，为什么还有杀人、放火和抢劫呢？

肖　凡：不就是因为自律不重于他律吗？

主　席：感谢双方选手的精彩辩论。下面我们要进行总结陈词，先请反方四辩。

王　文：谢谢主席！大家下午好！

不可否认，人不可能一出生就自律，宝宝们成长的历程就是一个培养生活习惯、逐渐自律的过程，而这种培养的过程中依靠的就是他律的手段。妈妈说：“自己穿鞋就是好宝宝。”爸爸说：“考试成绩棒才会有奖状。”他律的培养机制不容忽视，而对方辩友偏偏要说连教育都不是他律。如果真的能做到人人自律，自律对个人、对社会当然具有完美的规约效力。但现实并不如人们所期望的，正因为自律的不可靠性，有些克己奉公到59岁的干部却在临退休前纷纷落马。对此，对方辩友没有给予解释，这就是因为自律的不可靠性啊！正是因为诱惑太大，趋利性恶性膨胀，自律才会一触即溃。毒奶粉、足球黑哨、肯德基“秒杀门”、河北大学校长“剽窃门”、假离婚骗购房等等不诚信现象层出不穷。社会现实已经向我们证明：当今社会，诚信就像一位免疫系统已经遭到破坏的病人，如果再讳病忌医，如果再不以吃药、打针、手术之类的方法立即治疗，如果还在等、还在看，那就是等死、看死。

今天对方辩友一再强调自律是为了治本，却始终不回答这里的“本”究竟是什么，对方辩友甚至简单地回答说这里的“本”就是不自律。如果这个是“本”的话，今天的辩题还有必要存在吗？不诚不信的行为难道不是因为利益欲望的过分膨胀才在当世大行其道吗？不是见利忘义才铤而走险的吗？要解决不诚信的问题，我们无法依靠自律去监督不诚信，无法指望自律去惩治不诚信。三鹿因为他律，诚信经营获得了国家免检的资格，但在这样一种主要靠自律维护的氛围中，很遗憾，三鹿犯错了，无辜的孩子们结石了！在三鹿事件中，最终起效的是什么，是舆论监督的他律，是法律制裁的他律。从他律的特点上讲，他律具有“可靠性、公正性、统一性、全面性”。面对纷繁复杂、形形色色的社会，如果没有普适、科学且具有强制操作性的他律作为行为准绳，就不会有个人诚信和社会诚信的重建。

评判、在座各位，当今国际外交建立的国际信用体系是他律，全球社会广泛建立的个人信用体系是他律，社会经济领域无处不在的合同仲裁是他律，社会管理体系的建立和完善还是他律。毋庸置疑，唯有他律为主、自律为辅，才能立足现实，固本强基，使诚信大厦高高耸立！谢谢！

主　席：谢谢，现在有请正方四辩做总结陈述。

王　飞：谢谢主席！对方辩友，大家好！

今天对方辩友告诉我们很多事，举了很多例子，但归根结底都可以用一句话来描述，就是“这个世界太邪恶了”！对方辩友举出了各种极端的例子，告诉我们一个人就是这么穷凶极恶，你这个时候怎么能看他的良心呢？怎么指望他的自律呢？可是对方辩友，我们不是这样的，我们的社会不是由圣人和恶人组成的啊。在对方辩友的眼中只有两种人：一种是天使，他们洁身自好，不需要自律；另一种是恶魔，他们就死不悔改，不在乎自律。但是我们的社会不是由天使和恶魔组成，我们就是在座的各位，我们每一个普通的人组成的啊，对方辩友。

我方承认，作为一个凡人，我们会有贪心、我们会有私念，但是我们并不否认我们不需要自律啦，因为我们有些时候我们还会向上，有的时候还会行善。为什么在汶川地震的时候我们会帮助别人，别人有难的时候我们会伸一把手呢？所以说，人都是这样的嘛，有一点点恶，有一点点善。但此时此刻对方辩友却告诉我，这个恶一定就是穷凶极恶，这个善一定就是靠不住的善，对方辩友您觉得您这样的说是不是有失偏颇了呢？

今天，在对方辩友眼里，似乎只要有了法律、一套完备的法律体系，我们这个社会便可依靠他律来有效进行，人就不需要自律了。因为有法律嘛，法律可以为您解决一切啊！但是对方辩友只看到了一个字“法”，却忽视了两个字叫“执法”，假如执法的人不自律，你的法律还能完全落实吗？还有一句话叫做“道高一尺，魔高一丈”，在这种极端的情况下，对方辩友，我又骗你了，我是说我不是说的极端，你到底是信我还是不信我呢？这个时候，你是如何去解决这所有的不诚信的现象呢？对方辩友您如何来论证呢？

还有我们再回到今天对方辩友所说的社会问题，按照对方辩友的逻辑，他们想达到什么样的社会呢？就是你防我、我防你，你担心我要害你、我也担心你会害我，我们之间重重叠防，签完合同一次还不够，还要签第二次，甚至签完合同我们再来交一个保证金！对方辩友，您觉得这个层层叠防的社会能够有效运作吗？它的运行成本能够压缩吗？所以说，对方辩友，我们说人本来就是有感情的动物，我们不是圣人，但这不代表我们每个人就不可以有一颗诚信的心呀，对方辩友！

有一句话说的好：你所站立的那个地方，正是你的中国。你怎样，中国便怎样；你是什么，中国便是什么；你有光明，中国便不黑暗！谢谢！（观众——掌声）

主　席：谢谢双方精彩的总结性陈述，到底比赛结果如何？有请评委对本场比赛进行评审。

主　席：经评委评定，本场比赛的获胜队为正方上海海事局代表队，让我们以热烈掌声表示祝贺，同样感谢反方福建海事局代表队。本场比赛的优秀辩手为反方三辩——袁小亮，让我们也为他表示祝贺。

“玩”的享受

PLAY

在指导教师福建师范大学教授陈志的眼里，福建海事局辩论队的六个队员是标准的“玩家”，从备战到应战，六个队员始终以一种“玩”的心态应对高强度的挑战。“指导、组织了多场辩论大赛，绝大部分选手都是被辩论‘玩’的，但这六个年轻人是‘玩’辩论的。”陈志说。

福建海事局辩论队的谌鸿懿给我展示了一个队员的QQ空间，里面有一组非常“凡客”的自我介绍是正式比赛时没有用到的：

“爱娱乐，爱搞怪，爱美女，也爱帅哥。爱吃宵夜，更爱半夜吃八个汉堡。不是不爱学习，只是会偶尔的倔强。我是韬韬，我是正方一辩。”

“爱迟到，爱牛奶，爱洗澡，更爱装无辜。爱学习，爱工作，也爱犯罪心理。给我一个题目，还你一个课题论文。我是王黎，我是反方二辩。”

……

谌鸿懿说，这组自我介绍出炉的初衷并不是为了有朝一日“出场”，但它时刻提醒着队员们，大家是一个团队，有着各自的特长和职责。“而且，看着这些文字回想起来的都是非常美好的记忆。”

在谌鸿懿美好的记忆里，不得不提的还有著名的“杀人游戏”。“刚组队时我们需要逻辑分析谁是杀手，后来通过表情、语气甚至直觉都能判断出谁是杀手，而且准确无误。”小谌说，团队的默契正是在训练、游戏，游戏、训练中慢慢培养出来的。

辩论赛惜败于上海虽然有些遗憾，但享受比赛的心情并没有打了折扣。小谌说，“玩”的心态让队员的情绪更好地放松下来，所以打造了福建队“你来我往”的风格，对手提出的问题绝不忽视，并且有问有答的同时再送上自己的“厚礼”。“享受交锋的过程更是一种乐趣”，谌鸿懿说。

（陈桂娟）

CHINA MSA

正　方：湖北省地方海事局

辩　题：创造一流业绩，执行力比创新力更重要

反　方：上海海事局

辩　题：创造一流业绩，创新力比执行力更重要

主　席：各位领导、各位嘉宾、观众朋友们，大家下午好！这里是“青春杯”海事青年辩论赛南方片区决赛现场，我是本场辩论赛主席倪莎，很荣幸能为本场比赛担任主持人，在此我也由衷感谢各位的光临。

首先为大家介绍一下本场的双方辩手，在我右手正方辩论席上的是湖北地方海事局，他们所持的观点是“创造一流业绩，执行力比创新力更重要”。请代表队队员做自我介绍。时间一分钟。

吴　优：谢谢主席，大家好正方一辩吴优。

李东艳：二辩李东艳。

杨　娴：三辩杨娴。

万平原：湖北省地方海事局向大家问好！

主　席：好，感谢正方的光临，经过前几轮的比赛，相信大家对今天的反方也一定不陌生，他们就是上海海事局，他们所持的观点是“创造一流业绩，创新力比执行力更重要”。请代表队队员做自我介绍。

孟　蕾：谢谢主席、评委！点燃辩论激情，共创海事未来。

曹雪雅：在事业与待遇的纠结中，事业留住了我们。

肖　凡：在自律与他律的抉择中，自律提升了我们。

王　飞：在执行与创新的探讨中，创新成就一流。

孟　蕾：我是反方一辩孟蕾。

曹雪雅：反方二辩曹雪雅。

肖　凡：反方三辩肖凡。

王　飞：反方四辩王飞。

四人合：上海海事欢迎您！

主　席：好，感谢反方的到来。那在比赛开始之前，我们先来听一下比赛的计时提示音。

好，那事不宜迟，我们就先进入第一个阶段——陈词立论，先由双方的一辩进行陈词，我们先从正方一辩开始，时间为三分钟，请。

吴　优：谢谢主席，大家好！

“让航行更安全，让水域更清洁”是我们海事人的神圣职责，更是我们孜孜以求的业绩目标。所谓一流业绩，是指单位、组织杰出实施目标并取得不菲成绩；而执行力指的是依据决策与管理，实现战略意图的操作能力；创新力则是创造出前所未有的新思想、新事物的能力。比较二者谁更重要，关键就在于比较何者在服务一流业绩的创造上更根本、更基础、更普遍。基于此，我方观点认为“创造一流业绩，执行力比创新力更重要”。理由有三：

第一，科学决策是创造一流业绩的前提，而领导层的科学决策更依赖执行力而非创新力。一艘没有航行目标的船，任何方向的风都是逆风。科学决策正是一流业绩的航向标。科学决策催生新的契机，而失误决策危及生存发展。决策者科学分析、大胆决策的能力正是其执行力的具体表现。负责任的决策者做出科学决策，总是更为依赖可靠的信息与合理的分析，而非满是风险的创新力。

第二，高效管理是创造一流业绩的保障，而组织层的务实管理更依赖执行力而非创新力。管理是一门艺术，更是一门技术。好的管理营造一流氛围，培育一流人才，收获一流业绩。而管理效果是否实现的关键不在能想，而在能做；不在能言，而在能为。我们需要管理创新，但首先必须确保执行。负责任的管理者在管理实践中，总是更为依赖科学的决策与可行的方案，而非效果未知的创新力。

第三，务实推进是创造一流业绩的根本，操作层的务实推进更依赖执行力而非创新力。“纸上得来终觉浅，觉知此事要躬行。”一流的点子加三流的执行，远不如三流的点子加一流的执行。现代企业发展呼唤新思路、新方法、新理念，但更讲求实干、真干、狠干。没有创新，我们或许要多花一点时间，多走一些弯路；可离了执行，我们纵然满是出路，已然拒绝继续前行。

我方从不否认创新力的巨大价值。但执行力和创新力，二者定位不同、作用范围迥异、实际效果悬殊。执行是必然的，创新是相对的；创新从执行中来，最后又复归到执行中去。

综上所述，我方坚信，创造一流业绩，执行力比创新力更重要。谢谢！

主　席：好，感谢正方一辩的精彩立论，那么我们现在来听听反方是如何陈述观点的。有请反方一辩，时间仍是三分钟。请！

孟　蕾：尊敬的主席、评委：

首先，非常感谢对方辩友承认我方观点，对方所说的科学的决策、科学的管理以及科学的操作，这不正是我们今天讨论的创新力吗？

对方辩友在立论中有三个误区，让我向大家一一阐述，一、脱离前提谈问题。我们今天讨论的前提是“创造一流业绩”，这一流业绩是需要从无到有创造出来的。试问执行力如何创造？二、混淆概念谈问题。创新力不等于想象力，创新力需要把创意变为现实。三、脱离环境谈问题。今天的中国，作为世界上最大的“加工厂”，却仍不是世界一流的国家，这是为什么呢？我们并不缺执行力，而是缺乏自主创新的能力啊！

对方辩友，胡锦涛总书记指出，自主创新能力是国家的核心竞争力。21世纪创新是这个时代的主旋律。大到国家小到个人，没有创新就没有核心竞争力，结果只能被时代所淘汰。我方并不否认执行力的重要作用，可是“执行力”仅仅是指贯彻目标及方案的能力而已。而创新力则指以新的工作方法、载体和新思路进行卓有成效探索，进而把其变为现实的一种能力。因此，没有创新的引领，就像一部没有方向盘的车，只能在既有轨道上前行。我方认为创造一流业绩，创新力比执行力更重要。理由有以下三点：

创造一流业绩，意味着适应环境的变动，实现质的飞跃。在没有既成模式和现成经验可循的情况下，创造一流业绩，需要对传统模式、观念、体制进行突破。执行力追求的是坚持和遵循，体现的是事物的稳定性；创新力追求的是更高、更好，体现的是事物的进步性。作为质的飞跃，创新力当然比执行力更加重要。

创造一流业绩，离不开面向未来，开拓创新。创新力和执行力各具不同特质。执行力主要表现为标准化、趋同化；而创新力则主要表现是求异性、多样化，重在打破常规、寻求变异、探索新路，这种创意是要变为现实，这是国家及个人自我超越、自我突破的动力所在。作为动力之源，创新力比执行力更重要。

创造一流业绩，关键在发现问题的同时，努力解决问题。人类社会正是在解决问题中前进的。是创新，中国从封建社会进入到现代民主社会；是创新，改革开放开创中国社会主义事业的新局面；也是创新，海事部门在监管对象日趋复杂、社会需求日趋多元的情况下，不断取得新业绩。作为价值导向，创新力比执行力更重要！

主　席：好，现在请正方二辩做补充陈词。

李东艳：谢谢主席，大家好！

对方辩友只谈创新的重要意义与重大价值，却只字不提创新的风险与困难，是否有失偏颇呢？

执行力作为具体实践范畴，是创新力产生的基础和归宿；创新力产生的具体成果，又必须通过具体操作才能发挥作用。可见，执行力更具主导性啊！

我方一辩已从决策层、管理层、操作层三个层面阐述了执行力的更为重要性。下面我将进一步阐述我方观点：

第一，执行力更具基础性。完成目标是生产生活的基本要求，而创新突破则是附加要求。执行力是一切行动开展的基础，也是创新力应用的基础。执行力的高低决定着事业的成败。在生产分工日益细化的今天，制度化、标准化更要求个人和组织将执行力放在首位。

第二，执行力更具普遍性。对于任何工作，能够不折不扣的执行都是必须和必要的，而创新力则受到技术、时间、地域等各种条件的制约。新思维、新方法诚然可贵，但要发挥作用，需要更多的条件辅助。这就要求我们更加审慎地看待创新。

第三，执行力更具有效性。在这个追求效率、注重品质的年代，执行力的差异可以鉴别人才高下，区分组织优劣。创新力所产生的成果更需要在执行中来检验其实际价值。

对方辩友若坚持创新力更重要，就请对方二辩在陈词前先正面回应我们，一流业绩目标明确性与创新力不可靠性间、一流业绩操作严谨性与创新力不稳定性间、一流业绩结果现实性与创新力不可控性间的三对矛盾，究竟该如何克服！

综上所述，我方坚信创造一流业绩，执行力比创新力更重要。（观众——掌声）

主　席：好，我们现在有请反方二辩。

曹雪雅：谢谢主席！各位评委、对方辩友，大家好！对方辩友，您方一共犯了以下错误：

第一，否认了创新，今天的辩题是创新力和执行力谁更重要。

第二，您将创新力等同于新的思想，请问创新力和想象力有什么区别？

我方一辩已经论证了创新力是将创意变为现实的能力。从莱特兄弟的飞机到爱迪生的钨丝灯泡，都是我们创新力的杰作。

"发明"是不是创新？按照您的逻辑，"四大发明"应该叫"四大想象"了，爱迪生就是了最大的"空想家"咯！

第三，你一再强调创新有风险，是为什么？因为创新力不足！执行力也有执行失败的风险，因为执行力不足！您用双重标准，怎么能得出我们的创新力不可靠呢？

第四，您的一辩告诉我们，执行力是依据决策，那么我请问依据新的决策的执行是什么？是创造性的执行啊！创造性的执行和创新力有什么区别呢？您以为把执行力当做麦乳精加点"创造性"调一调，就取代我们"创新力"了吗？

第五，你一再告诉我们创新是有风险的，而执行可以创造出一流的业绩，那我请您解释，为什么苹果一直被模仿，却从来未被超越呢？核心创新力是不能够依赖执行的，您愿意永远跟在别人后面去追赶，还是在前面超越呢？

所以，我方认为创造力比执行力更重要。因为创新力是灵魂，强大的执行力只有在创新力的引领下，才能创造出一流的业绩。从瞭望台监控到VTS监控、从航标蓄电池到新能源，从强调安全畅通到监督绿色便捷，都是海事创新力带来的一流海事业绩！

当山寨、盗版横行，当中国沦为"世界工厂"，从"中国制造"到"中国创造"，一字之差，根源就是我们执行力有余，而创新力不足。所以我们强调，在创造一流业绩的过程中，创新力比执行力更重要！谢谢！

主　席：好，感谢反方二辩。下面让我们进入第二个环节——一对一攻辩，我们先请正方三辩选择反方三辩手进行提问，时间1分30秒，请。

杨　娴：谢谢主席，有请对方辩友。我方二辩提出了三对矛盾显然您方无法解决，请问您，海事部门的常规业务是靠执行力还是创新力来推动的？

肖　凡：对方辩友，海事的常规业务当然是靠执行推动，但是执行这个前提是我们有很多的创新，比如说我们定线制航行的提出，这就是一种创新的结果。如果没有定限制航行的创新的话，海事人还是那群海事人，那为什么我们的海事业绩会取得突飞猛进的结果呢？

杨　娴：对方辩友再怎么绕也不能否定执行力是推进事物发展的决定性因素。请问您创新是不是您想要就能有的呢？

肖　凡：对方辩友，想象力和创新力是有区别的。在这本《现代汉语词典》中1214页告诉我们创新力是什么，而在1489页告诉我们想象力是什么，对方辩友您可以去查阅一下。（反方三辩举起《现代汉语词典》）

杨　娴：对方辩友把字典都带到我们场上来了，不正是说明了你有很强大的执行力吗？对方辩友再怎么都无法否认创新本身都是难以实现的。再请问您创新如何落实，要不要通过执行去实现呢？

肖　凡：对方辩友，我把字典带上来，是因为我方二辩创新性地提出的。对方辩友，我们是需要执行，但是今天我们论证的题目并不是执行力重不重要的问题，而是执行力为什么不比创新力更重要的问题。对方辩友，您要弄清楚啊！

杨　娴：对方辩友，你可不要把"执行"包涵在创新力之中啊！请您为大家列举哪怕一个创新力不借助执行力而直接发挥作用的例子，好吗？

肖　凡：对方辩友，您的概念还是没弄清楚，想象力和创新力是不同的，创新力是把想象变为现实的能力，里面已经包涵执行中的一些概念。对方辩友，请您不要再混淆了，我这里有词典你可以查阅一下。谢谢。

杨　娴：对方辩友的执行力还是很强大嘛！再请问您了，我们海事行业重大发展归根结底，无一不是科学决策、踏实执行的结果。请您为我们举出一例海事从重大决策到执行，没有执行力……

主　席：时间到，谢谢正方三辩，下面我们请反方三辩提问，时间同样1分30秒，请。

肖　凡：早上好，请问您，我这是一款苹果手机（反方三辩亮出一部苹果手机），您知道它是谁生产的吗？

杨　娴：对方辩友，我们的手机是生产厂商的决策者决策出来，但是更靠我们一线员工去执行、去努力，才能把它变为现实啊。

肖　凡：谢谢对方辩友，在这个已经创造一流业绩的手机上，它的背后有这样一句话，叫做"中国生产，美国设计"，您如何看待这个问题呢？

杨　娴：对方辩友，您的创新力是否就等同于竞争力呢？这个概念您可需要进一步探讨了，我们现在前提是什么？谁能创造一流业绩，而我们根本是比较谁更具有根本性、普遍性和有效性。而执行力是保障创新力的基础，你创新力再好，你也不能闭门造车，还是要靠我们员工去努力去执行啊……(回答时间到)

肖　凡：谢谢对方辩友的答非所问，但是我要告诉你，这款手机在美国要卖499美元，但在中国的出厂价仅为20美元。为什么我们有执行的模仿力而没有创新力呢？

杨　娴：对方辩友，你要搞清楚一个概念，就是您的创意再好，但是总是有追赶的人，也就是说没有一流的执行力，那么总是会被模仿的呀。

肖　凡：再请问对方辩友，这款手机为什么从来只被模仿，却总是未被超越呢？

杨　娴：对方辩友，我回答你就慢慢听嘛。您的执行力是很好，你也承认我方的执行力，就是在这个苹果手机当中，我们每位员工都是去努力，去执行的。您的创意再好，也需要我们每位员工去努力去执行，把它变为现实，创新只提供了一种可能性，而我们执行才能把这个可能性变为现实。对方辩友您不知道吗……（回答时间到）

肖　凡：我方如此积极地承认您执行的重要性，为什么对方辩友您就不能承认我们创新的更重要性呢？请对方辩友回答我这个问题。

杨　娴：我们当然……（第二轮攻辩时间到）

肖　凡：谢谢。（观众——掌声）

主　席：好的，时间到，感谢双方辩手！下面进入比赛更为精彩的阶段——自由辩论，每队各有5分钟的发言时间，我们先从正方开始，请！

万平原：要比较谁更重要，理清关系是前提，请问您创新是不是执行过程或者结果反思的产物呢？

曹雪雅：创新力是从创意到现实的实现啊。请问对方辩友，您方三辩说常规业务靠执行，请问十年前的常规业务和十年后的常规业务，您如何靠执行来解决呢？

杨　娴：对方辩友，我们制度规章摆在那里，我们当然要去执行啦。对方辩友，您的创新力该不会是从石头缝里蹦出来的吧？再请问您了，创新是不是对已有思路方法借鉴、发挥的结果呢？

肖　凡：对方辩友，请问你们的标准制度的提出，那这个标准是不是创新而来呢？再请问对方辩友，从单一航行模式到立体巡航模式，是创新力的结果还是执行力的结果？

李东艳：对方辩友请问您，是不是创新力就不需要执行呢？再问对方辩友了，创新是不是需要执行来实现？

孟　蕾：我方从来没有否认执行的重要性，但我们认为创新力更重要，请问从排队敲章到电子政务，是创新还是执行的结果？

吴　优：但是你的电子政务是在执行中不断地发现出来，还是来源于执行啊！请您为我们举出一个哪怕一个不经执行就能生效的创新案例，好吗？

王　飞：对方辩友，如果电子政务不创新的话，您现在到银行取钱还要排N个小时啊！再回到我们海事的例子，从传统航道的无序使用到船舶定线制的合理化的优化配置，您又如何解释呢？

万平原：船舶定向航行固然重要，但是关键是要我们每个海事人员在一线坚持落实这一政策啊。还请对方辩友举出我方一辩提出的案例，好吗？哪怕一个！

曹雪雅：您的案例是没有执行力，要我去讲创新力，我方一再告诉您今天是两个都有啊！请问对方辩友，您如何解释从有形灯塔到虚拟航标，是创新力还是执行力呢？

杨　娴：这个想法我们有了，但是我还是要靠每个员工去落实嘛。看来对方辩友也承认，创新力从执行力来，又复归到执行力。那我们来看看现实吧，执行力和创新力的缺陷，哪个更会导致企业的灭亡呢？

肖　凡：对方辩友说来说去，还是没弄清楚想象力和创新力的区别。但是我要提醒对方辩友

电子海图就是创新力的结果。再请问对方辩友，海事局还是那个海事局，为什么有电子海图后我们业绩就突飞猛进了呢？

李东艳：对方辩友，我们自始自终都没有提到过“想象力”这三个字，是对方辩友自己心虚了，自己提出来的“想象力”啊！我国本土企业有执行力而不善于创新的往往能够存活，为什么？

孟　蕾：对方辩友又偷换概念啦，我们今天讲的是执行力而不是实践啊。请问对方辩友，从有形的灯塔到虚拟的航标，到底是因为执行还是创新呢？

吴　优：我们从来没有否认执行有创新，但是你创新的点子只有在我们执行中，才能检验它是好的创新还是坏的创新。再请问对方辩友了，大学创业项目往往极具有创新力，但却因为不善执行而消失，为什么呢？

王　飞：好，那对方辩友考虑过没有，没有创新，一个国家、一个民族会有什么样的后果吗？对方辩友，请正面回答！

万平原：创新固然重要，我还是回答您方电子海图的问题，电子海图只是一个科技发明，但是我们如果每个海事人不去用它，这个发明有什么用呢？还请问您，执行力和创新力，在创造业绩上，哪个更容易被掌握？

曹雪雅：我再次提醒对方辩友今天不是“如果”、“没有”的问题，而是两个都有、哪个更重要的问题。请问毛泽东思想是创新力还是执行力？

杨　娴：对方辩友，毛泽东思想提出来，还是靠每个人去执行啊。您总是说创新力是灵魂，可是您的灵魂再怎么样也靠我们执行来回归一下肉体吧？我再请问你，海事部门强调“严守责任，贯彻执行”，为什么不是“贯彻创新”呢？

肖　凡：对方辩友，我们没说不要肉体啊！再请问您了，马克思主义中国化是一种创新，还是一种执行呢？

李东艳：对方辩友，毛主席强调共产党人一定要有认真实干的精神，贵局强调“协调团队、赢在执行”，为什么不是“赢在创新”呢？

孟　蕾：对方辩友一再地偷换概念，请问对方辩友，邓小平理论、“三个代表”、科学发展观，是执行还是创新呢？

吴　优：这些观念大家不去认识、不去理解、不去落实到自己的行动上，怎样发挥它们的效用呢？请问对方辩友，各方海事处大力推行执行力培训，为什么不搞创新力培训？

王　飞：如果想法不提出来，你们怎么执行呢？

万平原：对方辩友，为什么我们谈的是一流业绩，你就跟我们谈创新思维，思维等于一流业绩吗？还请你们正面回答我们这个问题。

曹雪雅：我们从来没有说思维，我们创新力是从创意到现实的过程。请问苹果为什么一直被模仿，从未被超越？请正面回答，谢谢！

杨　娴：正是因为它执行力不够嘛！我部多次下文，强调要提高制度执行力，为什么不是创新力呢？

肖　凡：谢谢对方辩友告诉我苹果执行力不够，那为什么苹果手机出现，苹果业绩就很好呢？是不是因为它创新力够了呢？

李东艳：对方辩友一直再强调从创意到创新力的过程，那么我们可以仔细回想一下，从创意到创新力这个过程是不是我们执行力发挥重大作用呢？它才能变成创新力呢？我部多次下文要提高制度执行力，为什么不是创新力？

孟　蕾：好的，既然你不懂苹果，那我们谈诺基亚，诺基亚一直在执行，为什么现在被苹果超越呢？

吴　优：可是诺基亚的创新是在执行中不断地发现问题，才不断地完善，这就是执行的效益啊！请问戴尔凭借过人的执行力超越康柏，成为全球最大的PC商，您怎么看？

王　飞：对方辩友，那还有更大的IBM，为什么没有创新，被联想收购了？你解释一下吧！

杨　娴：对方辩友，我方先提的问题，您方先正面回答，好吗？

曹雪雅：对方辩友一再告诉我们，有了创意才能执行；我们再一次告诉你们，创新是从创意到现实。您说爱迪生是创意家还是想象家，难道爱迪生是对一块木头创新创新，我们的灯泡就出来了吗？

李东艳：对方辩友，我们从来没有说过有了创意才能执行，而是没有执行创意什么都不是。

肖　凡：对方辩友，我们今天谈论的是谁更重要的问题，我们没有否认执行的重要。再请问对方辩友，作为手机中的“战斗机”的波导，为什么只是昙花一现呢？

吴　优：对方辩友，你把你们的执行列入到你们的创新之中，那我们的执行在哪里呢？

孟　蕾：错了，对方辩友，正是因为国产手机没有创新，只有模仿啊！

万平原：我们现在不是比拼科技，我们比拼的是创造业绩啊！波导当然通过执行创造了很好的业绩，只是他的创新比别人差，这个是属于创新科技的领域，好不好？再请问您了，戴尔凭借过人的执行力超越康柏成为全球最大的PC厂商，为什么你方就不正面回应呢？

王　飞：请问创造所需要的能力是什么？

李东艳：那沃尔玛通过强有力的执行力变成全球最大的零售公司，您怎么看？

曹雪雅：那是它营销模式的创新啊。请问对方辩友，执行力如何去创造一流业绩呢？

吴　优：可是它营销模式创新要靠千千万万的职工努力把他落实到位，才能发挥效力啊。联想提升其执行力，使其由弱变强，成为PC巨头，您怎么看呢？

肖　凡：对方辩友，你谈论的是个“鸡生蛋”的问题，我方不能回应。但是我可以告诉您，创造力可以弥补执行力的不足，为什么执行力不能弥补创造力的不足呢？

李东艳：对方辩友跟我们谈创新，那我们不妨就谈谈创新好了。创新的决策靠什么落实？

孟　蕾：我们的环境一直在变，我们行政相对人要求也一直在变，在这种可变的情况下，您原有的模式又怎样去执行呢？

杨　娴：对方辩友，我们的执行力可不是一成不变的，是在不断发展完善的啊！请问您的创新管理靠什么运行？

王　飞：你为什么会发展变化，是不是因为有新的发展要求提出来了？在执行的过程中，你执行不下去，该怎么办？对方辩友。

万平原：请问您创新的方法靠什么来推进呢？

曹雪雅：我请对方辩友回答我们的问题，在发展的过程中，你们如何执行，执行下去的标准是什么？

李东艳：你们谈创新，我跟你们谈创新，可是你们又不跟我们谈创新。我们再问了，创新的结果靠什么来检验？

肖　凡：创新的结果需要执行的检验，但是并不能以此来断定执行更为重要。请问您方认为执行力比创新力更重要的标准是什么？请大声地告诉大家！

吴　优：它的标准就是更有效、更根本、更普遍。再请问对方辩友，一流业绩要有始有终，靠执行力还是创新力呢？

孟　蕾：请问对方辩友，有了执行力，一流业绩是不是自然而然就能创造出来呢？

李东艳：一流业绩要求恪守本分、坚守责任，靠执行力还是创新力？

王　飞：对方辩友，您刚才说更有效、更根本，更有效、更根本就是更重要吗？对方辩友。

万平原：那么请问您方的标准是什么？

曹雪雅：对方辩友，您一再告诉我们一流业绩是有始有终，请问没有创新力，哪来的终啊？

吴　优：可是你连业绩都没有，如何创造一流业绩呢？请问一流业绩要求上下齐心、身体力行，靠创新力还是执行力呢？

肖　凡：再请问您了，如何凭借执行力创造出一个一流业绩来？

万平原：为什么你就是不回答我方的问题咧？

孟　蕾：既然对方辩友一直在逻辑上搞不清楚，我们就举一个实例来说明，一百年前福特发明了汽车，靠的是执行力还是创新力？

杨　娴：福特发明汽车，但是我们每个人都没有去执行吗？还靠执行力嘛！如果它执行力不够，怎么发明呢？发明又怎么能够见成效呢？盖茨说：“未来十年，执行力是最大挑战。”你怎么看？

肖　凡：对方辩友，我们今天真的冤啊！对方辩友，您一直在作缺失性比较，告诉我们没有执行，没有执行，我们今天说了没有执行吗？我们认为创新力比执行力更重要啊，请对方辩友回到这个辩题好吗？

李东艳：海信的董事长说：“执行力是竞争力的最终体现。”您怎么看？

王　飞：亨利福特还提出：“不创新就死亡啦。”你怎么看啦？

李东艳：可是我们不执行的话，我们会死无葬身之地啊。

曹雪雅：胡锦涛总书记还告诉我们说，“十二五”期间最关键还是要提高自主创新能力啊。

万平原：习近平副主席告诉我们，我们要抓落实。

肖　凡：那请问对方辩友啦，我国的核心竞争能力是什么？是自主创新力还是自主执行力呢？

李东艳：中华文明五千年辉煌成绩告诉我们，正是执行力让我们走到了今天。

孟　蕾：我们不看福特，我们看看国内的吉利汽车为什么在短短数年就收购了沃尔沃呢？

吴　优：吉利汽车正是在它的所有员工的不停努力下，脚踏实地地干出来的呀！

王　飞：当初没有李书福提出要造吉利汽车这个创新，他怎么创造啊？

李东艳：全球五百强的评委总结，企业成功的关键在于执行企业文化，您怎么看？

肖　凡：再请问对方了，1947年与1948年的福特公司执行力有什么区别，为什么他们的公司业绩却是天壤之别呢？

万平原：当然是有区别啊，只是你没看到而已嘛。马云说：“与其要一流创意加三流的执行，不如要三流的创意加一流的执行。”您怎么看？

孟　蕾：同样都是通用，为什么美国通用去年险些破产，中国通用却全线飘红呢？

杨　娴：正是因为它没有一流执行力嘛。再请问COSCO总裁说“执行力是核心竞争力。”你怎么看？

王　飞：那是因为他创新不够啊，对方辩友！

李东艳：郭台铭说：“走出实验室，没有高科技，只有执行经营。”你怎么看？

肖　凡：对方辩友，您的问题问得非常好，80年代实现标准化生产的福特为什么被通用、丰田无情赶超呢？

吴　优：因为它的标准没有落到实处，没有执行到位啊！对方辩友，“道虽小而不行不至，事虽小而不为不成”，您怎么理解呢？

肖　凡：对方辩友，真是冤枉啊，人家都标准化生产啦，你还告诉人家执行力不够，对方辩友你是不是有些以偏概全呢？

杨　娴：因为标准化摆在那里，人们执行力不够，才没有得到效果！如果执行力够，会是这样的结果吗？一流业绩要求有始有终，是执行力还是创新力呢？请您再回答！

孟　蕾：好了，对方辩友，杂交水稻产生之前，中国农民的执行力不可谓不强，请问为什么亩产千斤只是个遥不可及的梦？想想不是创新，只有做到亩产千斤才是创新啊！

主　席：好，双方时间到，感谢双方选手激烈的唇枪舌战。最后还是让我们听一听双方的总结陈词，我们先从反方四辩开始请。

王　飞：对方辩友，大家好！今天对方辩友高谈阔论，但无论是从理论界定还是逻辑分析上，都存在着以下缺点：

第一，对方辩友今天只在论证执行力的重要性，忽略我们今天讨论的命题是“创造一流业绩，创新力和执行力谁更重要的问题”。

第二，对方辩友存在逻辑分析的不足，对方辩友始终没有理清执行力对于创造一流业绩是属于充分条件、必要条件，还是充分必要条件。

第三，对方辩友过分夸大执行力的效果，告诉我们没有执行力会怎样，我们今天讨论的不是一个“如果没有”的问题，如果没有创新力，我们今天还讨论什么呢？我们今天巡航基本靠走，通话基本靠吼了。

主席、评委，请让我们回到今天的辩题，为什么创造一流业绩，我方认为创造力比执行力更重要？其实，原因大家都明白，自人类步入文明社会以来，人类创新的智慧和力量就成为社会进步的根本动力。无论是中国的四大发明，还是西方的蒸汽机；无论是航天技术的创新，还是杂交水稻的诞生，无一例外地证明创新力的力量所在。

正如我方前面所述，我们从不否认执行力的重要，但就创造一流业绩而言，我方认为创新力比执行力更重要。回首海事的发展历程，从排队敲章到电子政务，从纸质文书到电子海图，从有形灯塔到虚拟航标，从单一水上巡航到海陆空三位一体，每一次都是体现了创新的力量啊，每次的创新都推动了海事事业的大发展。所以说，创新力是火箭的推进剂、汽车的方向盘，有了创新力的引领，才能让海事迸发出活力和动力。

诸位，我们都知道社会在发展，世界在变化，今日的中国缺乏的不是执行力，而是创新力，因为我们的国家被称为“世界工厂”，我们只能输出着廉价劳动力，破坏自己的资源，污染了自己的环境，换来的却只是低廉的利润。我们没有办法拥有飞机的核心技术，汽车的核心技术，乃至计算机的核心技术，我们都没有。但是掌握核心技术的发达国家凭着一纸合同，来到我们的国家攫取巨额利润的时候，难道我们不感到痛心吗？对方辩友。

所以我们说一个国家只有拥有强大的创新能力，才能在激烈的国际竞争中把握先机、赢得尊重。中国要想成为一流国家，中国人要想屹立与世界民族之林，必须有自主创新的能力。只有以“创造”的灵魂为支撑，“中国制造”才能真正叫响！同样，我们每一位讲责任、想干事的海事人，唯有创新的意识和创新的能力，才能适应国家使命、社会要求以及人民的期待，才能打造创新型海事，才能创造出一流的海事业绩。谢谢大家！

主　席：好，谢谢，现在让我们期待一下正方四辩的总结，请。

万平原：谢谢主席，大家好！

为什么对方辩友一直跟我们谈科技创新，而不跟我们谈一流业绩呢？对方辩友对创新力的美好描述令人心动，可惜他们忘了我们今天讨论的究竟是个什么问题？我们今天站在这里，不是要争论执行力和创新力它们各自好不好，而是要探讨在创造一流业绩这一明确目标指引下，到底哪一个才能最可靠地确保我们稳健地走向这一目标，这是对方辩友今天的第一重误解。

对方辩友今天的第二重误解，就是将执行力等同于执行。各位，“做一下”和“做到位”是一个概念吗？什么是执行力？就是圆满完成任务的能力。怎么评判执行力？标准只有一个，就是看你是否圆满地完成了任务。今天，创造业绩是我们的目标，那么如果你有业绩，我们就说你有执行力；如果你有一流的业绩，我们就说你有一流的执行力。就这么简单！

对方辩友今天的第三重误解，就是对创新力太过痴心绝对，以致于对创新力做出了泛滥的界定，以致于忘了我们的目标，是业绩而非创新。一切业绩目标的实现过程，都是一个目标管理的过程；一切目标管理的根本宗旨，都是可控性和可操作性。而创新力的魅力正在于，它的可能性与未知性相生相伴、它的开放性与风险性如影随行，它就像一盒巧克力，在你吃下去之前，你永远不知道下一颗会是什么味道！多美啊！但是对方辩友，我们今天的目标是业绩啊，是实实在在的业绩啊，而业绩管理的可控性与创新力风险性之间的根本矛盾是不可调和的！

不错，创新力很好很重要，它是我们创造业绩的重要催化剂和助燃剂，但业绩管理的根本标准就只有一条，那就是做到位！计划不到位，就等于没有计划；组织不到位，就等于没有组织；控制不到位，就等于没有控制；执行不到位，说到底就是一张空头支票！

是的，我们都有着改天换地的梦想，但如果没有执行力让它生根发芽，这个梦终究也只能是梦；我们都有着渴望飞翔的灵魂，但仅有灵魂是不能飞翔的，关键还在那撼动花岗岩的勇气和力量；我们都坚信中国海事必将迎来更加辉煌的明天，但决定我们最终去向的，只能是海事人今天脚踏实地、真抓实干！各位，这种夸父追日的担当、这种精卫填海的坚定、这种愚公移山的执着，您，准备好了吗？

主　席：谢谢双方的精彩表现，下面请评委团进行评审，比赛结果稍后揭晓。

主　席：现在为大家宣布，南方片区最具风采奖的得主是反方三辩——肖凡，让我们为他表示祝贺。本场比赛的亚军是正方湖北地方海事局，恭喜你！今天的冠军是反方上海海事局，掌声送给他们。预祝上海海事局在最后的总决赛中，再展风采。“青春杯”海事青年辩论赛南方赛区的比赛到此全部结束。感谢大家！

面对困难，不要轻易说NO

怎么也没想到，都这把年纪了，还被选到湖北省地方海事局参加交通运输部海事局组织的青年辩论赛。辩论队一共六人。每个队员情况都差不多，年龄偏大，没有辩论经历，可以说毫无经验。

局里安排我们住进华中师范大学集训，并请了该校的张教授辅导。查资料、看资料、摘录、写辩词，比攻高考都累。最痛苦的就是跟学生辩论队打模拟比赛，每隔一天就有一次模拟赛，每次打完后，指导老师都会用同一句话总结："这是一场稀烂的比赛。"唉，真让人灰心！那阵子，几乎每天都要打模拟，每天都挨训，每天都要重新整理，重新思考，重新总结。

天天都是晚上一两点睡觉，心理上火、身体也上火，人真的要崩溃了。队友们开玩笑地说，要是高考时有这么用功，北大都考上了。

在反复讨论、不断模拟中，我们每个人都感觉到自己在不断进步，尤其是在自由辩论的时候都知道说话了，不管对不对，不管结不结巴，反正敢站起来阐明自己的观点。

从一张张白纸，到勇敢的站上的舞台，艰难的蜕变，期间的酸甜苦辣，只有尝过的人才知道！结果我们胜了，在宣布结果的瞬间，忍不住热泪盈眶。怪不得人家都说，面对困难，不要轻易说不行，只要去尝试、去努力，就一定行！

（万平原　吴优）

CHINA MSA

总决赛

全国赛区

正　方：山东海事局

辩　题：优秀的组织造就优秀的职工

反　方：上海海事局

辩　题：优秀的职工造就优秀的组织

主　席：尊敬的各位领导、各位评委、各位来宾，大家下午好！（掌声）

欢迎大家来到纪念建党九十周年“青春杯”海事青年辩论赛的总决赛现场，我是本场辩论赛的主席贾亚伯。明天就是伟大的中国共产党建党九十周年的日子，为纪念中国共产党成立九十周年，进一步推进海事青年工作，根据部海事局党组2011年工作部署，特筹备了本次纪念建党九十周年“青春杯”海事青年辩论赛。本次辩论赛得到了参赛各单位的高度重视，经过前面的四轮17场的片区比赛，北方片区山东海事局代表队和南方片区上海海事局代表队成功踏上了本次辩论赛的总决赛舞台，相信今天他们一定会带给我们一场精彩的巅峰对决，让我们共同拭目以待！

为了确保比赛的公平、公正，今天决赛安排了由9名评委组成的评委组，主任评委是来自中国青年政治学院的刘卫斌教授，欢迎您！（掌声）评委组其他成员还有由各参赛单位选派并经刚刚抽签产生的8位评委，让我们首先对各位评委的关心和支持掌声表示感谢！

今天决赛的辩题是“优秀的组织造就优秀的职工”，还是“优秀的职工造就优秀的组织”。接下来就让我们共同见证今天的比赛双方会带给我们怎样的思考和启迪，下面就让我们掌声有请比赛正方山东海事局代表队和反方上海海事局代表队闪亮登场。有请双方！

主　席：好，现在坐在我右手边的就是今天的正方山东海事局代表队，他们所持的观点是“优秀的组织造就优秀的职工”，让我们一起来认识一下正方各位队员。有请！

李　玮：回顾历史，庆祝我党九十华诞。

张鹏举：点燃激情，树立正确价值导向。

王洪亮：坦诚交流，描绘组织发展蓝图。

尹静静：汇集智慧，共创海事美好未来。

李　玮：正方一辩李玮，

张鹏举：二辩张鹏举，

王洪亮：三辩王洪亮，

尹静静：四辩尹静静，

四人合：向大家问好！

主　席：好的！坐在我左手边的就是今天的反方上海海事局代表队，他们所持的观点是“优秀的职工造就优秀的组织”，同样让我们也来认识一下反方各位队员。有请！

王　飞：1921年的夏天，中国共产党诞生了，从此中国革命的面貌焕然一新。

肖　凡：1949年的秋天，毛主席向世界人民庄严宣告新中国成立了，从此中国历史进入了新的纪元。

曹雪雅：1979年的春天，有一位老人在中国的南海边画了一个圈，从此中国改革开放正式扬帆起航。

孟　蕾：2011年的今天，我们海事青年学习深圳精神，感受深圳速度，挑起责任与使命，造就海事发展的新未来。

我是反方一辩孟蕾。

曹雪雅：反方二辩曹雪雅。

肖　凡：反方三辩肖凡。

王　飞：反方四辩王飞。上海海事局辩论队向在座各位问好！

主　席：好的，感谢双方的精彩亮相。至于比赛的规则和评分标准，在赛前已经下发到各单位，在这里不再详细宣读。本次比赛所采用的计时软件中设有声音提醒功能，在每个计时时段分别设有剩余30秒警示、3秒倒计时、单次时间结束和总时间结束提示音，下面请大家一起来试听提示音。

接下来呢，咱们就正式进入比赛环节。首先进行的是陈词立论。有请正方一辩陈述观点，时间三分钟。有请！

李　玮：谢谢主席！尊敬的评委、对方辩友，大家好！

我方将从逻辑、事实和价值三个层面展示“优秀的组织造就了优秀的职工”。

第一，从逻辑层面看，组织和职工的关系体现为系统和要素的关系。职工是构成组织的要素之一，执行的是组织的意志，体现的是组织的行为，只有适岗敬业并能出色完成本职工作才算是优秀的职工。

所以，许振超因装卸技术而优秀，姚泽炎因引航技术而先进。而组织虽然由多种要素构成，但绝不仅仅是所有要素的简单相加，而是高于其总和的存在。

第二，从事实层面来看，何为“造就”？“造就”就是培养并使之有成就。这就意味着“造就”包含两层意思：其一是对人才的培养，强调的是方式和过程；其二是对人才的使用，强调的是结果和考核。而这两点都只有在组织中才能得到很好的贯彻和实行。先看对人才的培养：优秀的组织拥有先进的发展理念、工作模式、组织文化以及健全的人才培养机制，为职工的成长成才创造了机遇和条件。海事系统向来重视人才、尤其是青年人才的培养工作，先后提出“十百千人才队伍建设纲要”和建设“学习型海事”等系列活动和具体举措。再看对人才的使用，正是通过绩效考核、评选先进等方式评估和选拔优秀人才，我们才有了杨庆文、叶中央、十大青年标兵等先进典型。在优秀海事组织的培养下，优秀的海事职工正如“树上桃枝吐新芽，花开又一茬”！

第三，从价值层面看，组织和职工的发展和利益在根本上是一致的。站在组织的角度，要重视职工对组织的作用，强调对职工的培养和使用。而职工要自觉地从组织着眼，树立集体观念和大局意识，将个人与组织联系在一起。

我方从不否认优秀职工在组织发展中起着重要的推动作用，但我们的“优秀”从何而来？回顾过往，我们不会忘记从初入职场的懵懂学子成长为胜任工作的海事职工，这背后固然有我们自身的努力，但更离不开组织给予我们成长成才的土壤和机会。没有组织的正确引导，我们何以树立前进的方向；没有组织的潜心培养，我们何以充满腾飞的力量；没有组织的有力保障，我们何以获取不竭的动力！

综上所述，我方坚定地认为“优秀的组织造就优秀的职工”，谢谢！（掌声）

主　席：好，感谢正方一辩。下面有请反方一辩陈述观点，时间同样三分钟。有请！

孟　蕾：谢谢主席、评委！对方辩友刚才的论述非常精彩，但是我却始终没有找到以下三个问题的答案，还请对方辩友在补充立论中加以明示：第一，优秀的组织到底从何而来？对方辩友始终对这个前提性问题绝口不提，试问没有优秀职工的积极造就，优秀的组织由从何而来呢？第二，优秀的组

织到底是如何保持其优秀性的呢？按照对方辩友的逻辑，一批优秀的职工来了，我不稀罕；一批优秀的职工走了，不要紧，因为优秀的组织在嘛，自己不断造就不就行了嘛！可是现实却告诉我们，一些组织因为一些优秀职工的流失而无法维系，一些组织为了保持其优秀性又不惜一切成本引进优秀职工。第三，优秀组织到底是如何造就优秀职工的呢？对方辩友始终含糊其辞，告诉我们这是系统和要素之间的关系。对方辩友讲组织能提供资源平台等等，似乎这样优秀的职工自然而然就造就了，可是辩证唯物主义告诉我们内因才是事物变化发展的根本原因啊，组织的作用很重要，但失去了优秀职工主观能动性的正确发挥，恐怕也成不了优秀职工吧！

今天我方的观点是“优秀的职工造就优秀的组织”。

首先，优秀的职工可以从无到有造就优秀的组织。马克思曾经说过：“人是全部人类活动和人类关系的本质、基础”。优秀的职工是造就优秀组织的主体，正是有了一大批为了共产主义事业而奋斗的优秀分子，才使中国共产党从无到有、从小到大、从弱到强。（展示道具牌）

其次，优秀的职工可以使一个组织由平凡变得优秀。所谓“事在人为”，人始终是组织发展中最具决定性的因素。把一个组织由平凡造就出优秀，起决定性作用的是优秀职工啊！优秀的职工通过把握机遇、自身努力和主动作为造就组织的辉煌。无论是包起帆、许振超，还是乔布斯、丰田，都是如此。

再次，优秀的职工可以持续保持组织的优秀状态。优秀的职工可以是那些伟人和精英，也可以是那些有责任心和进取心的普通人；他可以是一个个体，也可以是一个群体。优秀职工不断用坚守和执着为造就优秀的组织添砖加瓦。

就在我们陈述观点的三分钟里，我们的海事人也许已经敲好了一个签证章，检查了船舶的一个缺陷项，甚至救助了一名落水者，正是这些优秀海事职工的责任、忠诚和奉献才造就了海事辉煌的今天！

主席、评委、各位观众，所谓“一代人要有一代人的作为、一代人要有一代人的贡献”，在即将迎来建党九十周年的今天、在海事发展的关键期，每一位海事青年都要把握机遇，主动作为，造就海事辉煌的明天！谢谢大家！（掌声）

主　席：好的，从双方的一辩发言不难看出双方都是有备而来。接下来，咱们要进入的是第二个环节补充立论。首先有请正方二辩做补充立论，时间两分钟。有请！

张鹏举：好，谢谢主席，大家好！下面我将把我的批驳和对方的问题混在一起进行解答。

对方辩友片面夸大了优秀职工的作用。仅仅靠优秀的职工，我们就可以造就优秀的组织吗？那我们上级组织的正确领导、我们先进的组织文化、我们科学的组织制度，这些难道不是造就一个优秀组织的必要条件吗？对方辩友显然是片面了！

对方辩友说组织的工作都是人来做的来证明对方的观点，对方辩友显然混淆了“组织行为”和“个人行为”。对方辩友，难道我们的执法行为是纯粹的个人行为吗？对方辩友，你不是一个人在战斗啊！

其实，“优秀的组织造就优秀的职工”是不争的事实，如果没有组织的潜心培养、没有组织的大胆任用，上海港的包起帆、青岛港的许振超就不会从一名普普通通的码头装卸工人成长为“发明大王”、“技术专家”；同样，也正是我们海事先进理念的感召、海事使命的激励、海事实践锻炼，我们才有了甘为海事事业鞠躬尽瘁的杨庆文，我们才有了甘于奉献的风雨守塔人叶中央，我们才有了业务精湛、勇于创新的十大青年标兵代表洪汇勇！

让我们再来看一下这个辩题的实质，表面上看是谁造就谁的问题，可实际上是海事事业要发展、我们怎么做的问题；是全面审视组织和个人，站在全局的角度去思考，还是仅仅像对方辩友那样站在个人的角度去思考。组织事业要发展，优秀职工要辈出，只有我们清楚地认识到组织的培养造就才是职工优秀的根本原因，我们海事青年才能树立正确的价值观念，将个人的成长与组织的发展紧密联系在一起，对组织常怀感恩之心、常存报效之志，相信组织，依靠组织，为海事事业的发展奉献自己的青春和力量！谢谢！（掌声）

主　席：好，感谢正方二辩，下面有请反方二辩做补充立论，时间同样两分钟。有请！

曹雪雅：好，谢谢主席！各位评委，大家好！

首先我们来看一下对方辩友的逻辑吧，就是今天您如果获得了“最佳辩手”，那是因为这个优秀的辩论队造就了您；如果您没有获得“最佳辩手”呢，是因为这个组织不够优秀，没有造就您，这样的逻辑谁信服呀？

其次，对方辩友的立论还存在三大误区：

第一，将职工等同于独立的个人。职工是组织这个有机整体的重要组成部分，起着创立、发展、传承组织的重要造就作用。

第二，提供平台就等同于造就吗？良好的平台确实有助于培养优秀的职工，但是“师父领进门，修行在自身”啊！

第三，对方辩友一直将职工和组织割裂开来，对立起来，仿佛组织是那么一个完全独立于职工存在的“完美系统”，一般的职工进来，优秀的职工出来！（正方辩论赛一辩孟蕾展示道具牌，上面画有一般职工进入贴有“组织”二字的小屋后出来的是优秀职工的示意图）请问今天的优秀组织是不是昨天的优秀职工造就的？哪一个组织的文化、体制、理念、精神不是要靠几代优秀职工的传承和发扬啊！为何您方就是对昨天造就了优秀组织的优秀职工视而不见呢？不厚道哦！

因此，对方辩友忽视了辩题的三大本质：

第一，在造就的过程中，人的主观能动性到底有什么用？按照您的逻辑，大家都不需要发挥正确的主观能动性，大家排排坐、等着组织来造就啊！

第二，组织是怎么造就职工的？通过神奇的意念传输，还是醍醐灌顶啊，难道不需要已有优秀职工的传、帮、带吗？

第三，为什么现在那么多的组织要如饥似渴地争夺优秀职工呢？为什么部海事局要举行公开竞聘、招贤纳士呢？因为所谓的“优秀的组织造就优秀的职工”其实是个表象，让我们看看里面的本质吧！（曹雪雅撕开展示道具中优秀组织的小屋的贴纸，贴纸下画有一群优秀职工）本质就是组织里的优秀职工通过辛勤劳动为组织创造了辉煌的业绩，优秀职工通过对组织文化、体制、理念和精神的传承和发扬为这个组织培养了更多更多优秀的职工！

今天我们来到这里，就是要号召千千万万如我们一样的年青海事人以造就海事为己任，今天我以海事为荣，海事明天请以我为荣！谢谢！（掌声）

主　席：好，感谢辩手们的精彩陈词，从中我们已经能清晰地看出双方的逻辑基础和矛盾焦点，接下来就要进入对抗更为激烈的攻辩阶段。请双方三辩起立，首先有请正方三辩对反方三辩提问。

王洪亮：好，谢谢主席！对方辩友，您能否告诉我，我们海事造就了哪些模范与典型、哪些优秀职工呢？

肖　凡：对方辩友，我们海事造就了很多模范与典型，包括包起帆等等一系列人物；但是我们要看到他们为什么是先进典型呢，这是因为他们通过自身的努力结合组织给予的平台而实现了自我的优秀从而造就了优秀的组织啊！

王洪亮：是啊，对方辩友，你也告诉我了，是海事造就了他们；而且我们海事系统的全国劳模王炳交、叶中央亲口告诉我们，是海事造就了他们，如何理解呢？

肖　凡：对方辩友，我好像没有告诉你，是海事造就他们，而是他们通过自身的努力结合海事的平台；但是，让我们想一下这个海事的平台又是谁造就的呢，难道不是一批批优秀的职工所造就出来的吗？对方辩友，如果一个人说因为是组织造就我就能论证您方观点，那我岂不是说我也造就了组织是不是就可以论证我方观点，这样的说法似乎不成立吧！

王洪亮：那对方辩友，请你告诉我了，我们这个优秀的海事是哪些优秀的职工造就的呢？

肖　凡：对方辩友，优秀的海事当然是优秀的职工造就的啦！您刚才说的是适岗敬业的人就能造就，我方也是这样认为的，不然我们优秀的海事又从何而来呢？！

王洪亮：对方辩友告诉我是他们造就的，那当这些优秀的职工因为离职或者因为退休或者是升迁离开海事，我们就不再优秀了吗？

肖　凡：哎，对方辩友，您的逻辑好像有点奇怪啊，我是说优秀的职工造就优秀的组织，您告诉我他都离开了、他都不是职工了，您还让我论证他是否造就了组织，是不是有点问题呢？（掌声）

王洪亮：所以说海事的优秀来自哪里，海事的优秀是来源于我们的价值观和理念啊！

肖　凡：对方辩友，那价值观和理念到底是谁提出的呢，难道不是优秀职工吗？

主　席：好，停止发言时间到。接下来有请反方三辩对正方三辩提问。

肖　凡：谢谢主席！对方辩友，您好！我想请问了，您方口中所说的组织优秀的的标准到底是什么？

王洪亮：优秀的标准，在我方一辩已经做了充分的阐述。如果对方辩友还想让我告诉你的话，我想提最重要的一点，就是海事有我们共同的使命、有我们共同的价值观、共同的理念，这是凝聚我们、让我们为之奋斗的根本原因。

肖　凡：对方辩友，您说的很好；但是我想请问一下，这个共同的理念、共同的价值观是不是优秀的职工造就出来的呢？

王洪亮：对方辩友只谈到我们海事职工的造就，却恰恰忽略了我们上级党委党组织对我们的正确领导，对方辩友的观点是不是有所狭隘呢！我们海事的价值观就仅仅是几个人提出的吗，没有每个人、每个海事人共同的努力、共同的付出吗？

肖　凡：对方辩友，既然这些价值观不是优秀职工所造就出来的，请您告诉我，这些价值观到底是谁提出来的，它又是从何而来，难道是从天上掉下来的吗？

王洪亮：对方辩友不是告诉我们了吗？我们的职工是一方面，而且我们的组织也是一方面啊，我们的上级组织也是形成我们正确价值观的一个正确的领导、正确的导向啊，难道不是这样吗？

肖　凡：对方辩友，我告诉你的不是“职工是一方面”，是“职工是最关键的一方面”。再

请问对方辩友，关于你们前湾海事处的一个问题，就在昨天的报纸上面有这样一句话（展示报纸）“每个人都参与了这里的改变”，您如何认为呢？

王洪亮：每个人就等于每个优秀的职工吗？我们是所有前湾的职工共同付出、共同努力，才造就了我们前湾这个优秀的组织啊！

肖　凡：对方辩友，您的逻辑又很搞笑了——对方辩友，您告诉我，您的逻辑当中的每个人不包括优秀职工，是这样的吗？

王洪亮：我们每个人是什么，我们每个人是一个火把的话，都可以照亮自己所在的那一方天地，但是优秀职工照亮得更宽，但每个人的付出、每个人的努力共同造就了它啊！

主　席：好，刚才双方三辩的交锋的确是非常的精彩和激烈。如果说刚才的攻辩是单兵作战，那接下来要开始的自由辩论就是集体作战。好的，我们的自由辩论马上开始，首先有请正方开始发言。

尹静静：请问对方辩友，为什么我们在执法时必须向当事人表明执法身份，亮明执法证件？

曹雪雅：对啊，这是因为我们代表组织在执法；可是对方辩友，你有没有看到是千千万万海事人造就海事事业这个事实呢？

王洪亮：我们看到的是千千万万的人而不是那部分优秀的人啊！对方辩友，小小的执法证凝聚了却是我们这个问题的实质，请你认真思索再回答。

肖　凡：对方辩友，那您看到了千千万万人但您没有看到里面优秀的人的作用，对方辩友，您是不是有些片面呢？再请问对方辩友了，优秀的中国共产党是谁造就的？

张鹏举：对方辩友，造就我们的党需要很多的因素。对方二辩刚才说到，如果说我们获得最佳辩手说明是我们组织造就我们，对方辩友，您的意思是说不获得最佳辩手就不是优秀的队员了吗？

孟　蕾：造就我们的党需要很多的因素，那是不是“人”是其中最关键的因素呢？是一批关注中华民族前途命运的优秀分子造就的，对方辩友不敢承认吗？

李　玮：对方辩友，您将一切都认为是人做的，我们今天就变成探讨人和人的关系问题，不要探讨人和组织的关系问题啦！我可以告诉对方辩友“组织是构成人类社会的基本单元”，像这样的探讨有意义吗？请问对方辩友，马克思曾说过“只有在组织中，个人才能获得全面发展其才能的手段”，请问对方辩友愿不愿意与我们共勉？

王　飞：对方辩友，马克思同样也说过“人是一切社会活动的基础”啊！请您方告诉我，哪一个组织离开了人可以自我产生呢，对方辩友，请正面回答！

张鹏举：对方辩友，你为什么非要说组织离开职工呢，这明明是你们在割裂组织和职工的关系！对方辩友，我想问你了，哪一个优秀的组织没有造就优秀的职工，对方辩友？

曹雪雅：对方辩友这么喜欢谈马克思，那我们就来看看——正是因为有了马克思和恩格斯的加入，正义者同盟才从一个专门从事暗杀的暴力组织变成了第一个无产阶级政党，历史已经告诉我们职工的造就作用啊！

李　玮：对方辩友说得好，是要有组织啊，难道只靠马克思和恩格斯个人就能成就这个优秀的组织嘛？再谈马恩在中国的历史，马恩在中国的历史正是与中国实践相结合，所以才成就了今天的新中国。请问对方辩友，今天上午刚刚表彰的“十大青年标兵”是不是我们组织造就的优秀职工呢？

肖　凡：对方辩友对于今天的辩题有一个错解，就是认为优秀的人只是一个人或者一部分人，我方二辩告诉你的是以马克思、恩格斯为代表的优秀分子所造就的，对方辩友，您为什么看不到呢？再请问对方辩友，如果我方论点不成立，那为什么我们要以党员的先进性保持党的先进性呢？

王洪亮：党的先进性是靠我们优秀职工的造就吗，还是靠我们所有人、所有职工的付出呢？我想问对方辩友了，你有没有主观能动性呢？你的主观能动性难道还需要我们再来塑造和培养吗？

曹雪雅：哦，原来对方辩友告诉我们，所有的人都不是优秀职工，是这样的吗？

李　玮：对方辩友一直讲群体，我想请对方辩友解释您的优秀群体和组织，什么区别？

孟　蕾：优秀群体是职工，组织和职工是什么区别，对方辩友问这个问题，实在是太好笑啦！请问对方辩友，如果我们的党员的先进性不能造就党的先进性，为什么我党还号召党员“创先争优”呢？

李　玮：既然群体是职工，请问对方辩友为什么要用“群体”这个词呢，请解释！

王　飞：对方辩友，您方的“群体”其实就是我方的“职工”啊，这一点我们本质上是共同的。但是，我们还是想问您，为什么有了我们优秀的党员，我们伟大的中国共产党才会发展如此之好？

张鹏举：对方辩友，我们优秀的党员哪里来的，谁造就的？

曹雪雅：难道对方辩友要告诉我是天上掉下来的吗？请问对方辩友为什么就是这么漠视事实呢？历史已经告诉我们，正是我们千千万万的优秀党员造就了党的先进性啊，请问您优秀的组织到底从何而来？

李　玮：对方辩友啊，千千万万优秀的党员不就是我们的党组织吗？优秀党员不是从天上掉下来的，是我们组织造就的！

肖　凡：刚才对方二辩告诉我们职工不是组织，对方一辩现在又告诉我们职工是组织，到底职工是不是组织，请对方三辩告诉我！再请问对方辩友，请正面回答我方二辩的问题。

尹静静：对方辩友一直在强调主观能动性的问题，在组织造就职工的时候，您的职工发挥了主观能动性；在职工造就组织的时候，您又不想发挥主观能动性，那您这个主观能动性是“主观想动性”呢，还是“主观想不动就不动性”呢？

孟　蕾：对方辩友，我们的主观能动性可不是像对方辩友所说的，等着组织来造就，推推动动，不推不动啊！今天我方说的优秀组织到底是从何而来的，对方辩友始终没有回答，第二遍了！

张鹏举：好，就举我们海事的例子，请问，我们上级组织的正确领导起不起作用？

王　飞：那我请问，上级组织的领导哪一位不是我们的职工呢，领导难道就不是优秀职工了吗？对方辩友，您解释一下，好不好？

张鹏举：对方辩友，其实您错了，您说把我们海事的前途寄托给别的组织的职工吗？

曹雪雅：我终于听明白对方辩友的逻辑了：就是在今天的这个讨论环境下，有职工、有组织，但是又多了一个上级组织这个概念，这是什么意思啊？请你正面回答我方的问题，到底优秀的组织从何而来？

王洪亮：我可以回答你这个问题，我们的组织是因何而优秀、因何而造就呢？不是因为一帮人有了共同的理念、共同的价值观为之奋斗而努力，才能产生的吗？对方辩友是仅仅看到了我们组织的产生而没有看到它优秀的根本原因吧！

肖　凡：对啊，一帮人为了共同的理想、共同的信念造就了组织，这不正是我方的观点吗？请对方辩友告诉我，如果不是优秀的职工所造就出来的优秀组织，那优秀的组织到底从何而来呢？

李　玮：对方辩友，我想提醒您，有共同信念、有共同目标的一群人，这叫组织，请您明确概念！对方辩友一直在给我们提人的主观能动性，我想请问对方辩友知不知道这样一句话，叫“金无足赤，人无完人”？

孟　蕾：对方辩友啊，不知道您知不知道这样一句话，昨天晚上我们收到的《中国交通报》上第3版上赫然印着几个大字：青岛前湾海事处所有的人都参与了它的改变，全国人民都知道了，您还想否认吗？

李　玮：对方辩友，我来告诉您，我正来自前湾海事处，前湾海事处在整个组织理念发生转变之前，只是一个平凡的海事处；但就是因为有了组织的理念、组织文化的熏陶，我们才有了今天的成绩。为此，我们不敢说我们造就了组织，我们要大声地说是组织造就了我们！（掌声）

曹雪雅：对方辩友，掌声很热烈，但是大家听清楚对方辩友的逻辑了没有，她说优秀职工的时候，说“金无足赤，人无完人”，就是说这个优秀是最高级，您又告诉我，组织的优秀是一个比较级，这样的双重标准，谁能接受呢？

张鹏举：对方辩友，您又在纠结谁造就谁的问题了！对方辩友，我就问您我们的组织如何发展、职工如何成长？

肖　凡：对方辩友，职工如何产生，当然是有了组织才能产生。但是，对方辩友，我想请问了，您刚才说的体制、文化、机制，哪一项又不是优秀职工所造就的呢？如果它不是优秀职工所造就的，请您方论证了它到底是从何而来的！

尹静静：职工的产生离不开组织的培养，更不能脱离组织发展的需要，感谢对方辩友与我方达成一致！再请问对方辩友了，陈维是全国的劳动模范，是贵局所造就的，请问贵局在陈维的成长过程中起到什么样的作用呢？

孟　蕾：谢谢对方辩友对我们陈维的认可！我们陈维在任何颁奖的情况下，都会提到“感谢领导的关心和指导，感谢老师傅的传帮带教”，这些不都是优秀的职工造就了这些更优秀的职工吗？

李　玮：对方辩友又混同了“个人行为”与“组织行为啦”！我想请问对方辩友，今天我们在这里探讨优秀职工和优秀组织谁造就谁，这仅仅是一个事实判断的问题吗？

王　飞：那对方辩友，我们说的不是事实，难道我们在空谈吗？那你告诉我，你的组织的机制谁来制定、组织的文化谁来传承，请正面回答！

王洪亮：我们今天讨论的辩题绝不仅仅是一个事实是不是这样的问题，而是我们的价值观，我们的价值导向、价值判断的问题啊！

王　飞：对方辩友又谈价值，请问价值从何而来，您哪怕举一个实例告诉我，价值是不是从天上而来的？

张鹏举：什么叫价值，对方辩友，你热不热爱你的组织，你感不感恩你的组织？

肖　凡：哎，对方辩友，为什么您方的论题是价值，我方的论题就不是价值？号召每一个优秀的青年职工为组织的造就而献出自己的力量，难道不是一种更高的价值嘛？

王洪亮：我们现在站在这里，我们讨论的是什么，是组织与个人的关系。当我们的心中有组织，当我们眼中有组织的时候，我们谈出来的是我感恩组织；当我们认为这优秀的组织是我们优秀职工造就的时候，我们会认为组织是不是给我们的还太少，我们为组织付出的太多，所以我们的价值观应该定在哪里，不是“孰优孰劣，可见一斑”吗？

孟　蕾：对方辩友谈价值，我们就来谈价值。对方辩友倡导的是一种怎样的价值观啊——今天这个组织能造就我的优秀，我就在这个组织里；明天这个组织面临困境了、不能造就我了，我就离开这个组织，您这种“跳跳族”是我们今天想要的价值观吗？

王洪亮：为什么我们没有离开我们的组织，始终为组织而奋斗，不正是我们共同的使命、共同的信仰让我们站在这里吗，我们才为之奋斗吗？这不是我们今天共同凝聚在这里的根本原因吗？

王　飞：好，对方辩友刚才说人没有主动性，现在又告诉我们是他自己主动地站在这边为我们海事事业在坚守，您到底想在论证什么，对方辩友。

李　玮：对方辩友，我方一上来就承认了人的主观

能动性，这顶大帽子我们实在是受不起！

曹雪雅：但是对方辩友一直在给我方扣帽子，虽然深圳在下雨，不过我们可是带了伞来的哦！请问对方辩友，您方的立论当中始终没有告诉我，组织是怎么造就职工的，为什么不敢回答这个问题呢？

张鹏举：我方已经阐述过很多的因素。对方辩友，那优秀的职工到底是谁造就的呢？

肖　凡：对方辩友，您阐述了种种因素，但是并没有告诉我他们的优秀职工是从何而来的。请对方辩友再阐述一下，好吗？

王洪亮：我可以告诉你，我们的组织为我们职工提供了他所需要的一切必要条件、一切因素。那对方辩友，你提的主观能动性又怎么去提升呢？

肖　凡：那对方辩友，既然提供了一切必要条件，那请教你了，为什么在组织里面有人优秀、有人不优秀呢？

张鹏举：难道你们不优秀就否认我们组织培养优秀职工的这种能力吗？

曹雪雅：倒是您方应该论证您的组织为什么培养出又优秀又不优秀的人呢？

尹静静：是谁给了我们施展才华的平台，是谁重视并支持我们职工的发展呢，对方辩友？

孟　蕾：组织提供同样的平台和资源，有些人能脱颖而出，有些人却不能，难道是因为组织厚此薄彼吗？

李　玮：对方辩友，我们今天表彰了“十大青年标兵”，难道就证明了我们海事系统只有这十位青年是优秀的吗？

王　飞：对啊，对方辩友，所以说是“少年强则国强，少年智则国智”啊，对方辩友！（展示道具牌上面画有梁启超头像，写有少年强则国强，少年智则国智）

张鹏举：你要看到我们少年为什么强、为什么智！

肖　凡：对方辩友，如果我方论点真的不成立，那请问这句话又是什么意思？（展示道具牌上画有清华校长梅贻琦的头像，写有“所谓大学者，非谓有大楼也，有大师之谓也”）

李　玮：所谓大学者，正是因为有组织这个平台！

主　席：好，时间到。（掌声）

从辩论的过程中我们观众数次响起的掌声，我们也足以看出双方辩论的精彩。接下来，咱们就要进入比赛的最后一个环节总结陈词。首先让我们有请反方四辩做总结陈词，时间三分钟。有请！

王　飞：谢谢主席！各位，大家好！

今天对方辩友整场的辩论逻辑，我来帮大家梳理一下就很清楚了——所谓“优秀的组织造就优秀的职工”，这只是个表象，其本质还是组织里的职工通过制定机制、传承文化，继而造就出更多的优秀职工！（展示道具牌，上面画有普通职工进入优秀职工所在小屋后，出来变成优秀职工。）对方辩友永远只看到问题的一个方面，却没有看到问题的全部，因此对方辩友今天弄错了两个概念：第一、对方辩友弄错了什么叫“造就”，对方一辩告诉我们说给予了平台和机遇，这就是造就！但是我们都知道，蜀国刘禅坐拥江山，其平台不可谓不大吧，可为什么被称为“扶不起的阿斗”呢？　第二、对方辩友弄错了什么是“优秀”，按照对方的逻辑，就是说千里马有了伯乐才是千里马，不在乎它是否能日行千里！镶在皇冠上的钻石是钻石，埋在地下的钻石就不是钻石！考核优秀的职工是优秀职工，默默奉献的职工就不是优秀职工！诸位，这样评判优秀的逻辑，我们难以接受！

主席、评委，今天我方观点是“优秀的职工造就优秀的组织”。

第一，优秀职工是优秀组织存在的基础。马克思指出：“人的本质是一切社会关系的总和”。世间万物人为先，人是组织优秀的基础和事业发展的根本。没有了优秀党员，我们伟大的中国共产党又从何而来呢？

第二，优秀职工是造就优秀组织的主体。组织的发展和进步，离开人则无从谈起，离开人则无法实现。今天对方辩友告诉我说你组织里的机制、你组织里的平台可以自动去造就优秀职工，可是您的机制谁来制定和执行，您的文化谁来传承和发扬？

第三，优秀职工是我们优秀组织持续发展的驱动力。今天对方辩友没有告诉我们组织如何保持优秀、如何与时俱进；但是，马克思主义哲学告诉我们，人是有主观能动性的。作为历史观，它强调人在社会发展中的主体地位和作用；作为价值观，它强调尊重人、有效发挥人的能力。所以我们就会看到，在相似的环境中，正是因为职工主观努力的不同，不同的组织所取得的成绩和做出来的业绩却有天壤之别！

主席、评委、各位观众，如果今天真的是优秀的组织造就优秀的职工的话，那么今天组织造就我，我来投奔；明天组织造就不了我，我就当然离开，您在倡导一个怎样的社会价值，对方辩友！优秀的职工，难道不应该主动地造就组织的辉煌吗，难道只会等、靠、要吗？

我们来回首一下我们的海事，我们的海事发展正是一代代优秀的海事职工用心坚守、主动作为，才造就了海事这个优秀组织。当海事发展处于攻坚、转型、发展、提升的关键期和战略转型期，我们海事青年难道不应当主动承担起责任和使命，用青春和激情去铸造我们海事的新未来吗？

您所站立的地方，是您的海事；您怎么样，海事便怎么样；您若优秀，海事必定优秀！谢谢！（掌声）

主　席：好，感谢反方四辩的精彩总结。下面请正方四辩做总结陈词，时间三分钟。有请！

尹静静：谢谢主席！对方辩友、各位观众，大家好！

首先不得不遗憾地指出对方辩友今天所犯的几个错误：

第一、混淆职工的“组织行为”和“个人行为”。职工的组织行为实质是在代表组织行使权力，体现的是组织的意志；而个人行为表达的主要是一种个人的主观意愿。对方辩友讲两者混为一谈，实在是有些概念不清啊！所以，在对方的眼中，“传帮带”成了职工的行为，而不是组织的行为；重视人才、发掘人才也是个人的行为，而不是组织的行为，这一点大家相信吗？

第二、对方辩友虽然注意到了优秀的职工的重要性，但是并没有看透辩题的本质。今天的辩题并不仅仅是一个“谁造就谁”这样一个简单的事实判断问题，而更加是一个价值判断的问题。作为职工，我们必须认识到职工的成长成才离不开组织的培养，职工必须感恩组织、相信组织、依靠组织，这才是一个职工应该拥有的正确的价值观。

第三、我将从三个方面继续论述我方观点。第一、组织对于个人发展具有决定性作用。人的一生要走很多的路，但是最关键的路却只有几步，而加入了一个什么样的组织就是其中最关键的一步，因为我们

每个人都明白，加入一个什么样的组织，对你未来的人生发展具有决定性的意义，直接决定你人生发展的走向。第二、优秀的组织能够造就、也已经造就出了一批又一批的优秀职工。就拿我们海事系统为例，岗位练兵培养出一个个业务能手，创先争优推选出一批批优秀青年，这些优秀职工，哪一个不是我们优秀的组织造就的、哪一个不体现了我们职工的拳拳之心、殷切之意？就在今天，青年工作会议为青年工作作出了战略部署，指明了发展方向。可以预见，在不远的将来，海事系统的优秀职工必然会像雨后春笋般不断涌现。第三、相对于个人，组织更加稳定。只有依靠组织，才能让我们的事业永葆青春。明天是党的生日，我们的党已经走过了90年的风风雨雨，但依然充满活力，这是为什么？我们难以想象一个人、一个职工，他有90年的奋斗和青春，但是有了优秀的组织，我们的事业却能永远充满活力！

下面我所说的这番话将是本场辩论赛的最后一番话，它也许并不振聋发聩，但却是我们海事青年最真挚的心里话——成为一名海事职工，我们感到无比的自豪和骄傲，因为我们的组织是高度重视人才培养的，优秀的组织为我们的成长提供了机遇和土壤。如果没有组织搭建这个舞台，即使我口若悬河，舌灿莲花，我也无法站在这个辩论的赛场上。确实，一代人有一代人的使命，一代人有一代人的作为，年轻的海事人勇于担当、敢于争先！谢谢大家！（掌声）

主　席：好的，感谢双方辩手。至此，本场辩论赛的比赛环节就已经全部结束，现在咱们的评委和计分人员还将进行紧张的评分和统分工作，下面让我们休息五分钟，稍后为大家公布比赛结果。

主　席：下面我来宣布本场比赛的最后成绩。获得本场比赛最具风采奖的是正方一辩李玮。获得本场比赛优秀辩手的是反方三辩肖凡。最后，我宣布：纪念建党90周年“青春杯”海事青年辩论赛总决赛的冠军是反方上海海事局代表队。

光动嘴不动腿

PRACTISE THE ORAL SKIL

“嘴说腿，腿说嘴，嘴说腿爱跑腿，腿说嘴爱卖嘴。光动嘴不动腿，光动腿不动嘴，不如不长腿和嘴！”

“牛郎恋刘娘，刘娘念牛郎，牛郎牛年恋刘娘，刘娘年年念牛郎，郎恋娘来娘恋郎，念娘恋娘念郎恋郎，念恋娘郎。”

“八百标兵奔北坡，炮兵并排北边跑，炮兵怕把标兵碰，标兵怕碰炮兵炮。”

……

这是封闭训练期间山东海事局每天都能听到的绕口令，也是大家专门为二辩张鹏举量身定做的训练项目。张鹏举是一个有思想、有能力、应变能力特别强的辩手，也是大家公认的优秀辩手，但随着训练强度的加大，大家越来越发现他有致命的缺点：只要语速一快便有吃字现象，如“对方辩友请注意”他会说成“对辩友请注意”。

眼看辩论赛一天天临近，大家着急，张鹏举自己更着急，怎么办呢？后来，他自己想了一个主意：练习绕口令，他相信勤能补拙。刚开始的时候他怕辩友们笑话总是一个人躲起来偷偷练，一个偶然的机会，辩友发现了，可大家并没有笑话他，而是陪他一起练。

所以，这样的场景每天上演：饭桌前，张鹏举认真地练习绕口令，大家认真地听，说完一遍后，大家再一起练一遍……

（冯立侠）

“2314”冠军队

上海海事局的冠军辩论队，有一套制胜自由辩论的秘诀，那就是“2314”这串幸运数字。

所谓“2314”，指的是上海队在辩论的关键阶段——自由辩论中的辩论顺序。无论场上是顺风还是逆风，无论对手抛出多么尖锐的问题，上海队始终按照二辩、三辩、一辩、四辩的既定答题顺序轮流做答。以不变应万变，保证上海队在场上不慌不乱，不抢不断。

“2314”的产生，经历了数十次甚至上百次的试验和磨合。二辩曹雪雅比赛经验丰富，心理素质好，头炮打得稳、打得准；三辩肖凡攻击力强，思辨力好，步步紧逼，毫不放松；一辩孟蕾气质沉稳，嗓音优美，娓娓阐述，举重若轻；四辩王飞善于抓住漏洞，总结陈辞，沉着大气，气势磅礴。经过反复试验和模辩，“2314”确保上海局的自由辩论有起有落，富于层次变换，避免了抢话、空白，又能做到配合默契，战场转换自如。好的战略思想还要加上好的辩手状态才能等于好的成绩。上海队在比赛前夕每天都要打几场练习赛，不断梳理资料和完善关键的自由辩论战场。队员们往往都要为辩题讨论到深夜才休息，一辩孟蕾更是在睡梦中清楚地说出了“对方辩友请回答”的语句，成为辩论队中减压放松的经典段子。

4月25日，“2314”经历了开赛以来最严峻的考验，对手福建队是片区公认的强队，个体非常优秀，临场反应敏捷并擅长反击。面对强手，队员们开始还有些紧张，但随着比赛的推进，队员们平日的积累和过硬的心理素质逐渐占了上风，特别是在自由辩论阶段，“2314”的优势更是体现了出来，队员们坚决贯彻赛前制定的战术，战场转换及时、有效，相互配合默契、有序，牢牢把握场上主动，打乱对手节奏。最终硬是凭借“2314”在自由辩论中节省出来的40秒“缺席审判”，辩倒了胜利的天平，赢得了关键战役的胜利。（杨姣姣）

Interesting Number

趣味数字

参加本次“青春杯”海事青年辩论赛的参赛队，除14家直属海事局外，还有5家地方海事局，分别是山东地方海事局、江苏地方海事局、上海地方海事局、湖北地方海事局及四川地方海事局。比赛规模可谓空前。

114

本次“青春杯”海事青年辩论赛由19家海事局共计114名青年才俊全情投入。其中年纪最大的为深圳海事局彭鹏飞，年纪最小的为长江海事局边斌，参赛时还不到22岁。

258

在山东地方海事局与河北海事局的比赛中，山东地方海事局的四辩高峰在一次自由辩论中一次发言258字。

31

在广东海事局对阵深圳海事局比赛中，现场气氛十分热烈，观众的掌声与笑声累计起来到达31次，为所有辩论赛最多。

28

湖北地方海事局三辩杨娴，在一次攻辩过程中，仅用时三秒，但在这三秒钟内，她非常清楚的说出了28个字。语速之快非同一般。

1.463

在黑龙江海事局对阵山东地方海事局的比赛中，说的最多的词当属“对方辩友”，其中自由辩论涉及多达79次，而双方发言一共合计才54次。平均每次发言用到“对方辩友”1.463次。激烈程度非同一般。

辩论赛后记

辩论赛带来的那些风

POSTSCRIPT

这是全国海事系统第一次组织青年辩论赛。在40岁以下青年职工首次达到海事职工总数40%的特殊形势下、在3年来近5000名高学历年轻人进入海事系统的关键时刻，这场19个海事局参与、历时近两个月的青年辩论赛承载着太多希望：让更多人关心青年工作、让来自不同专业的大学生融入海事、让海事青年人意识到肩负的责任和使命、让每个人都在海事事业中获得成就感、让年轻人的压力找到合理的释放途径。

一时间，辩论赛成为全海事系统关心的大事。人们惊喜的发现，除了最初的希冀，辩论赛还带来了许多意料之外的收获。

“真理之门，以辩启之”。这是本次辩论赛的一句宣传语。正如这句宣传语所言，辩论赛把“勤于思辨”之风带给了海事人。“干一行、爱一行”还是“爱一行、干一行”、“安全意识比安全制度更重要”还是“安全制度比安全意识更重要”、“创造一流业绩，执行力比创新力更重要”还是“创造一流业绩，创新力比执行力更重要”、“优秀的组织造就优秀的个人”还是“优秀的个人造就优秀的组织”，这些紧扣海事发展命脉的辩题引发了海事人集体思考。辩论赛俨然成了整个系统的思想大讨论，大家把思考的问题、困惑的原因在辩论赛上满怀激情地和盘托出。一次次赛场外的冥思苦想、一次次辩论赛上的唇枪舌剑，锻炼的不仅是思维能力和语言表达能力，更深化了对海事事业的认识和理解。

个人能力与团队协作的充分展现，是辩论赛的最大魅力。备战辩论赛让几个原本陌生的青年迅速凝结成一个出色团队；一场场辩论赛看似各个海事局之间唇枪舌剑、你来我往，双方毫不相让，实质上，辩论不仅要站在自己的立场想问题，还要站在对方的立场去思考他们的立论与逻辑。不知不觉，协作之风已经吹开。

“无论是地方海事内部，还是地方与直属海事之间都应加强沟通与合作，我们有着一致的荣辱与目标，那就是保障我国的人命财产安全，维护水域环境清洁。”一位上海地方海事局辩手在赛后说，相信，全国海事系统青年辩论赛带来的协作之风会让各海事机构未来的合作更加亲密无间！

辩论赛还给海事系统的文化建设带来了清新之风。和贴标语、发发学习文件不同，以辩论赛形式呈现的文化建设能吸引广大职工、特别是青年职工广泛参与，让他们成为活动的主体，让年轻人学会主动站位、勇于承担。同时，新形式的文化建设还成为青年人锻炼和展示的舞台。“辩论赛虽然已经结束了，但我每每想起，抑或是和人谈起，都深有感触。比赛虽然短暂，但这一个月知识的积累、视野的开阔、思维的创新、意志的磨练会影响我的一生。面对困难，不要轻易说不行，不去尝试、不去努力怎么知道自己行不行？这可能是给我的最大收获吧。”一位辩手说。

辩论赛虽然落下帷幕，但勤于思辨之风、协作之风、清新之风一定会在海事系统越行越盛。

那些绽放的青春

THE BLOOM OF YOUTH